绿色建筑应用技术指南

丁 勇 等编著

科学出版社

北京

内 容 简 介

本书基于中国城市科学研究会标准《绿色建筑应用技术指南》（T/CSUS 52—2023），针对其中技术条文内容进行进一步扩充和延展。本书详细总结绿色建筑技术实施过程中涉及的规划建筑、土木结构、设备能源、电气自动化以及建造运管方面的主要技术原理、实施策略，内容覆盖规划、建筑、结构、暖通空调、给水排水、电气、建材、景观、施工、运维等建筑全过程和全专业体系，包含建筑信息化模型、建筑工业化、性能数字化分析、可再生能源利用、非传统水源利用、碳排放计算等城乡建设绿色低碳关键技术，细化介绍规划与建筑、结构与建筑工业化、暖通空调与可再生能源利用、给水排水、电气与智能化、场地与景观、施工管理与运行等绿色建筑主要技术在实施过程中保障绿色性能实现的关键内容要求。

本书是作者长期从事绿色建筑相关理论研究、技术研发、工程实践的总结，可供城乡建设领域及从事绿色低碳建筑技术研究、设计、施工、运维、咨询等领域的相关人员参考，也可供相关专业院校师生教学学习参考。

图书在版编目(CIP)数据

绿色建筑应用技术指南 / 丁勇等编著. -- 北京: 科学出版社, 2024. 9.
ISBN 978-7-03-079387-4

Ⅰ. TU-023

中国国家版本馆 CIP 数据核字第 2024RR6302 号

责任编辑: 华宗琪 / 责任校对: 王萌萌
责任印制: 罗 科 / 封面设计: 墨创文化

科 学 出 版 社 出版

北京东黄城根北街16号
邮政编码: 100717
http://www.sciencep.com

成都锦瑞印刷有限责任公司印刷
科学出版社发行 各地新华书店经销
*

2024 年 9 月第 一 版   开本: 787×1092 1/16
2024 年 9 月第一次印刷   印张: 16 1/4
字数: 385 000

定价: 149.00 元
(如有印装质量问题, 我社负责调换)

编 委 会

主编

丁 勇

编写组成员

重庆大学

丁 勇 高亚锋 喻 伟 罗 庆 余雪琴 何伟豪

中国建筑科学研究院有限公司

孟 冲 王雯翡 赵乃妮 田 露 范凤花 寇宏侨

北京工业大学

潘 嵩 刘奕巧 常 利

中国建筑技术集团有限公司

刘寿松 张秋蕾

中煤科工重庆设计研究院(集团)有限公司

秦砚瑶 戴辉自

中冶赛迪工程技术股份有限公司

张陆润 陈飞舟 彭 渤 杨 彬 张 锐 谭洋华

中机中联工程有限公司

杨芳乙 何开远 陈 洁

重庆交通大学

董莉莉 刘亚南 续 璐

重庆大学建筑规划设计研究总院有限公司

颜 强

中衡卓创国际工程设计有限公司

徐 梅 胡望社 朱 芸 于 兵

上海水石建筑规划设计股份有限公司重庆分公司

吴 泽 何 佳 赵瑞仙

重庆市斯励博工程咨询有限公司

叶剑军 刘 颉 秦 伟 张 梅

重庆建工第九建设有限公司

郭长春

前　　言

为积极响应国家促进城乡建设绿色低碳发展的深入要求，《绿色建筑应用技术指南》以国家标准《绿色建筑评价标准》(GB/T 50378—2019)的发展理念为根本宗旨，围绕绿色建筑实施中因地制宜的基本要求，推动技术实施效果落实，为实践绿色建筑的获得感、体验感和创新性提供理论支撑、科学要求和工程要求。

本书包含绿色建筑相关技术的理论、应用与实践，相关内容涉及建筑技术、土木工程、电气工程、自动控制、景观园林等学科，编写内容来源于编写组多年在绿色建筑领域的科学技术研究、专业知识整理和工程实践探索。本书可为学科专业人才培养和工程科学问题剖析提供参考与借鉴。

全书共九章，分为总则、术语、规划与建筑、结构与建筑工业化、暖通空调与可再生能源利用、给水排水、电气与智能化、场地与景观、施工管理与运行，针对技术应用中的基本要求、原理支撑、方法介绍、技术要求等方面进行详细的分解与阐述。重点针对绿色建筑相关技术实施中较为突出但实施深度存在一定不确定性的技术，包括性能模拟、碳排放计算、舒适性营造、资源能源利用、建筑工业化等关键核心技术，对其实施过程中的做法和深度予以明确。

目　　录

1 总　　则

　　为了给绿色建筑实施提供技术指导，并明确绿色建筑在实施过程中的相关要求和做法，制定本指南。

　　绿色建筑在我国不断地被推进，已在一定程度上形成普及的趋势，但在相关技术的实施过程中，仍然出现了技术实施力度不够、相关做法不规范的问题。鉴于此，本指南针对绿色建筑推动过程中一部分较为突出但实施深度存在一定不确定性的技术，旨在实施过程中，明确相关绿色建筑技术的做法、实施深度与应达到的效果。鉴于相关评价标准和实施细则中均对绿色建筑应达到的要求进行了明确，本指南不涉及技术应达到的相关技术指标。

　　绿色建筑的技术应用应遵循因地制宜的原则，结合地形地貌，实现地理条件的合理利用、自然资源的充分利用。在《绿色建筑评价标准》(GB/T 50378—2019)的总则中，明确了绿色建筑中的基本要求，应遵循因地制宜的原则，结合建筑所在地域的气候、环境、资源、经济和文化等特点，对建筑全生命周期内的安全耐久、健康舒适、生活便利、资源节约、环境宜居等性能进行综合评价；应结合地形地貌进行场地设计与建筑布局，且建筑布局应与场地的气候条件和地理环境相适应；应对场地的风环境、光环境、热环境、声环境等加以组织和利用。这是实现绿色建筑的根本要求，也是项目在组织策划阶段应该明确的基本原则和目标。

　　合理的绿色建筑应该是通过策划组织、分析设计、系统运维的优化，实现项目投资的最优化，其中需要综合考虑场地、资源的最优化应用，协调关联技术、材料、设备的技术经济分析，同时还要考虑运维管理需求与设计的一致性，最终形成一个合理且性能优化有保障的项目。

　　本指南适用于依据《绿色建筑评价标准》(GB/T 50378—2019)实施的民用建筑相关技术的咨询、设计、施工和运行。绿色建筑技术的应用除应符合本指南的规定外，还应符合国家现行有关标准以及地方标准的规定。

　　本指南对应的学会标准已由中国城市科学研究会发布并执行，标准号为 T/CSUS 52—2023。

---

* 本书部分内容直接引用标准，可能存在相同符号定义不同的情况。

2 术　语

为了方便读者理解，本指南涉及的相关术语整理如下。

1. 室内绿色评价　assessment for indoor green performance

室内绿色评价是对建筑室内空间设计和使用过程中涉及的节约与高效、材料与环保、健康与舒适、智慧与科技、服务与运维等绿色性能评价的过程和活动。

2. 计算域　computational domain

计算域是数值模拟中需要计算的空间范围。在计算流体力学(computational fluid dynamics，CFD)计算中，特指整个流场空间。

3. 气流组织　air distribution

气流组织是对室内空间空气的流动形态与分布进行合理组织，使空气调节房间的室内空气温度、湿度、流速和洁净度能更好地满足工艺要求及人员舒适度的要求。

4. 自然通风　natural ventilation

自然通风是在室内外空气温差、密度差和风压作用下实现室内换气的通风方式。

5. 空气净化装置　air purification device

空气净化装置是从空气中分离和去除一种或多种污染物的装置。

6. 预测平均热感觉(PMV)　predictive mean vote

预测平均热感觉是以人体热平衡的基本方程以及心理生理学主观热感觉的等级为出发点，考虑了人体热舒适感诸多有关因素的全面评价指标，是人群对热感觉等级投票的平均指数。

7. 预测不满意百分率(PPD)　predicted percentage dissatisfied

预测不满意百分率是处于热湿环境中的人群对于热湿环境不满意的预计投票平均值。

8. 空气分布特征指标(ADPI)　air diffusion performance index

空气分布特征指标定义为满足规定风速和温度要求的测点数与总测点数之比。

9. 建筑碳排放　building carbon emission

建筑碳排放是建筑物在与其有关的建材生产及运输、建造及拆除、运行阶段产生的温室气体排放的总和，以二氧化碳当量表示。

10. 碳排放因子　carbon emission factor

碳排放因子是将能源与材料消耗量与二氧化碳排放相对应的系数用于量化建筑物不同阶段相关活动的碳排放。

11. 建筑适变性　building adaptability

建筑适变性包括建筑的适应性和可变性，适应性是指使用功能和空间的变化潜力，可变性是指结构和空间上的形态变化。

3 规划与建筑

3.0.1 建筑信息化模型应用应满足下列要求：

1 建筑信息化模型应用应贯穿项目策划、设计、施工和运营全过程，并确保建筑信息能有效传递至下一阶段；

2 建筑信息化模型包含的信息应完整、专业齐全，可实现各项性能分析协同开展、工程和材料量自动计提、施工过程监管、运营管理信息提取等功能。

【条文说明扩展】

（一）技术原理

建筑信息模型(building information model，BIM)技术是一种应用于工程设计、建造、管理的数据化工具，通过对建筑的数据化、信息化模型整合，在项目策划、运行和维护的全生命周期过程中进行共享和传递，工程技术人员对各种建筑信息进行正确理解和高效应对，为设计团队以及各方建设主体提供协同工作的基础，在提高生产效率、节约成本和缩短工期方面发挥重要作用。

BIM 技术改变了固有的思维模式和应用工具，打破了传统的工作流程和任务分配形式，实现了计算机软件技术的创新发展。BIM 技术作为一种先进的专门面向建筑设计的基于三维数字化模型的计算机辅助设计(computer aided design，CAD)技术，其与传统的CAD 二维制图/三维制图相比应用维度更深，涉及的内容更丰富，通过 BIM 技术能够方便地在计算机中集中存储、描述完整的建筑工程信息，从而实现了 BIM 软件由单纯绘图工具向绘制大型复杂建筑构件和建筑物的转变，实现了技术上的变革。BIM 软件应用系统里的建筑构件已被对象化，并以编码形式对建筑构件进行数字化描述，该对象的属性通常用各种参数描述出来，并事先进行定义以及遵循相关规则，该对象的代码中要求包括这些相关参数，而相关参数信息即可代表各类建筑属性信息。

BIM 技术能够有效实现虚拟建筑、建筑模拟等功能，包括建筑视图、图形表现、工程量清单等，均可以通过三维模型加以体现，其工作概念具体包括以下内容：

(1)全部建筑项目以及全部文档均通过虚拟建筑模型文件加以实现；

(2)建筑工程三维数据模型要求在真实建筑构件基础上组建而成；

(3)实现了通过协同设计对工作流程进行管理；

(4)表达建筑内容(族库);

(5)建筑信息库和建筑构件之间是相互关联的;

(6)能够实现渲染、清单、动画以及数量计算等内容。

(二)实施策略

1. 模型结构与扩展

模型中需要共享的数据应能在建设工程全生命周期各个阶段、各项任务和各相关方之间进行交换和应用。

通过不同途径获取的同一模型数据应具有唯一性,采用不同方式表达的模型数据应具有一致性模型扩展,不应该改变原有的模型结构,而应与原有模型结构协调一致。

BIM 软件宜采用开放的模型结构,也可以采用自定义的模型结构。BIM 软件创建模型的数据应能被完整提取和使用。

2. 数据互用

模型应满足建设工程全生命周期协同工作的需要,支持各个阶段、各项任务和各相关方获取、更新、管理信息。建设工程各相关方之间的模型数据互用协议应符合国家现行有关标准的规定;当无相关标准时,应商定模型数据互用协议,明确互用数据的内容、格式和验收条件。

数据交付与交换前应进行正确性、协调性和一致性检查,检查应包括下列内容:

(1)数据经过审核、清理;

(2)数据是经过确认的版本;

(3)数据内容、格式符合数据互用标准或数据互用协议。

互用数据的内容应根据专业或任务要求确定,并应符合下列规定:

(1)应包含任务承担方接收的数据模型;

(2)应包含任务承担方交付的数据模型。

互用数据的格式转换应用相同的格式或兼容格式,且应保证数据的正确性和完整性。

3. 策划阶段

1)编制《BIM 技术实施规划方案》

建立并制定项目的《BIM 技术实施规划方案》,根据项目实际需要编制包括且不限于如下方案:

(1)项目整体《BIM 技术实施规划方案》(包含但不限于不同阶段应用点内容及应用点的交付成果及其要求,包括工作计划、模型深度和数据内容等);

(2)定义工程信息和数据管理方案,以及管理组织中的角色和职责;

(3)编制项目管理平台的应用策划方案,以及开展后续工作所需要的软、硬件配置方案;

(4)满足项目工程进度要求,编制 BIM 技术应用总控制计划和阶段节点计划;

(5) 根据项目需要编制 BIM 应用技能培训方案；

(6) 满足项目运营维护阶段的 BIM 竣工模型，编制（包括但不限于各设备技术数据）移交工作对接方案；

(7) 编制基于 BIM 技术的运营维护管理策划方案，提出基于 BIM 技术的建筑全生命周期的运营维护管理的技术要求；

(8) 根据具体项目的特点及重难点编制 BIM 技术奖项申报的策划方案。

2）编制《BIM 技术实施细则》

根据项目特点，编制项目的《BIM 技术实施细则》，包含但不限于 BIM 技术应用点实施细则、各专业 BIM 技术实施细则等。编制项目的《BIM 建模标准及系统标准》，包括模型结构分类、模型文件组织、模型构件、模型搭建规则以及模型详细程度等。

4. 设计阶段

1）各专业 BIM 创建

根据项目施工图和 BIM 技术标准，建立项目各专业 BIM 及提交的深度标准。单体（包括但不限于建筑、结构、机房、机械设备、机电设备、通风设备、给排水设备、桥架、管线、管网、交通、道路绿化、室外管综、管道井、相关预埋件等模型建立）BIM 的精度达到施工图精度的 LOD300 级别。

2）利用模型进行建筑性能化分析

通过已有建筑模型，针对不同建筑物理环境分析需求，进行模型简化、分析，如采光分析、日照分析、噪声分析等。

3）图纸校审

建模的过程也是图纸校审的过程，通过建立 BIM、校验图纸、发现问题，提前消除设计错误，可交付各专业图纸校审报告和优化建议报告。

4）碰撞检测

在设计阶段，进行 BIM 的碰撞检测及优化。通过建立 BIM，及时验证和发现各专业设计阶段的错误，提前发现设计图纸问题，可将《碰撞检测及设计优化报告》反馈给设计院整改，避免施工时返工，加快施工图验错流程，保证施工图设计进度和质量。

5）管线综合优化

对项目的机电管线进行综合优化排布，基于各专业模型，应用 BIM 检测施工图设计阶段的碰撞，完成设计图纸范围内各种管线布设与建筑、结构平面布置和竖向高程相协调的三维协同优化工作，以避免空间冲突，尽可能减少碰撞，避免设计错误传递到施工阶段。

6)净空优化

对项目管线进行净空优化分析,尤其对管线密集区域净高过低的位置进行综合优化排布,保证净空要求。为了便于识别各区域净高,可输出项目各层净高优化平面图。

7)预留洞口梳理

经过管线和结构、二次墙体碰撞,确定留洞位置,尤其梳理人防洞口的预留,辅助设计团队出图时标注留洞位置。

8)可视化交底

利用图片、视频、漫游等手段进行三维展示,帮助项目人员充分理解设计意图。

9)辅助出图

机电管线深化后,出具机电管线综合图,提高图纸设计质量,减少施工阶段不必要的变更。

5. 施工阶段

1)施工场地管理

通过应用工程现场设备设施的资源,在创建好工程场地模型与建筑模型后,将工程周边及现场的实际环境以数据信息的方式挂接到模型中,建立三维的现场场地平面布置,并通过参照工程进度计划,可以形象直观地模拟各个阶段的现场情况,灵活地进行现场平面布置,有效控制现场成本支出,减少因场地狭小等原因而产生二次搬运的费用。

2)施工方案模拟

通过 BIM 技术,可以提前进行施工预演,对施工的流程、工序以及施工时的环境进行真实模拟与分析,为施工方提供数据报告,施工人员也能够更清楚、更透彻地掌握施工流程,减少建筑质量问题、安全问题,减少返工和整改,提高效率。

3)深化设计应用

利用 BIM 三维可视化功能,对复杂的技术节点利用信息化手段进行深化,使得整个技术节点可操作、可协调、可沟通,包括但不限于钢结构深化设计、幕墙深化设计、砖砌体深化设计等。

4)施工进度模拟

通过进度编排软件,关联到 BIM 中,实现施工进度三维模拟演示及相关进度管理工作。

6. 运维阶段

通过向 BIM 中输入运维管理信息，实现三维运维系统的资产管理(设施资产管理、地理信息系统(geographic information system，GIS)资产追踪、收费和设施管理、道路管理)、空间管理(使用空间管理、设施空间使用管理、空间管理及追踪)、能源监控、设施/建物系统分析、设施/建物维修预算、灾害应变规划(应急响应和修理)等应用。

> **3.0.2** 建筑规划设计应本着因地制宜的原则，结合本地气候特征进行设计，并符合下列规定：
>
> **1** 应综合考虑场地特征及周边环境对气象参数的影响，选取合理的气象参数，在条件允许时，应对场地微气候环境进行实测分析，校核场地气象参数；
>
> **2** 应结合场地的朝向、风玫瑰图、温湿-生物气候图选择适宜的设计策略，布局建筑总平面，使建筑主要立面及主要功能房间具有良好的朝向和通风；
>
> **3** 宜对场地风环境、光环境、热环境、声环境等微环境进行定量分析，并以此协调设计策略，优化场地布局和环境设施的设计。

【条文说明扩展】

(一)技术原理

根据《建筑环境通用规范》(GB 55016—2021)热工设计一级分区，我国可分为严寒地区、寒冷地区、夏热冬冷地区、夏热冬暖地区、温和地区五个不同气候区，建筑设计应结合具体的气候条件制定相应的应对策略，主要有以下几个方面：

(1)建筑布局结合气候特征，分析确定最佳的朝向及比例；

(2)严寒地区建筑布局优先关注冬季防风保温与全年采光效果；

(3)寒冷地区建筑布局应兼顾冬季防寒与夏季通风，并关注日照采光；

(4)夏热冬冷地区建筑布局优先关注夏季通风防热与冬季适当防寒；

(5)夏热冬暖地区建筑布局优先关注夏季通风防热与抵御日照强辐射；

(6)温和地区建筑布局应充分利用被动技术使用的条件优势；

(7)借助建筑与生态环境交融，营造场地微气候；

(8)基于场地热环境、风环境及声环境分析优化建筑布局。

(二)实施策略

1. 合理的建筑布局营造良好的室外环境

(1)夏热冬暖地区宜利用场地内建筑物之间的相互遮挡，改善夏季建筑的热舒适性；

其他气候区宜优先保证冬季得热，可采用建筑之间的相互遮挡改善建筑夏季西晒。

（2）建筑布局应营造良好的室外风环境，避开冬季主导风向，并有利于建筑室内自然通风，宜采用风洞试验或计算机模拟方法，进行方案优选。

（3）场地在夏季主导风向迎风面一侧应相对开敞，并留出通畅的空间通廊；在冬季主导风向迎风面一侧应相对封闭，形成冬季风屏蔽。

建筑总平面布局考虑夏季通风与冬季防风，总平面宜采用错列式、斜列式及自由式等形式，建筑或建筑群夏季平均迎风面积比不宜大于0.8。在轻风和微风区域，应采用架空、退台消解、增加构筑物、道路退后、平面错位、改变道路方向、改变建筑朝向挡风、增加建筑走廊、增加建筑高度、设置拔风井等方式改善室内的自然通风，并在建筑布局设计时合理利用山谷风和水陆风。建筑的形式尽量采用条式建筑，建筑平面布局应合理，建筑的进深不宜过长，并尽可能减少横墙遮挡，采用开窗洞口、空间布局、隔断形式、建筑边厅、中庭、下沉广场、天窗、顶部下层空间、反光板、采光井、导光筒、高性能玻璃材料等方式改善室内自然采光。采用建筑自遮阳、绿化遮阳、卷帘遮阳、活动百叶遮阳，以及遮阳篷、遮阳纱幕、遮阳板等遮阳措施减少夏季强烈的太阳辐射，改善室内热环境。同时，加强围护结构的隔热保温能力，减少空调负荷。

常规情况下住区建筑群体布局主要形式为并列式、错列式、周边式、斜列式和自由式，如图3.0.2-1所示。

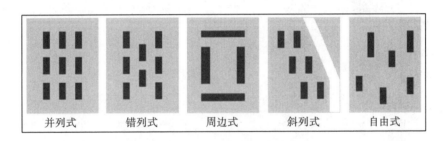

图 3.0.2-1　住区建筑群体布局主要形式

2. 各气候区不同的设计策略

（1）严寒地区：建筑适宜朝向为南向或接近南向，不宜朝向西向和西北向，建筑朝向和间距应充分考虑太阳能利用的潜力，可利用南侧阳光和采光中庭增加白天得热量，并获得良好的采光效果。建筑总体布局应有利于冬季避风，建筑长轴尽量减少冬季主导风向与建筑长边的入射角度，避开冬季寒流方向，争取避免建筑外表面大面积朝向冬季主导风向。

（2）寒冷地区：该地区的供暖与制冷需求相近，应以延长过渡季为关键降低能耗。尽量减少风压对房间气温的影响，避免迎向当地冬季主导风向。

（3）夏热冬冷地区：建筑的选址和规划布局需要协调，在防风和通风之间取得平衡，可利用计算机模拟软件，辅助计算建筑最佳朝向方位。居住建筑应尽量避免西朝向户型的出现，并组织好穿堂风。

(4)夏热冬暖地区：建筑群体布局及单体内部空间的平面设计和剖面设计要综合考虑，在通风条件良好时，需设计舒展、多凹凸、多空隙、体型系数大的建筑形体。

(5)温和地区：该地区气温大多数时间处于人体舒适的范围，但是仍有较少的时间过热或过冷，一般不太极端，需充分利用自然采光和自然通风等自然资源，降低能源消耗，同时考虑环境保护和可持续发展的因素。

3. 分析并充分利用场地风玫瑰图、温湿-生物气候图

以某地方为例，图 3.0.2-2 和图 3.0.2-3 为某地全年和 6～9 月风玫瑰图，可以看出该地以西北风为主且冬季风速较小，故自然通风设计应重点考虑对西北风的利用，适当考虑北风及西南风的利用，不考虑冬季挡风、防风等问题。图 3.0.2-4 中蓝色越深的区域表示全年中在该区域的温湿度越频繁，图中黄色框区域为满足人体舒适度的区域，不满足的区域可由各种被动式技术扩大满足的区域，若被动式技术亦不能满足温湿度要求，则需进行供暖或制冷。

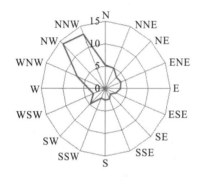

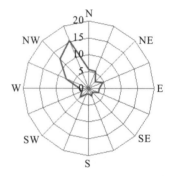

图 3.0.2-2　全年风玫瑰图 　　　　　图 3.0.2-3　6～9 月风玫瑰图

图中数据表示风速大小，单位是 m/s　　　图中数据表示风速大小，单位是 m/s

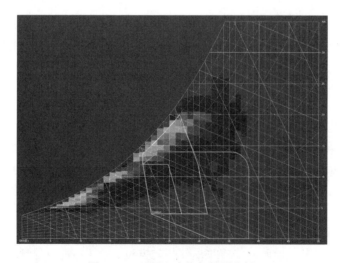

图 3.0.2-4　温湿-生物气候图分析

4. 场地内风环境优化设计

对场地内风环境进行优化设计，可改善场地内局部热环境。在冬季主导风向上设置防风林带，可以阻挡冬季寒风对行人及建筑的影响，通过增大种植密度，增强其防风强度。在易产生静风处宜种植导风林带，引导夏季风进入室内，营造良好的被动式室内通风环境。

5. 自然通风优化设计

通过自然通风促进室内外气流交换，可降低室温和排除湿气，在改善室内空气质量的同时，还能够降低能耗、提高室内舒适性。利用风压进行建筑物室内自然通风，建筑物的主要朝向宜布置在与夏季主导风向投射角小于45°的朝向，能够使室内获得更多的自然通风，俗称"穿堂风"。一般来说，风向投射角越小，对房间的自然通风越有利，但当总平面布置是并列式时，应当避免建筑物垂直于夏季主导风向(即风向投射角等于 0°)，以避免两栋建筑物之间产生的旋涡区过大，对后一排建筑物的自然通风不利。在这种情况下，建筑物宜布置在夏季主导风向投射角为 30°~60°的朝向上，以利于室内自然通风。风向投射角是风向投射线与墙面法线的夹角。综上，建筑物宜布置在夏季主导风向投射角为 30°~45°的朝向。

3.0.3 建筑室外流场分析应包括确定风场计算域、网格划分及加密、边界条件设定、求解计算和计算结果后处理，并满足下列要求：

　　1 合理选择城市或局地主导风向与风力，同时选择不少于 2 个典型季节风向与风力进行模拟；

　　2 风场计算域的确定应以目标建筑或目标区域为中心；

　　3 计算域的来流入口和侧面到建筑边缘的距离应至少为建筑主体高度的 4~6 倍，计算域的气流出口到建筑边缘的距离应为建筑主体高度的 6 倍以上，计算域的垂直范围尺度应至少为建筑主体高度的 3~6 倍；

　　4 迎风面堵塞比(模型面积/迎风面计算域截面积)宜小于 3%；

　　5 目标建筑及周边建筑若坐落在高差为 10m 的地形内，应对地形进行建模。

【条文说明扩展】

（一）技术原理

流场分析主要是指采用 CFD 的方法对室内外风场进行数值计算并对计算结果进行分析。CFD 模拟计算的基本原理是数值求解控制流体流动的微分方程，得出流体流动的流场在连续区域上的离散分布，从而近似模拟流体流动情况。

1)室外风场数学计算模型

根据流体流动的质量守恒、动量守恒和能量守恒建立数学控制方程，其一般形式为

$$\frac{\partial(\rho\phi)}{\partial t} + \mathrm{div}\left(\rho\dot{U}\phi\right) = \mathrm{div}\left(\Gamma_\phi\,\mathrm{grad}\,\phi\right) + S_\phi$$

式中，ϕ——速度、湍流动能、湍流耗散率以及温度等物理量，参照表 3.0.3-1。

表 3.0.3-1 计算流体力学的控制方程

名称	变量	Γ_ϕ	S_ϕ
连续性方程	1	0	0
x 速度	u	$\mu_{\mathrm{eff}} = \mu + \mu_t$	$-\dfrac{\partial P}{\partial x} + \dfrac{\partial}{\partial x}\left(\mu_{\mathrm{eff}}\dfrac{\partial u}{\partial x}\right) + \dfrac{\partial}{\partial y}\left(\mu_{\mathrm{eff}}\dfrac{\partial v}{\partial x}\right) + \dfrac{\partial}{\partial z}\left(\mu_{\mathrm{eff}}\dfrac{\partial w}{\partial x}\right)$
y 速度	v	$\mu_{\mathrm{eff}} = \mu + \mu_t$	$-\dfrac{\partial P}{\partial y} + \dfrac{\partial}{\partial x}\left(\mu_{\mathrm{eff}}\dfrac{\partial u}{\partial y}\right) + \dfrac{\partial}{\partial y}\left(\mu_{\mathrm{eff}}\dfrac{\partial v}{\partial y}\right) + \dfrac{\partial}{\partial z}\left(\mu_{\mathrm{eff}}\dfrac{\partial w}{\partial y}\right)$
z 速度	w	$\mu_{\mathrm{eff}} = \mu + \mu_t$	$-\dfrac{\partial P}{\partial z} + \dfrac{\partial}{\partial x}\left(\mu_{\mathrm{eff}}\dfrac{\partial u}{\partial z}\right) + \dfrac{\partial}{\partial y}\left(\mu_{\mathrm{eff}}\dfrac{\partial v}{\partial z}\right) + \dfrac{\partial}{\partial z}\left(\mu_{\mathrm{eff}}\dfrac{\partial w}{\partial z}\right) - \rho g$
湍流动能	k	$\alpha_k\mu_{\mathrm{eff}}$	$G_k + G_{\mathrm{B}} - \rho\varepsilon$
湍流耗散率	ε	$\alpha_\varepsilon\mu_{\mathrm{eff}}$	$C_{1\varepsilon}\dfrac{\varepsilon}{k}\left(G_k + C_{3\varepsilon}G_{\mathrm{B}}\right) - C_{2\varepsilon}\rho\dfrac{\varepsilon^2}{k} - R_\varepsilon$
温度	T	$\dfrac{\mu}{Pr} + \dfrac{\mu_t}{\sigma_T}$	S_T

表 3.0.3-1 中的常数如下：

$$G_k = \mu_t S^2, \quad S = \sqrt{2S_{ij}S_{ij}}, \quad S_{ij} = \frac{1}{2}\left(\frac{\partial u_j}{\partial x_i} + \frac{\partial u_i}{\partial x_j}\right), \quad G_{\mathrm{B}} = \beta_T g\frac{\mu_t}{\sigma_T}\frac{\partial T}{\partial y}, \quad \mu_t = \rho C_\mu \frac{k^2}{\varepsilon}, \quad C_\mu =$$

0.0845，$C_{1\varepsilon} = 1.42$，$C_{2\varepsilon} = 1.68$，$C_{3\varepsilon} = \tanh\left|\dfrac{v}{\sqrt{u^2 + w^2}}\right|$，$\sigma_T = 0.85$，$\alpha_k = \alpha_\varepsilon$，由

$$\left|\frac{\alpha - 1.3929}{\alpha_0 - 1.3929}\right|^{0.6321}\left|\frac{\alpha + 2.3929}{\alpha_0 + 2.3929}\right|^{0.3679} = \frac{\mu}{\mu_{\mathrm{eff}}}$$ 计算，其中 $\alpha_0 = 1.0$。若 $\mu \ll \mu_{\mathrm{eff}}$，则 $\alpha_k = \alpha_\varepsilon \approx 1.393$。

$$R_\varepsilon = \frac{C_\mu \rho \eta^3\left(1 - \eta/\eta_0\right)}{1 + \beta\eta^3}\frac{\varepsilon^2}{k}$$，其中 $\eta = Sk/\varepsilon$，$\eta_0 = 4.38$，$\beta = 0.012$。

2)风速放大系数计算原理

风速放大系数反映了建筑对风速的放大作用，通常指建筑物周围离地面高 1.5m 处最大风速与开阔区域同高度风速之比，可采用下式进行计算：

$$\begin{cases} v' = \dfrac{v_{1.5B}}{v_{1.5f}} \\ v_{1.5f} = v_{10f}\left(\dfrac{1.5}{10}\right)^{\alpha} \end{cases}$$

式中，v' ——风速放大系数；

　　　$v_{1.5B}$ ——建筑周围距离地面高 1.5m 处最大风速，该风速通过前述风速计算获取，对应 1.5m 高度处风速云图中的数据；

　　　$v_{1.5f}$ ——远离建筑的开阔区域，距离地面 1.5m 高度处风速；

　　　v_{10f} ——远离建筑的开阔区域，距离地面 10m 高度处风速，此处取室外风场入口边界风速；

　　　α ——地面粗糙度指数。

（二）实施策略

1. 确定风场计算域

风场计算域的确定应以目标建筑或目标区域为中心。计算域的来流入口和侧面到建筑边缘的距离应至少为建筑主体高度的 4～6 倍，计算域的气流出口到建筑边缘的距离应为建筑主体高度的 6 倍以上，计算域的垂直范围尺度应至少为建筑主体高度的 3～6 倍。迎风面堵塞比(模型面积/迎风面计算域截面积)宜小于 3%。目标建筑及周边建筑若坐落在高差为 10m 的地形内，则需要对地形进行建模。

2. 网格划分

(1)附面层网格加密。因为空气自身黏性而受到地面或建筑表面阻滞作用，紧贴地面或建筑壁面的空气流动速度几乎为 0，且速度随与地面或建筑壁面距离的增加而增加，使靠近地面一定厚度空气层的流速呈现梯度分布，最终达到主流速度，而这层空气层通常称为流动边界层或者附面层。在进行计算流体力学分析时，为了获取边界层或附面层内的空气流动特征，提升分析精度，宜对其中的网格进行分层加密，形成附面层网格。

(2)首层网格高度。网格应满足所采用的壁面函数对第一层近壁面网格的要求以及网格独立解的需要。任何情况下，应尽量使第一层近壁面网格到壁面处的无量纲距离 $y+<5$ 或者 $30<y+<300$。

(3)数值模拟前应进行网格质量的判定，网格偏斜率应小于 0.97。

(4)由一个网格单元到另一个网格单元的尺寸扩大比不应大于 1.3，目标建筑域中网格长、宽、高任意两边尺寸之比不应大于 5。

(5)其他域的网格尺寸之比可以放宽，但不能影响模拟结果的准确性。

3. 边界条件

图 3.0.3-1 展示了计算域中风场边界的类型，不同边界条件要求如下。

1）入口风速梯度

入口边界条件主要包括不同工况下的风速和风向数据，其中入口风速采用下列梯度风：

$$v = v_R \left(\frac{z}{z_R} \right)^{\alpha}$$

式中，v、z——任何一点的平均风速和高度；

　　　　v_R、z_R——标准高度处的平均风速和标准高度，《建筑结构荷载规范》（GB 50009—2012）规定自然风场的标准高度取10m，此平均风速对应入口风设置的数值；

　　　　α——地面粗糙度指数，可根据表 3.0.3-2 进行选择。

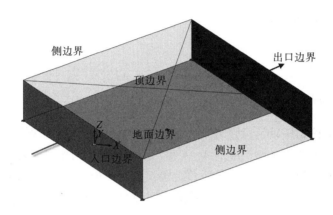

图 3.0.3-1　风场边界类型示意图

表 3.0.3-2　地面粗糙度指数参考值

参考标准	地貌类别	地面粗糙度指数
《绿色建筑评价标准技术细则 2019》	近海地区、湖岸、沙漠地区	0.12
	田野、丘陵及中小城市、大城市郊区	0.16
	有密集建筑的大城市市区	0.22
	有密集建筑群且房屋较高的城市市区	0.30

注：上述地面粗糙度指数参考《绿色建筑评价标准技术细则 2019》8.2.8 节条文说明，也可酌情参考《建筑通风效果测试与评价标准》（JGJ/T 309—2013）中 5.2.1 节的规定。

利用 CFD 可对不同季节典型风向、风速下建筑室外风环境进行模拟，其中来流风向、风速为对应季节内出现频率最高的风向和平均风速，室外风环境模拟使用的气象参数建议依次按地方有关标准要求、现行行业标准《建筑节能气象参数标准[含光盘]》（JGJ 346—2014）、现行国家标准《民用建筑供暖通风与空气调节设计规范 附条文说明[另册]》（GB 50736—2012）、《中国建筑热环境分析专用气象数据集》的优先顺序取得风向风速资料。数据选用尽可能使用地区内气象站过去十年内的代表性数据，也可以采用相关气象部门出具的逐时气象数据。

2)出口边界条件

采用自由出流作为出口边界条件。

3)壁面边界条件

风场的两个侧面边界和顶边界设定为滑移壁面，即假定空气流动不受壁面摩擦力影响；风场的地面边界设定为无滑移壁面，空气流动要受到地面摩擦力的影响。

4. 求解计算

CFD 数值模拟应选择适宜的计算模型、差分格式及迭代收敛标准，并应符合下列规定。

1)计算模型

通常可使用稳态雷诺平均纳维-斯托克斯(Reynolds-averaged Navier-Stokes，RANS)模型，有条件可使用非稳态 RANS 模型或大涡模拟。《绿色建筑评价标准技术细则 2019》推荐使用标准(standard) k-ε 湍流模型进行室外流场计算。

表 3.0.3-3 为几种工程流体中常见的湍流模型适用性。

表 3.0.3-3　常用湍流模型适用范围

常用湍流模型	特点和适用工况
标准(standard) k-ε 湍流模型	简单的工业流场和热交换模拟，无较大压力梯度、分离、强曲率流，适用于初始的参数研究，一般的建筑通风均适用
重整化群(RNG) k-ε 湍流模型	适合包括快速应变的复杂剪切流、中等旋涡流动、局部转捩流，如边界层分离、钝体尾迹涡、大角度失速、房间通风、室外空气流动
可实现(realizable) k-ε湍流模型	旋转流动、强逆压梯度的边界层流动、流动分离和二次流，类似于 RNG k-ε 模型

2)差分格式

当采用非结构化网格时，不宜采用一阶差分格式，宜使用更高精度的差分格式。

3)迭代收敛标准

指定观察点或区域的值不再随迭代步数变化且均方根相对残差应小于 10^{-4}。

4)模拟工具

对于较为简单的单体和建筑群的风环境模拟，可采用支持结构化网格的 CFD 软件；对于建筑分布较复杂且弯曲面较多的风环境分析，应采用支持非结构化网格的 CFD 软件。

5. 结果可视化

通过 CFD 后处理软件，可获得室外风场计算结果，并对结果进行可视化，如图 3.0.3-2 和图 3.0.3-3 所示。

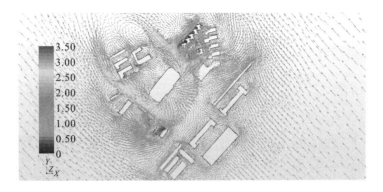

图 3.0.3-2 夏热冬冷地区某项目 1.5m 处风速矢量图(单位：m/s)

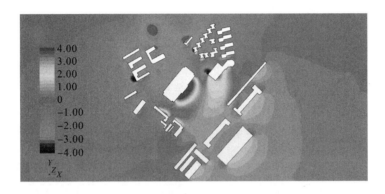

图 3.0.3-3 夏热冬冷地区某项目 1.5m 处风压分布图(单位：Pa)

3.0.4 建筑碳排放核算应包括建材生产及运输阶段、建造及拆除阶段、运行阶段，
各阶段计算要素应与建筑设计、工程概预算、施工、运行维护等各过程中与碳排放
相关的内容保持一致，各阶段涉及的碳排放因子应按相关标准要求选取，若没有标
准，则按照下列资料排序依次选取：
    1 权威机构文献；
    2 经认证的研究报告；
    3 统计年鉴和报表。

【条文说明扩展】

(一)技术原理

碳排放核算主体为具有温室气体排放行为并定期核算和报告的法人企业或视同法人
的独立核算单位。碳排放核算工作流程包括以下步骤：①确定核算边界；②识别排放源；
③收集活动水平数据；④选择和获取排放因子数据；⑤分别计算化石燃料燃烧排放、净购

入使用的电力和热力、材料使用等对应的排放；⑥汇总核算单位碳排放量。

碳排放核算是建筑在其全生命周期内所产生的碳排放总量，对建筑而言，全生命周期的方法是指建筑在材料生产、施工建造、运行维护、拆解直至回收的生命过程中都产生能源及材料的消耗，引起直接或间接的 CO_2 排放，可使用以下公式计算：

$$C_总 = C_M + C_{JZ} + C_{CC} + C_{JC}$$

式中，C_M——建筑运行阶段单位建筑面积的碳排放量，$kgCO_2/m^2$；

　　　C_{JZ}——建筑建造阶段单位建筑面积的碳排放量，$kgCO_2/m^2$；

　　　C_{CC}——建筑拆除阶段单位建筑面积的碳排放量，$kgCO_2/m^2$；

　　　C_{JC}——建材生产及运输阶段单位建筑面积的碳排放量，$kgCO_2/m^2$。

《建筑碳排放计算标准》（GB/T 51366—2019）自 2019 年 12 月 1 日起实施，本指南碳排放核算方法依据上述标准。

1. 建筑固有的碳排放量计算

1）建造及拆除阶段碳排放量计算

建筑建造阶段的碳排放应包括完成各分部分项工程施工产生的碳排放和各项措施项目实施过程产生的碳排放，建筑拆除阶段的碳排放应包括人工拆除和使用小型机具机械拆除使用的机械设备消耗的各种能源动力产生的碳排放。

建筑建造及拆除阶段的碳排放量计算边界应符合下列规定：①建造阶段碳排放量计算时间边界应从项目开工起至项目竣工验收止，拆除阶段碳排放量计算时间边界应从拆除起至拆除肢解并从楼层运出止；②建筑施工场地区域内的机械设备、小型机具、临时设施等使用过程中消耗的能源产生的碳排放应计入；③现场搅拌的混凝土和砂浆、现场制作的构件和部品，其产生的碳排放应计入；④建造阶段使用的办公用房、生活用房和材料库房等临时设施的施工和拆除产生的碳排放可不计入。

（1）建筑建造。

建筑建造阶段的碳排放量应按下式计算：

$$C_{JZ} = \frac{\sum_{i=1}^{n} E_{JZ,i} EF_i}{A}$$

式中，C_{JZ}——建筑建造阶段单位建筑面积的碳排放量，$kgCO_2/m^2$；

　　　$E_{JZ,i}$——建筑建造阶段第 i 种能源总用量，$kW·h$ 或 kg；

　　　EF_i——第 i 类能源的碳排放因子，$kgCO_2/(kW·h)$ 或 $kgCO_2/kg$，按《建筑碳排放计算标准》（GB/T 51366—2019）附录 A 确定；

　　　A——建筑面积，m^2。

（2）建筑拆除。

建筑拆除阶段单位建筑面积的碳排放量应按下式计算：

$$C_{CC} = \frac{\sum_{i=1}^{n} E_{CC,i} EF_i}{A}$$

式中，C_{CC} ——建筑拆除阶段单位建筑面积的碳排放量，$kgCO_2/m^2$；

$E_{CC,i}$ ——建筑拆除阶段第 i 种能源总用量，$kW\cdot h$ 或 kg；

EF_i ——第 i 类能源的碳排放因子，$kgCO_2/(kW\cdot h)$ 或 $kgCO_2/kg$，按《建筑碳排放计算标准》（GB/T 51366—2019）附录 A 确定；

A ——建筑面积，m^2。

2）建材生产及运输阶段碳排放量计算

建材碳排放应包含建材生产及运输阶段的碳排放，并应按现行国家标准《环境管理 生命周期评价 原则与框架》（GB/T 24040—2008）、《环境管理 生命周期评价 要求与指南》（GB/T 24044—2008）计算。建材生产及运输阶段的碳排放应为建材生产阶段碳排放与建材运输阶段碳排放之和，并应按下式计算：

$$C_{JC} = \frac{C_{sc} + C_{ys}}{A}$$

式中，C_{JC} ——建材生产及运输阶段单位建筑面积的碳排放量，$kgCO_2/m^2$；

C_{sc} ——建材生产阶段碳排放量，$kgCO_2$；

C_{ys} ——建材运输阶段碳排放量，$kgCO_2$；

A ——建筑面积，m^2。

建材生产及运输阶段碳排放量计算应包括建筑主体结构材料、建筑围护结构材料、建筑构件和部品等，纳入计算的主要建筑材料的确定应符合下列规定：①所选主要建筑材料的总重量不应低于建筑中所耗建材总重量的 95%；②当符合第①条的规定时，重量比小于 0.1% 的建筑材料可不计算。

（1）建材生产。

建材生产阶段碳排放量应按下式计算：

$$C_{sc} = \sum_{i=1}^{n} M_i F_i$$

式中，C_{sc} ——建材生产阶段碳排放量，$kgCO_2$；

M_i ——第 i 种主要建材的消耗量，t；

F_i ——第 i 种主要建材的碳排放因子，$kgCO_2/$单位建材数量。

（2）建材运输。

建材运输阶段碳排放量应按下式计算：

$$C_{ys} = \sum_{i=1}^{n} M_i D_i T_i$$

式中，C_{ys} ——建材运输阶段碳排放量，$kgCO_2$；

M_i ——第 i 种主要建材的消耗量，t；

D_i ——第 i 种主要建材平均运输距离，km；

T_i ——第 i 种主要建材的运输方式下，单位重量运输距离的碳排放因子，$kgCO_2/(t\cdot km)$。

2. 标准运行工况下的碳排放量计算

建筑运行阶段碳排放量计算范围应包括暖通空调、生活热水、照明及电梯、可再生能源、建筑碳汇系统在建筑运行期间的碳排放量。碳排放量计算中采用的建筑设计寿命应与设计文件一致，当设计文件不能提供时，应按 50 年计算。

建筑物碳排放量的计算范围应为建设工程规划许可证范围内能源消耗产生的碳排放量和可再生能源及碳汇系统的减碳量。

建筑运行阶段碳排放量应根据各系统不同类型能源消耗量和不同类型能源的碳排放因子确定，按下列公式计算：

$$C_M = \frac{\left[\sum_{i=1}^{n}(E_i EF_i) - C_p\right] y}{A}$$

$$E_i = \sum_{j=1}^{n}\left(E_{i,j} - ER_{i,j}\right)$$

式中，C_M ——建筑运行阶段单位建筑面积的碳排放量，$kgCO_2/m^2$；

E_i ——建筑第 i 类能源年消耗量，t/a；

EF_i ——第 i 类能源的碳排放因子，按《建筑碳排放计算标准》（GB/T 51366—2019）

附录 A 取值；

$E_{i,j}$ —— j 类系统的第 i 类能源年消耗量，t/a；

$ER_{i,j}$ —— j 类系统由可再生能源系统提供的第 i 类能源年消耗量，t/a；

j ——建筑消耗终端能源类型，包括电力、燃气、石油、市政热力等；

C_p ——建筑绿地碳汇系统年减碳量，$kgCO_2/m^2$；

y ——建筑设计寿命。

（二）实施策略

准确的碳排放数据是建立在权威而规范的碳排放核算基础上的。做好碳排放统计核算是强化碳达峰碳中和工作的基础保障。建设项目在设计、施工、运维阶段需完善数据监测仪表或平台，为开展全生命周期碳排放核算工作提供数据支撑，具体核算要求如表 3.0.4-1 所示。

表 3.0.4-1 各阶段碳排放核算要求

阶段	技术措施
设计阶段	根据碳排放核算需求，综合建筑功能设计分项分类用能计量表具，包括冷热量表、燃气计量表、电表、水表等，大型公建需设置能源监测管理系统，所用能源、资源耗量设置完善监测仪表，并保证数据的完整性、连续性和准确性
施工阶段	根据碳排放核算需求，对施工过程中各项能源、资源耗量配置仪表进行实时监测、统计和分析，对所用材料耗量进行记录、统计和分析，编制碳排放核算报告
运行阶段	根据碳排放核算需求，运行阶段定期对能源、资源仪表进行校准、维护和更新，确保监测数据的完整性、连续性和准确性。对运行阶段能源、资源的耗量进行统计和分析，编制碳排放核算报告

3.0.5 室外热岛效应控制应满足下列要求:

1 应对室外场地通风、遮阴、地面的反射、渗透与蒸发、绿地与绿化、暖通空调室外散热设备等进行综合考虑,还应达到规定性设计或评价性设计相关指标要求,并应达到现行行业标准《城市居住区热环境设计标准》(JGJ 286—2013)要求的规定性设计或评价性设计相关指标;

2 应通过优化规划布局和建筑形体设计,合理设置水体、复层绿化、乔木等措施,改善室外热岛效应;

3 对于室外空气环境质量较差的情况,应结合场地风环境分析,改善室外浊岛现象。

【条文说明扩展】

(一)技术原理

热岛效应是指一个地区(主要指城市内)的气温高于周边郊区的现象,可以用两个代表性测点的气温差值(城市内一个区域的气温与郊区气温的差别)即热岛强度表示。已有相关研究表明,热岛效应与城市大规模扩张带来的众多影响有关。一方面,城市下垫面性质的改变、绿地的减少,导致城市区域更容易吸收大量的太阳辐射,致使城市升温高;城市建筑物密集,造成城市通风不畅。另一方面,城市居民生活生产带来的大量人为热排放也直接导致了城市气温的上升。热岛现象在夏季的出现,不仅会使人们高温中暑的概率变大,同时还促使光化学烟雾的形成,加重污染,并增加建筑的空调能耗,给人们的工作生活带来负面影响。城市热岛效应作为一种局地城市小气候,已经被公认为是一种极大的城市公害。因此,需要从合理的规划布局、绿地保护、下垫面改善等方面采取措施缓解热岛效应。

依据现行行业标准《城市居住区热环境设计标准》(JGJ 286—2013)(简称为本标准),居住区夏季平均热岛强度应按下式进行计算:

$$\overline{\Delta t_{a夏季}} = \sum_{\tau_1}^{\tau_2} [t_a(\tau) - t_{a·TMD}(\tau)]/11$$

式中, $t_a(\tau)$ ——北京时间 τ 时刻居住区设计的空气温度,℃,按本标准附录 B 的方法计算;

$t_{a·TMD}(\tau)$ ——北京时间 τ 时刻居住区所在城市或气候区的典型气象日空气干球温度,℃,按本标准附录 A 的规定取值;

τ_1、τ_2 ——平均热岛强度统计时段的起、止时刻(北京时间),平均热岛强度的统计时段应为当地的地方太阳时(8:00～18:00),所对应的北京时间的统计时段 τ_1～τ_2 按本标准附录 C 取用。

（二）实施策略

城市尺度的热岛效应缓解需要合理的城市规划、绿地布局、城市通风廊道设计，以及节能减排降低人为热排放，而对于较小尺度的居住区或城市片区的规划和设计，应重点从规划布局、建筑形体、植物景观等方面进行优化设计，采取合理的技术措施缓解区域热岛效应。同时，对于室外空气环境质量较差的情况，还应结合场地风环境分析，优化设计改善室外浊岛现象。

1. 规划布局

规划设计时，应综合考虑气候特征、周边环境、项目选址、用地条件等因素合理布局，保证场地的有效通风和散热。

(1) 宜减少板式建筑形式，多采用点式建筑形式；宜采用组团式布局，规范建筑组团的形式，为城市尺度留出通风廊道，保障建筑组团内外的能量交换。

(2) 在Ⅰ、Ⅱ、Ⅵ、Ⅶ建筑气候区，宜将住宅建筑净密度大的组团布置在冬季主导风向的上风向；在Ⅲ、Ⅳ、Ⅴ建筑气候区，宜将住宅建筑净密度大的组团布置在夏季主导风向的下风向。

(3) 街道布局方向宜与夏季主导风向平行排列或成30°以内夹角。

(4) 通风廊道宜有意识地连接绿地、水体等斑块，形成绿廊、水廊连接。

(5) 建筑排列应保证足够的间距，前后排建筑交错排开，建筑间距避免过小，宜保证30m以上。

2. 建筑设计

住区建筑密度越大，空气流通效率越低，热岛效应越强烈，应根据项目的技术经济指标、建筑布局等，结合热岛强度要求，确定适宜的建筑密度、高度、容积率等指标。

(1) 宜使高层建筑错落有致，尽可能降低建筑物的密度。组团建筑的天际线应顺应夏季主导风向和过渡季主导风向，实现自然风资源的梯级利用。

(2) 应以多层低密度组团或高层点式建筑为建设方向，利用高层建筑通风条件畅通、建筑阴影较多的优势，降低热岛效应。

(3) 大型密集建筑群应设立非建筑范围及建筑退让区，建筑底层架空率宜大于10%，以达到最佳的通风效果。

(4) 大型建筑应避免设计大体量裙房，宜将大体量裙房进行体型分割，保留地块内部的通风路径。

3. 立体绿化

(1) 绿化设计时应采用乔、灌、草结合的复层绿化方式，优先选用绿量大的乔木类植物，提高乔木遮阴面积；植物群落结构越复杂，植被覆盖度越大，绿地降温增湿效果越明显，选型应参见各地区常见植物配置并加以优化。合理提升场地绿容率，不宜低于0.5。

(2)居住区绿地率不应低于30%，每100m²绿地上不少于3株乔木。

(3)设计应保证一定比例的屋顶绿化面积。屋顶绿化面积、太阳辐射反射系数不小于0.4的屋面面积合计宜达到屋面面积的75%。

(4)合理设置墙面绿化，东、南、西向墙面绿化率宜达到10%。

4．渗透与蒸发

(1)室外场地铺装设计应增加透水地面面积，透水性铺装比例不宜低于50%；

(2)应合理选择下垫面材料，材料太阳辐射反射率宜控制在0.3～0.5；

(3)根据项目定位，有效配置水景，增加室外景观水体面积，利用景观水体蒸发降温，提高夏季室外热舒适度，降低热岛强度；

(4)室外休憩场所合理设置人工雾化蒸发降温措施，可以实现局部热舒适效果的提升。

> **3.0.6　建筑日照设计应满足下列要求：**
> 　　**1** 日照计算应包括数据资料整理、几何模型建立、计算参数和方法确定、结果分析等过程，并应满足国家和行业有关标准的规定；
> 　　**2** 应结合场地及周边现状，进行建筑日照分析，并应保证建筑主要功能房间均能满足日照要求，且不得降低周边建筑的日照标准；
> 　　**3** 应从规划布局、单体形式、功能要求、户型设计、遮阳措施等方面，结合日照分析进行规划布局优化。

【条文说明扩展】

(一)技术原理

建筑日照是太阳光直接照射到建筑物(场地)上的状况。建筑室内的环境质量与日照环境密切相关，直接影响居住者的身心健康和居住生活质量。我国对住宅建筑以及幼儿园、学校、医院、老年人照料设施等公共建筑的日照都制定有相应的国家标准或地方标准，如表3.0.6-1所示，绿色建筑的布局与设计应满足现行国家标准及地方标准所提出的技术要求，最大限度地为建筑提供良好的日照条件。

建筑日照的计算包括棒影图、间距系数和计算机模拟等方法。目前设计和评价中主要通过计算机模拟的方法来计算建筑日照。国家标准《建筑日照计算参数标准》(GB/T 50947—2014)对日照计算的过程、参数和软件进行了详细的规定。建筑日照计算的完整过程应包括数据资料整理、建立几何模型、确定计算参数、确定计算方法、计算操作、编写计算报告、审校计算报告、数据归档管理。

表 3.0.6-1 不同类型建筑日照标准

类型	日照标准					参考规范
住宅建筑	建筑气候区划	I、II、III、VII气候区		IV气候区		V、VI气候区	《城市居住区规划设计标准》(GB 50180—2018)
	城区常住人口/万人	≥50	<50	≥50	<50	无限定	
	日照标准日	大寒日			冬至日		
	日照时数/h	≥2		≥3	≥1		
托儿所、幼儿园	托儿所、幼儿园的活动室、寝室及具有相同功能的区域应布置在当地最好的朝向						《托儿所、幼儿园建筑设计规范(2019年版)》(JGJ 39—2016)
	满足冬至日底层满窗日照不少于3h的要求						
	夏热冬冷、夏热冬暖地区的生活用房应避免朝西，否则应设遮阳设施						
中小学校	普通教室冬至日满窗日照不应少于2h						《中小学校设计规范》(GB 50099—2011)
	至少应有一间科学教室或生物实验室的室内能在冬季获得直射阳光						
老年人照料设施	老年人生活用房的居室日照标准不应低于冬至日日照时数2h						《老年人照料设施建筑设计标准》(JGJ 450—2018)
旅馆建筑	建筑布局应有利于冬季日照和避风						《旅馆建筑设计规范》(JGJ 62—2014)
宿舍	满足自然采光、通风要求，半数及以上的居室应有良好的朝向						《宿舍建筑设计规范》(JGJ 36—2016)
医院	医院病房楼、疗养院的疗养用房半数以上的居室应满足冬至日不少于2h的日照标准						《综合医院建筑设计规范》(GB 51039—2014)

（1）建筑日照计算模型应采用统一的平面和高程基准。

（2）日照计算时间段应根据当地日照规范进行累计日照时间计算或连续日照时间计算。累计日照时间指当有两个或两个以上连续日照时间段时的累加日照时间。若连续日照时间段小于某一值（如0.5h，依不同地方规定确定），则不计入有效时间内。连续日照时间指连续获得日照时间的最长日照时段。

（3）日照时间的预设参数，当需设置时间间隔时，不宜大于1min。

（4）日照时间的计算，根据当地日照规范确定窗户宽度，当宽度小于等于规范规定值时应按实际宽度计算，宽度大于规范规定值的窗户宜选取日照有利位置的规范规定值进行宽度计算。

（5）异形外墙和异形外窗可为简单的几何包络体。

（6）目前国内常用的日照分析软件包括天正日照分析软件、众智日照分析软件、斯维尔日照分析软件、PKPM SUNLIGHT日照分析软件等。

（二）实施策略

建筑日照主要受建筑朝向、间距、高度等多种因素影响，因此在规划设计过程中，应从规划布局、建筑单体形式、户型等方面进行优化设计，满足相关的日照标准，获得良好的日照条件。

1. 规划布局优化设计

规划布局阶段，应通过控制建筑间距以及优化建筑排布等保证满足相关日照标准。

（1）对于日照间距，应充分利用地形地貌产生的场地高差、条式与点式建筑的形体组合以及建筑高度的高低搭配等，有效控制建筑间距，提高土地利用效率，同时满足日照标准。

（2）建筑的排布应针对不同的建筑群体平面组合形式对建筑日照的影响不同，采取适宜的策略以充分利用日照。

（3）行列式是建筑物成排成行地布置，这种布置方式能够争取最好的建筑朝向，使大多数房间得到良好的日照，并有利于通风，形式上也比较整齐。行列式布局日照影响主要产生在中部，其日照优化宜通过错位方法和斜列方法，相对扩大建筑间距，减少建筑遮挡。

（4）周边式是建筑物沿街道周边布置，在基地内部通过建筑围合形成一定数量的次要空间共同支撑主要空间，该布局的遮挡主要来自建筑自身的形体遮挡，应减小东西向围合，在南侧增加适当开口可获得较佳的日照效果。

（5）混合式是行列式和周边式两种的混合布置方式。这种布置方式同时具有行列式、周边式两种布置方式的优点，但在沿街周边布置的建筑物，仍有一部分朝向不好，室内得不到良好的日照。该布置方式宜在东西两侧或单侧设置较高建筑，中间设置较低建筑。

（6）自由式是地形复杂地区常采用的自由变化的布置方式。这种布置方式可以充分利用地形特点，便于采用多种平面形式和高低层长短不同的体型组合，根据日照要求选择合理的朝向。

2. 建筑单体形式优化设计

建筑单体的朝向、面宽、方位角、屋顶构件、功能等对建筑日照均有一定的影响，应从以上因素考虑进行建筑单体形式的优化设计。

（1）合理控制建筑朝向。建筑的主朝向宜选择本地区最佳朝向或接近最佳朝向，在考虑日照的基础上加以调整。通过平面等时线分析，新建建筑适当改变建筑朝向之后，北侧房间日照由不满足变为满足，如图 3.0.6-1 所示。因此，在日照间距相同的情况下，建筑主朝向的适当偏移有利于满足日照规范。

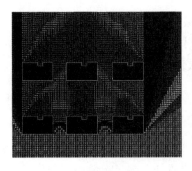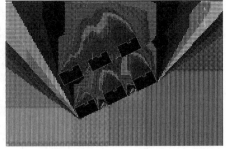

图 3.0.6-1　建筑朝向优化设计

(2)用日照分析软件建出建筑控制线内最大的建筑体块，在满足限高和周边建筑日照标准的要求下，可推导出满足日照要求的建筑体型的空间包络图，可在此基础上结合建筑功能、模数、规划指标等进行进一步的深化设计，如图3.0.6-2所示。

(3)应合理控制板式建筑面宽。过大的建筑面宽会增大建筑间距从而影响建筑布局和容积率等其他指标，应综合考虑优化设计。

(4)根据当地地理纬度，利用太阳方位角进行退台式设计，为后排建筑争取充足的日照，同时为建筑屋顶绿化和大尺度阳台提供了条件。

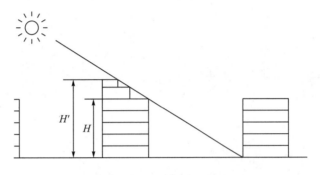

图3.0.6-2　建筑体型优化设计

(5)方案设计中建筑屋面设计应避免不必要的装饰性构筑物，若出于效果考虑采用，则构筑物与北面女儿墙应保持一定距离。

(6)结合项目整体特征，适当改变房间功能，修改底层住宅为储藏室或商业用房。

3. 户型优化设计

户型能否获得良好的日照主要受开窗位置、体型及凹槽的影响，应从以上因素考虑进行户型优化。

(1)优先在南向开窗，当不具备南向开窗条件时，尽可能临近北向和东向开窗，并适当调整主要功能房间的布局；

(2)建筑的平面设计力求规整，避免南侧平面轮廓有过大的凹凸形成大尺度的凹立面而形成建筑形体自遮挡；

(3)做好端单元设计，在山墙处设置转角窗、转角露台等；

(4)阴影角处设计成小户型、辅助房间或者局部架空。

4. 日照优化分析

在规划设计阶段，可采用的日照优化分析主要有沿线分析、沿面分析、窗日照分析和阴影分析等直观的形式，如图3.0.6-3所示。这几种日照计算结果的表达方式直观明了、易于操作，是建筑规划设计和管理过程中最常用到的日照分析计算结果表达方式。

(1)沿线分析：根据有关规定对建筑轮廓线上的采样点进行日照时间计算，并显示各采样点的日照时间。

(2)沿面分析：分析某一平面或立面区域内的日照，按照给定的网格间距进行标注，其中平面日照等时线或平面日影等时线最常用。

(3)窗日照分析：对建筑中居住性空间的日照窗进行分析，根据窗户所属户型确定户型是否满足日照。

(4)阴影分析：在给定平面上绘制各遮挡物所产生的各个时刻的阴影轮廓线。

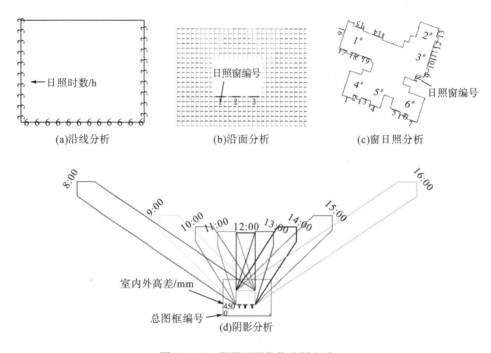

图3.0.6-3　常用日照优化分析方法

3.0.7　建筑适变性能提升应充分考虑未来使用者对空间需求的变化，并符合下列规定：
　1 建筑适变设计应包括使用功能、建筑空间及建筑结构的适变性能；
　2 在场地总平面、建筑、结构及设备设施等专业设计中均应考虑建筑适变性能。

【条文说明扩展】

（一）技术原理

在建筑使用寿命期内，由于经济社会发展和使用者需求变化等因素，其使用功能及空间利用客观上存在不确定性，难免存在使用空间功能转换和改造再利用的需求。因此，在设计时应采取措施提升建筑的适变性能，使建筑空间和功能适应使用者需求的变化，使建筑具有更大的弹性以应对后续变化，以此获得更长的使用寿命。

建筑适变性能包括建筑的适应性能和可变性能,适应性能是指使用功能和空间的变化潜力,可变性能是指结构和空间上的形态变化。通过利用建筑空间和结构潜力,建筑空间和功能适应使用者需求的变化,在适应当前需求的同时,使建筑具有更大的弹性以应对变化,以此获得更长的使用寿命。建筑适变性能应遵循下列原则:

(1)建筑应遵循全生命周期内使用的多元化原则,建筑使用功能与使用空间设置及设备设施布置或控制应具备适变性能,以便于后期改造。

(2)建筑适变性能应以建筑品质优良为基础,满足绿色、健康、低碳、长寿、结构、防火、防疫、适老八个方面的性能优良。

(3)建筑适变性能应在设计阶段建立。建筑主要功能或建筑空间的改变应基于对建筑所在地的自然条件、地域文化和经济社会发展规划的分析,并满足合法性、合规性、经济性、技术合理性兼顾的要求。

(4)建筑采用模数协调、管线分离等便于拆除的装配式技术。基于模数协调原则,采用干式工法、管线分离等便于拆除的装配式技术,工厂生产的部品部件在现场进行组合安装的装配式装修技术既可实现建筑结构体和建筑内装之间的整体协调,又可充分发挥工业化生产的成本和时效优势,降低空间功能调整的实施难度。

(二)实施策略

为提升建筑使用寿命期内建筑的适变性能,可从场地总平面设计、建筑设计、结构设计及设备设施设计等方面采取相应措施。

1. 场地总平面设计

(1)为适应建筑功能调整产生的人流、车流、物流出入口数量和位置的变化,场地出入口不应少于 2 个;

(2)建筑周边应布置环形车道,或沿建筑 2 个长边布置车道,并应满足防火、救护和无障碍通行需要;

(3)为适应建筑功能调整导致设备设施管网容量的变化,场地管网应分类集中布置于管沟内,管沟应预留检修和适应功能调整的发展空间。

2. 建筑设计

(1)建筑形体应规则,建筑功能分区应清晰明确。建筑空间布局和结构体系便于重新划分功能分区,并易于分类别组织交通流线和设备管线系统。

(2)设计应基于使用功能及人员的可变性分析制订设计或改造技术方案,建筑主要空间宜多功能化,提高空间的适应性,以满足不同使用方式及运营管理。

(3)建筑空间宜规整,可采用大空间布置方式,选择适宜的开间和层高;空间划分应采用技术可逆的装配式轻质隔墙系统。

(4)各功能空间的配套服务设施宜共享,并宜布置于主要功能空间外和靠外墙部位。

(5) 建筑首层除出入口门厅外宜架空，预留因使用功能变化调整出入口的条件。

(6) 电梯、楼梯及其候梯厅应按可容纳担架的消防电梯和防烟楼梯间设计或预留改造条件；疏散通道、公共走道应按满足最多人数和无障碍使用要求设计或预留改造条件；

(7) 在公共建筑功能空间内宜预留增设水平和垂直交通系统的空间，该空间应按满足防火和无障碍使用要求预留改造条件。

(8) 居住建筑套内空间应按满足无障碍使用要求设计或预留改造条件。

3. 结构设计

(1) 应根据可变性分析进行建筑全生命周期内各种设计工况下的承载能力极限状态、正常使用极限状态设计，并确定荷载和作用的取值、结构构件的承载能力；

(2) 优化结构体系和结构构件布置，减少剪力墙、支撑、延性墙板等抗侧力构件对内部空间的围合限定程度，为建筑全生命周期内空间灵活调整创造条件；

(3) 应根据结构受力特点及建筑尺度、形状、使用功能要求，合理确定结构缝设置方案，宜控制结构缝的数量，并应采取有效措施消除或减少设缝对使用功能调整的不利影响；

(4) 建筑的非结构构件布置应充分考虑建筑的适变性，优先选用尺度小、规格小、便于组合且安装工艺可逆的预制构件。

4. 设备设施设计

(1) 布置方式或控制方式应与建筑功能和空间变化相适应，设备设施布置应预留调整和检修更换空间；

(2) 建筑中的共用管道井和共用设备用房应分类集中布置在建筑的公共空间内，非共用设备与管线应分类集中布置，与公共空间贴邻并靠近同类设备用房或管道井；

(3) 设备管线应与建筑结构分离；

(4) 穿越结构构件的管线应预留管线套管。

3.0.8 建筑隔声应根据建筑功能特点及噪声源分布特性进行设计，并符合下列规定：

1 应结合建筑类型及功能，制定隔声设计目标，包括室内背景噪声、空气声隔声性能、撞击声隔声性能等。

2 根据噪声源分布特性，合理布置建筑功能房间；采用隔声良好的围护结构材料（包括墙体、窗、门等构件）、浮筑楼板、隔声保温板等措施。

3 采用软件模拟法、实测法模拟检验隔声措施的实施效果，通过改变材料性能、施工工艺等措施不断优化改善隔声效果。

【条文说明扩展】

(一)技术原理

1. 空气声隔声

1) 空气声隔声量

用材料、构件或结构来隔绝空气中传播的噪声,从而获得较安静的环境,这称为空气声隔声,上述材料(构件、结构)称为隔声材料(隔声构件、隔声结构)。材料一侧的入射声能与另一侧的透射声能相差的分贝数就是该材料的隔声量,通常以符号 R 表示,即

$$R = 10\lg E_{入} - 10\lg E_{透} = 10\lg \frac{1}{E_{透} / E_{入}} = 10\lg \frac{1}{\tau}$$

式中, R ——隔声量,dB;

$E_{入}$ ——入射声能;

$E_{透}$ ——透射声能;

τ ——透射系数。

隔声量又称传声损失(sound transmission loss),记作 STL。对于给定的隔声构件,隔声量与声波频率密切相关。

2) 空气声隔声标准要求

空气声隔声的标准以《民用建筑隔声设计规范》(GB 50118—2010)为准,该标准对住宅建筑、学校建筑、医院建筑、旅馆建筑、办公建筑、商业建筑等六类建筑提出了比较明确的隔声指标。

(1)住宅建筑。

根据《民用建筑隔声设计规范》(GB 50118—2010),住宅建筑相应的空气声隔声标准规定如下。

分户墙、分户楼板及分隔住宅和非居住用途空间楼板的空气声隔声性能,应符合表 3.0.8-1 的规定。

表 3.0.8-1 分户构件空气声隔声标准 (单位:dB)

构件名称	空气声隔声单值评价量+频谱修正量	
分户墙、分户楼板	计权隔声量+粉红噪声频谱修正量 $R_w + C$	>45
分隔住宅和非居住用途空间楼板	计权隔声量+交通噪声频谱修正量 $R_w + C_{tr}$	>51

注: C 是以生活噪声为代表的中高频为主的噪声源频谱修正,称为粉红噪声频谱修正量; C_{tr} 是以交通噪声为代表的低中频为主的噪声源频谱修正,称为交通噪声频谱修正量。下同。

室外与卧室之间、相邻两户房间之间及住宅与非居住用途空间分隔楼板上下的房间之间的空气声隔声性能，应符合表 3.0.8-2 的规定。

表 3.0.8-2　室外与卧室之间、房间之间的空气声隔声标准　（单位：dB）

房间名称	空气声隔声单值评价量+频谱修正量	
卧室、起居室(厅) 与邻户房间之间	计权标准化声压级差+粉红噪声频谱修正量 $D_{nT,w} + C$	≥45
住宅与非居住用途空间 分隔楼板上下的房间之间	计权标准化声压级差+交通噪声频谱修正量 $D_{nT,w} + C_{tr}$	≥51

注：$D_{nT,w}$ 为计权标准化声压级差，以接收室的混响时间作为修正参数而得到的两个房间之间的空气声隔声性能的单值评价量。下同。

高要求住宅的分户墙、分户楼板的空气声隔声性能，应符合表 3.0.8-3 的规定。

表 3.0.8-3　高要求住宅分户构件空气声隔声标准　（单位：dB）

构件名称	空气声隔声单值评价量+频谱修正量	
分户墙、分户楼板	计权隔声量+粉红噪声频谱修正量 $R_w + C$	＞50

高要求住宅相邻两户房间之间、室外与卧室之间的空气声隔声性能，应符合表 3.0.8-4 的规定。

表 3.0.8-4　高要求住宅相邻两户房间之间、室外与卧室之间空气声隔声标准　（单位：dB）

房间名称	空气声隔声单值评价量+频谱修正量	
卧室、起居室(厅)与邻户房间之间	计权标准化声压级差+粉红噪声频谱修正量 $D_{nT,w} + C$	≥50
相邻两户的 卫生间之间	计权标准化声压级差+粉红噪声频谱修正量 $D_{nT,w} + C$	≥45

外窗(包括未封闭阳台的门)的空气声隔声性能，应符合表 3.0.8-5 的规定。

表 3.0.8-5　外窗(包括未封闭阳台的门)的空气声隔声标准　（单位：dB）

构件名称	空气声隔声单值评价量+频谱修正量	
交通干线两侧卧室、 起居室(厅)的窗	计权隔声量+交通噪声频谱修正量 $R_w + C_{tr}$	≥30
其他窗	计权隔声量+交通噪声频谱修正量 $R_w + C_{tr}$	≥25

外墙、户(套)门和户内分室墙的空气声隔声性能，应符合表 3.0.8-6 的规定。

表 3.0.8-6　外墙、户(套)门和户内分室墙的空气声隔声标准　　　(单位：dB)

构件名称	空气声隔声单值评价量+频谱修正量	
外墙	计权隔声量+交通噪声频谱修正量 $R_w + C_{tr}$	≥45
户(套)门	计权隔声量+粉红噪声频谱修正量 $R_w + C$	≥25
户内卧室墙	计权隔声量+粉红噪声频谱修正量 $R_w + C$	≥35
户内其他分室墙	计权隔声量+粉红噪声频谱修正量 $R_w + C$	≥30

(2)学校建筑。

学校建筑相应的空气声隔声标准如下。

教学用房隔墙、楼板的空气声隔声性能，应符合表 3.0.8-7 的规定。

表 3.0.8-7　教学用房隔墙、楼板的空气声隔声标准　　　(单位：dB)

构件名称	空气声隔声单值评价量+频谱修正量	
语言教室、阅览室的隔墙与楼板	计权隔声量+粉红噪声频谱修正量 $R_w + C$	>50
普通教室与各种产生噪声的房间之间的隔墙与楼板	计权隔声量+粉红噪声频谱修正量 $R_w + C$	>50
普通教室之间的隔墙与楼板	计权隔声量+粉红噪声频谱修正量 $R_w + C$	>45
音乐教室、琴房之间的隔墙与楼板	计权隔声量+粉红噪声频谱修正量 $R_w + C$	>45

注：产生噪声的房间指音乐教室、舞蹈教室、琴房、健身房，下同。

教学用房与相邻房间之间的空气声隔声性能，应符合表 3.0.8-8 的规定。

表 3.0.8-8　教学用房与相邻房间之间的空气声隔声标准　　　(单位：dB)

房间名称	空气声隔声单值评价量+频谱修正量	
语言教室、阅览室与相邻房间之间	计权标准化声压级差+粉红噪声频谱修正量 $D_{nT,w} + C$	≥50
普通教室与各种产生噪声的房间之间	计权标准化声压级差+粉红噪声频谱修正量 $D_{nT,w} + C$	≥50
普通教室之间	计权标准化声压级差+粉红噪声频谱修正量 $D_{nT,w} + C$	≥45
音乐教室、琴房之间	计权标准化声压级差+粉红噪声频谱修正量 $D_{nT,w} + C$	≥45

教学用房的外墙、外窗和门的空气声隔声性能，应符合表 3.0.8-9 的规定。

表 3.0.8-9   教学用房外墙、外窗和门的空气声隔声标准   （单位：dB）

构件名称	空气声隔声单值评价量+频谱修正量	
外墙	计权隔声量+交通噪声频谱修正量 $R_w + C_{tr}$	≥45
临交通干线的外窗	计权隔声量+交通噪声频谱修正量 $R_w + C_{tr}$	≥30
其他外窗	计权隔声量+交通噪声频谱修正量 $R_w + C_{tr}$	≥25
产生噪声房间的门	计权隔声量+粉红噪声频谱修正量 $R_w + C$	≥25
其他门	计权隔声量+粉红噪声频谱修正量 $R_w + C$	≥20

（3）医院建筑。

医院建筑相应的空气声隔声标准如下。

医院各类房间隔墙、楼板的空气声隔声性能，应符合表 3.0.8-10 的规定。

表 3.0.8-10   医院各类房间隔墙、楼板的空气声隔声标准   （单位：dB）

构件名称	空气声隔声单值评价量+频谱修正量	高要求标准	低限标准
病房与产生噪声的房间之间的隔墙、楼板	计权隔声量+交通噪声频谱修正量 $R_w + C_{tr}$	>55	>50
手术室与产生噪声的房间之间的隔墙、楼板	计权隔声量+交通噪声频谱修正量 $R_w + C_{tr}$	>50	>45
病房之间及病房、手术室与普通房间之间的隔墙、楼板	计权隔声量+粉红噪声频谱修正量 $R_w + C$	>50	>45
诊室之间的隔墙、楼板	计权隔声量+粉红噪声频谱修正量 $R_w + C$	>45	>40
听力测听室的隔墙、楼板	计权隔声量+粉红噪声频谱修正量 $R_w + C$	—	>50
体外震波碎石室、核磁共振室的隔墙、楼板	计权隔声量+交通噪声频谱修正量 $R_w + C_{tr}$	—	>50

相邻房间之间的空气声隔声性能，应符合表 3.0.8-11 的规定。

表 3.0.8-11   相邻房间之间的空气声隔声标准   （单位：dB）

房间名称	空气声隔声单值评价量+频谱修正量	高要求标准	低限标准
病房与产生噪声的房间之间	计权标准化声压级差+交通噪声频谱修正量 $D_{nT,w} + C_{tr}$	≥55	≥50
手术室与产生噪声的房间之间	计权标准化声压级差+交通噪声频谱修正量 $D_{nT,w} + C_{tr}$	≥50	≥45
病房或手术室之间及手术室、病房与普通房间之间	计权标准化声压级差+粉红噪声频谱修正量 $D_{nT,w} + C$	≥50	≥45
诊室之间	计权标准化声压级差+粉红噪声频谱修正量 $D_{nT,w} + C$	≥45	≥40
听力测听室与毗邻房间之间	计权标准化声压级差+粉红噪声频谱修正量 $D_{nT,w} + C$	—	≥50
体外震波碎石室、核磁共振室与毗邻房间之间	计权标准化声压级差+交通噪声频谱修正量 $D_{nT,w} + C_{tr}$	—	≥50

外墙、外窗和门的空气声隔声性能，应符合表 3.0.8-12 的规定。

表 3.0.8-12 外墙、外窗和门的空气声隔声标准 （单位：dB）

构件名称	空气声隔声单值评价量+频谱修正量	
外墙	计权隔声量+交通噪声频谱修正量 $R_w + C_{tr}$	≥45
外窗	计权隔声量+交通噪声频谱修正量 $R_w + C_{tr}$	≥30（临街一侧病房）
		≥25（其他）
门	计权隔声量+粉红噪声频谱修正量 $R_w + C$	≥30（听力测听室）
		≥20（其他）

(4) 旅馆建筑。

旅馆建筑相应的空气声隔声标准如下。

客房之间的隔墙或楼板、客房与走廊之间的隔墙、客房外墙（含窗）的空气声隔声性能，应符合表 3.0.8-13 的规定。

表 3.0.8-13 客房墙、楼板的空气声隔声标准 （单位：dB）

构件名称	空气声隔声单值评价量+频谱修正量	特级	一级	二级
客房之间的隔墙或楼板	计权隔声量+粉红噪声频谱修正量 $R_w + C$	>50	>45	>40
客房与走廊之间的隔墙	计权隔声量+粉红噪声频谱修正量 $R_w + C$	>45	>45	>40
客房外墙 （含窗）	计权隔声量+交通噪声频谱修正量 $R_w + C_{tr}$	>40	>35	>30

客房之间、走廊与客房之间以及室外与客房之间的空气声隔声性能，应符合表 3.0.8-14 的规定。

表 3.0.8-14 客房之间、走廊与客房之间以及室外与客房之间的空气声隔声标准 （单位：dB）

房间名称	空气声隔声单值评价量+频谱修正量	特级	一级	二级
客房之间	计权标准化声压级差+粉红噪声频谱修正量 $D_{nT,w} + C$	≥50	≥45	≥40
走廊与客房之间	计权标准化声压级差+粉红噪声频谱修正量 $D_{nT,w} + C$	≥40	≥40	≥35
室外与客房之间	计权标准化声压级差+交通噪声频谱修正量 $D_{nT,w} + C_{tr}$	≥40	≥35	≥30

客房外窗与客房门的空气声隔声性能，应符合表 3.0.8-15 的规定。

表 3.0.8-15　客房外窗与客房门的空气声隔声标准　　　　　（单位：dB）

构件名称	空气声隔声单值评价量+频谱修正量	特级	一级	二级
客房外窗	计权隔声量+交通噪声频谱修正量 $R_w + C_{tr}$	≥35	≥30	≥25
客房门	计权隔声量+粉红噪声频谱修正量 $R_w + C$	≥30	≥25	≥20

(5) 办公建筑。

办公建筑相应的空气声隔声标准如下。

办公室、会议室隔墙、楼板的空气声隔声性能，应符合表 3.0.8-16 的规定。

表 3.0.8-16　办公室、会议室隔墙、楼板的空气声隔声标准　　　（单位：dB）

构件名称	空气声隔声单值评价量+频谱修正量	高要求标准	低限标准
办公室、会议室与产生噪声的房间之间的隔墙、楼板	计权隔声量+交通噪声频谱修正量 $R_w + C_{tr}$	>50	>45
办公室、会议室与普通房间之间的隔墙、楼板	计权隔声量+粉红噪声频谱修正量 $R_w + C$	>50	>45

办公室、会议室与相邻房间之间的空气声隔声性能，应符合表 3.0.8-17 的规定。

表 3.0.8-17　办公室、会议室与相邻房间之间的空气声隔声标准　　（单位：dB）

房间名称	空气声隔声单值评价量+频谱修正量	高要求标准	低限标准
办公室、会议室与产生噪声的房间之间	计权标准化声压级差+交通噪声频谱修正量 $D_{nT,w} + C_{tr}$	≥50	≥45
办公室、会议室与普通房间之间	计权标准化声压级差+粉红噪声频谱修正量 $D_{nT,w} + C$	≥50	≥45

办公室、会议室的外墙、外窗 (包括未封闭阳台的门) 和门的空气声隔声性能，应符合表 3.0.8-18 的规定。

表 3.0.8-18　办公室、会议室的外墙、外窗和门的空气声隔声标准　　（单位：dB）

构件名称	空气声隔声单值评价量+频谱修正量	
外墙	计权隔声量+交通噪声频谱修正量 $R_w + C_{tr}$	≥45
临交通干线的办公室、会议室外窗 (含建筑幕墙)	计权隔声量+交通噪声频谱修正量 $R_w + C_{tr}$	≥30
其他外窗	计权隔声量+交通噪声频谱修正量 $R_w + C_{tr}$	≥25
门	计权隔声量+粉红噪声频谱修正量 $R_w + C$	≥20

(6)商业建筑。

商业建筑相应的空气声隔声标准如下。

噪声敏感房间与产生噪声房间之间的隔墙、楼板的空气声隔声性能,应符合表 3.0.8-19 的规定。

表 3.0.8-19　噪声敏感房间与产生噪声房间之间的隔墙、楼板的空气声隔声标准(单位:dB)

围护结构部位	计权隔声量+交通噪声频谱修正量 $R_w + C_{tr}$	
	高要求标准	低限标准
健身中心、娱乐场所等与噪声敏感间之间的隔墙、楼板	>60	>55
购物中心、餐厅、会展中心等与噪声敏感房间之间的隔墙、楼板	>50	>45

噪声敏感房间与产生噪声房间之间的空气声隔声性能,应符合表 3.0.8-20 的规定。

表 3.0.8-20　噪声敏感房间与产生噪声房间之间的空气声隔声标准　(单位:dB)

房间名称	计权标准化声压级差+交通噪声频谱修正量 $D_{nT,w} + C_{tr}$	
	高要求标准	低限标准
健身中心、娱乐场所等与噪声敏感房间之间	≥60	≥55
购物中心、餐厅、会展中心等与噪声敏感房间之间	≥50	≥45

2. 撞击声隔声

1)楼板撞击声

撞击声是指物体在建筑结构上撞击,使之产生振动,沿着结构传播并辐射到空气中形成的噪声。常见的有物体落地(板)、在楼板上敲击东西、拖动桌椅家具、门窗撞击和走路跑跳等。

(1)楼板撞击声的强弱。

楼板撞击声的强弱与撞击力大小有关,而在楼板上活动的各种撞击力很难规范统一,为了便于比较各种楼板的撞击声隔声性能,ISO 140 标准规定使用打击器为撞击源,置于楼板上进行撞击,以楼下房间内接收到的声压级来表述楼板的隔声性能。通常用两种方法表述楼板隔声性能,如表 3.0.8-21 所示。

表 3.0.8-21　楼板隔声性能表述方法

名称	符号	意义	说明
撞击声级	L	用标准打击器撞击楼板时,楼下房间内接收到的声级	数值越小,说明楼板隔声性能越好
撞击声改善值	ΔL	楼板上铺放面层材料前的撞击声级 L_1 与铺放面层材料后的撞击声级 L_2 之差, $\Delta L = L_1 - L_2$	说明增加面层后楼板隔声性能的改进, ΔL 值越大,楼板面层的隔声性能越好

(2) 光秃楼板的撞击声级。

当忽略楼板的边界条件时，可以得到标准打击器撞击光秃楼板时，楼下房间撞击声级的表达式，即

$$L_N = 20\lg\frac{f^{1/4}}{E^{3/4}\rho^{5/4}h^{7/4}} + C$$

式中，L_N ——撞击声级，dB;

f ——频率，Hz;

E ——楼板材料的弹性模量，N/m^2;

ρ ——楼板材料的密度，kg/m^3;

h ——楼板的厚度，m;

C ——常数。

2) 撞击声隔声标准要求

以《民用建筑隔声设计规范》（GB 50118—2010）为准。

(1) 住宅建筑。

住宅建筑相应的楼板撞击声隔声标准如下。

卧室、起居室(厅)的分户楼板的撞击声隔声性能，应符合表 3.0.8-22 的规定。

表 3.0.8-22　分户楼板撞击声隔声标准　（单位：dB）

构件名称	撞击声隔声单值评价量	
卧室、起居室(厅)的分户楼板	计权规范化撞击声压级 $L_{n,w}$（实验室测量）	<75
	计权标准化撞击声压级 $L'_{nT,w}$（现场测量）	≤75

注：当确有困难时，可允许住宅分户楼板的撞击声隔声单值评价量小于或等于85dB，但在楼板结构上应预留改善的可能条件。

高要求住宅卧室、起居室(厅)的分户楼板的撞击声隔声性能，应符合表 3.0.8-23 的规定。

表 3.0.8-23　高要求住宅分户楼板撞击声隔声标准　（单位：dB）

构件名称	撞击声隔声单值评价量	
卧室、起居室(厅)的分户楼板	计权规范化撞击声压级 $L_{n,w}$（实验室测量）	<65
	计权标准化撞击声压级 $L'_{nT,w}$（现场测量）	≤65

(2) 学校建筑。

学校建筑相应的楼板撞击声隔声标准如下。

教学用房楼板的撞击声隔声性能，应符合表 3.0.8-24 的规定。

表 3.0.8-24　教学用房楼板的撞击声隔声标准　　　　　（单位：dB）

构件名称	撞击声隔声单值评价量	
	计权规范化撞击声压级 $L_{n,w}$（实验室测量）	计权标准化撞击声压级 $L'_{nT,w}$（现场测量）
语言教室、阅览室与上层房间之间的楼板	<65	≤65
普通教室、实验室、计算机房与上层产生噪声的房间之间的楼板	<65	≤65
琴房、音乐教室之间的楼板	<65	≤65
普通教室之间的楼板	<75	≤75

注：当确有困难时，可允许普通教室之间楼板的撞击声隔声单值评价量小于或等于85dB，但在楼板结构上应预留改善的可能条件。

（3）医院建筑。

医院建筑相应的楼板撞击声隔声标准如下。

各类房间与上层房间之间楼板的撞击声隔声性能，应符合表 3.0.8-25 的规定。

表 3.0.8-25　各类房间与上层房间之间楼板的撞击声隔声标准　　（单位：dB）

构件名称	撞击声隔声单值评价量	高要求标准	低限标准
病房、手术室与上层房间之间的楼板	计权规范化撞击声压级 $L_{n,w}$（实验室测量）	<65	<75
	计权标准化撞击声压级 $L'_{nT,w}$（现场测量）	≤65	≤75
听力测听室与上层房间之间的楼板	计权标准化撞击声压级 $L'_{nT,w}$（现场测量）	—	≤60

注：当确有困难时，可允许上层为普通房间的病房、手术室顶部楼板的撞击声隔声单值评价量小于或等于85dB，但在楼板结构上应预留改善的可能条件。

（4）旅馆建筑。

旅馆建筑相应的楼板撞击声隔声标准如下。

客房与上层房间之间楼板的撞击声隔声性能，应符合表 3.0.8-26 的规定。

表 3.0.8-26　客房与上层房间之间楼板撞击声隔声标准　　（单位：dB）

楼板部位	撞击声隔声单值评价量	特级	一级	二级
客房与上层房间之间的楼板	计权规范化撞击声压级 $L_{n,w}$（实验室测量）	<55	<65	<75
	计权标准化撞击声压级 $L'_{nT,w}$（现场测量）	≤55	≤65	≤75

(5)办公建筑。

办公建筑相应的楼板撞击声隔声标准如下。

办公室、会议室顶部楼板的撞击声隔声性能，应符合表 3.0.8-27 的规定。

表 3.0.8-27　办公室、会议室顶部楼板的撞击声隔声标准　　　（单位：dB）

构件名称	撞击声隔声单值评价量			
	高要求标准		低限标准	
	计权规范化撞击声压级 $L_{n,w}$（实验室测量）	计权标准化撞击声压级 $L'_{nT,w}$（现场测量）	计权规范化撞击声压级 $L_{n,w}$（实验室测量）	计权标准化撞击声压级 $L'_{nT,w}$（现场测量）
办公室、会议室顶部的楼板	<65	≤65	<75	≤75

注：当确有困难时，可允许办公室、会议室顶部楼板的计权规范化撞击声压级或计权标准化撞击声压级小于或等于85dB，但在楼板结构上应预留改善的可能条件。

(6)商业建筑。

商业建筑相应的楼板撞击声隔声标准如下。

当噪声敏感房间的上一层为产生噪声的房间时，噪声敏感房间顶部楼板的撞击声隔声性能应符合表 3.0.8-28 的规定。

表 3.0.8-28　噪声敏感房间顶部楼板的撞击声隔声标准　　　（单位：dB）

楼板部位	撞击声隔声单值评价量			
	高要求标准		低限标准	
	计权规范化撞击声压级 $L_{n,w}$（实验室测量）	计权标准化撞击声压级 $L'_{nT,w}$（现场测量）	计权规范化撞击声压级 $L_{n,w}$（实验室测量）	计权标准化撞击声压级 $L'_{nT,w}$（现场测量）
健身中心、娱乐场所等与噪声敏感房间之间的楼板	<45	≤45	<50	≤50

（二）实施策略

1. 噪声源分布及特性分析

应对建筑周边及其内部主要噪声源分布及特性进行分析，并符合下列要求：

(1)对于室外噪声源，除应充分考虑现状噪声源因素外，还应结合周边区域规划对可预见的潜在噪声源予以考虑。

在建筑构件隔声设计前，首先应通过室内噪声级分析，确定各功能空间受到的噪声影响情况，以此开展构件隔声性能设计。在分析过程中同样应将现状噪声源以及可预见的潜在噪声源同时列入分析范畴，以保证项目建成后的声环境品质能够在较长的一段时间内满足使用需求。

(2)有条件时，应开展现场噪声监测，并依据监测结果分析噪声源分布及特性，选取最不利点对建筑主要功能房间室内噪声级进行分析。

建筑室内不可避免地会受到室外环境噪声的影响，这些噪声通过门窗、不同形式的声桥传入室内，与室内噪声源共同影响室内环境。

(3)当环境中同时存在室内、室外噪声源时，应充分考虑室内外噪声的叠加影响。

噪声监测应选择在对室内噪声较不利的时间进行，测量应在影响较严重的噪声源发声时进行。例如，临街建筑，一般情况下，道路交通噪声是影响室内的主要噪声类型，测量应在昼间、夜间、交通繁忙、车流量较大的时段内进行；当影响较严重的噪声是飞机飞行噪声时，测量应在飞机经过架次较多的时段内进行；当建筑物内部的相关设备是影响较严重的噪声源时，如电梯、水泵等，测量应在这些设备运行时进行。具体噪声监测方法可参考《民用建筑隔声设计规范》(GB 50118—2010)的附录 A 室内噪声级测量方法。

(4)建筑室内的允许噪声级应符合现行国家标准《建筑环境通用规范》(GB 55016—2021)规定中的低限要求，且以达到低限限值和高要求限值平均值为宜。

建筑室内允许噪声级应符合现行国家标准《建筑环境通用规范》(GB 55016—2021)规定中的低限要求，同时考虑到民众对生活品质的需求日益提高，因此建议当条件允许时室内允许噪声级按照《民用建筑隔声设计规范》(GB 50118—2010)中低限限值和高要求限值平均值进行设计。

《建筑环境通用规范》(GB 55016—2021)对建筑室内允许噪声级规定如下：

2.1.3 建筑物外部噪声源传播至主要功能房间室内的噪声限值及适用条件应符合下列规定：

1 建筑物外部噪声源传播至主要功能房间室内的噪声限值应符合表 2.1.3 的规定；

表 2.1.3 主要功能房间室内的噪声限值

房间的使用功能	噪声限值(等效声级 $L_{Aeq,T}$)/dB	
	昼间	夜间
睡眠	40	30
日常生活	40	
阅读、自学、思考	35	
教学、医疗、办公、会议	40	

注：1 当建筑位于 2 类、3 类、4 类声环境功能区时，噪声限值可放宽 5dB；

2 夜间噪声限值应为夜间 8h 连续测得的等效声级 $L_{Aeq,8h}$；

3 当 1h 等效声级 $L_{Aeq,1h}$ 能代表整个时段噪声水平时，测量时段可为 1h。

2 噪声限值应为关闭门窗状态下的限值；

3 昼间时段应为 6:00～22:00，夜间时段应为 22:00～次日 6:00。当昼间、夜间的划分当地另有规定时，应按其规定。

2.1.4 建筑物内部建筑设备传播至主要功能房间室内的噪声限值应符合表 2.1.4 的规定。

表 2.1.4　建筑物内部建筑设备传播至主要功能房间室内的噪声限值

房间的使用功能	噪声限值（等效声级 $L_{\text{Aeq-}T}$）/dB
睡眠	33
日常生活	40
阅读、自学、思考	40
教学、医疗、办公、会议	45
人员密集的公共空间	55

2.1.5 主要功能房间室内的 Z 振级限值及适用条件应符合下列规定：

1 主要功能房间室内的 Z 振级限值应符合表 2.1.5 的规定；

表 2.1.5　主要功能房间室内的 Z 振级限值

房间的使用功能	Z 振级 VL_z/dB	
	昼间	夜间
睡眠	78	75
日常生活	78	

2 昼间时段应为 6:00～22:00，夜间时段应为 22:00～次日 6:00。当昼间、夜间的划分当地另有规定时，应按其规定。

2. 空气声隔声性能保证措施

建筑用地确定后，应对用地范围环境噪声现状及其随城市建设的变化进行必要的调查、测量和预计，尤其是当建筑位于交通干线两侧或其他高噪声环境区域时，应根据室外环境状况及规定的室内允许噪声级，确定建筑防噪措施和设计具有相应隔声性能的建筑围护结构（包括墙体、窗、门等构件）。建筑的承重外墙通常用混凝土、承重砌块这类面密度较大的建筑材料构造，这类重质墙体的隔声性能一般都大于 45dB，远比门、窗的隔声性能好，因此门窗的隔声量是影响围护结构整体隔声性能的主要因素，建筑围护结构的隔声性能可参考《建筑隔声与吸声构造》(08J931)。

墙体或楼板因孔洞、缝隙、连接等原因导致隔声性能降低时，应采取下列措施：

(1) 管线穿过楼板或墙体时，孔洞周边应采取密封隔声措施；

(2) 固定于墙面引起噪声的管道等构件，应采取隔振措施；

（3）隔墙中的电气插座、配电箱或嵌入墙内对墙体构造产生损伤的配套构件，在背对背设置时应相互错开位置，并应对所开的洞(槽)采取相应的隔声封堵措施；

（4）对分室墙上的施工洞口或剪力墙抗震设计所开洞口的封堵，应采用满足分室墙隔声要求的材料和构造；

（5）幕墙与隔墙及楼板连接时，应采用符合分室墙隔声要求的构造，并应采取防止相互串声的封堵隔声措施。

3. 撞击声隔声性能保证措施

撞击声的产生是由于振动源撞击楼板，楼板受撞而振动，并通过房屋结构的刚性连接而传播，最后振动结构将接受空间辐射声能形成空气声传给接收者。

（1）使振动源撞击楼板引起的振动减弱，这可通过振动源治理和采取隔振措施来达到，也可在楼板上铺设弹性面层来达到；

（2）阻隔振动在楼层结构中的传播，这通常可在楼板面层和承重结构之间设置弹性垫层来达到，这种做法通常称为"浮筑楼板"；

（3）阻隔振动结构向接受空间辐射的空气声，这通常通过在楼板下做隔声吊顶来解决。

3.0.9　建筑外遮阳设置应结合建筑形式、朝向等进行合理设置，并满足下列要求：

　1 建筑遮阳宜优先考虑活动外遮阳，设置活动外遮阳时，应根据太阳高度角和方位角的变化，确定遮阳的调节策略；

　2 水平遮阳宜用于南向外窗，垂直遮阳宜用于北偏东以及偏西朝向外窗，正面遮阳宜用于东、西向外窗；

　3 对于低层建筑可采用绿植遮阳，包括高大乔灌木、墙面爬藤植物以及屋顶绿化等；

　4 对于高层建筑可采用中置活动遮阳。

【条文说明扩展】

（一）技术原理

建筑遮阳，是以减少太阳辐射热，阻断热空气与建筑物的对流和传导，防止强烈光线直接进入室内为主要目的的隔热、防热、防眩光等的措施。

建筑遮阳有两大主要作用，第一是防止阳光直射到室内造成眩光，第二是降低阳光透过玻璃向室内的辐射热量。尤其在炎热的夏天，遮阳在建筑运行过程中至关重要。由于强光直射不仅会降低室内环境的舒适性，而且容易形成光污染，影响人们在室内正常的生活和工作，在特殊的季节和时间段，我们需要通过合理利用遮阳设备及技术降低门窗的透光性，从而人为地改善室内太阳光照强度，改善光环境。另外，现在人们对室内活动舒适性的追求越来越高，其中最重要的一条就是温度要适宜，但冬冷夏热的气候特征和夜冷昼热的自然现象始终存在，如果建筑外围结构不采取相应的技术措施，就会影响到人们在室内生活和工作的环境品质，建筑遮阳就是人为改善室内热环境最重要的一种技术措施。

采用好的遮阳设备和方法能在一定程度上对建筑起到保温隔热的作用，并在提高室内舒适性的同时也能起到延缓室内设备设施老化的作用，但实际上随着遮阳技术的发展，也衍生出了更多具有现代建筑特征的作用，如遮风挡雨、室内或建筑外立面美化、光伏发电、保障室内私密性、安全防盗等。

根据相关资料，建筑从建设到运行全过程中二氧化碳排放量占总排放量的 50% 左右，是造成全球温室效应的最大根源，而建筑中使用的空调、取暖器等设备是建筑运行过程中最大的能源消耗来源，为了降低这部分能源的消耗，有必要在建筑外围结构下功夫。建筑门窗、外廊、橱窗、中庭屋顶与玻璃幕墙等建筑外围护结构是最容易导致冷热环境传导的部位，这也是建筑物主要的出入口和采光通风口，是建筑完整性的必要组成部分。因此，扬其利而避其害，将遮阳设备与这些位置特征相结合，以达到室内保温隔热降低建筑能耗的目的，这是遮阳设备及技术发展的现实意义。传统遮阳设备及技术与建筑整体发展的水平、进度不匹配，大多遮阳设备在遮阳、避风雨、采光、通风、视线、降噪、美观以及易清洁、易操作、易维护等方面的综合效果和功能的发挥方面还存在不少需要充分挖掘和利用的空间，这是建筑遮阳技术发展的必要性和紧迫性所在。

(二)实施策略

遮阳装置的类型、尺寸、调节范围、调节角度、太阳辐射反射比、透射比等材料光学性能要求应通过建筑设计和节能计算确定。在进行外遮阳设计时首先要明确的是遮阳季节和时间，再通过计算得出各遮阳设施的方式和尺寸。通常情况下，建筑外遮阳设计需要达到以下参数条件：

(1)建筑室外太阳辐射强度大于 $280W/m^2$；

(2)建筑室内温度超过 $29℃$；

(3)阳光照射室内深度大于 $0.5m$(从墙内表面算起)；

(4)太阳照射室内的时间超过 $1h$。

对于品质要求较高的建筑，只要达到上述前两个条件，就需要设计外遮阳设施。一般情况下，需要根据当地的气候条件，选择当地太阳辐射超过 $280W/m^2$ 的时间段和室内温度超过 $29℃$ 的时间段制定遮阳的太阳辐射强度表和遮阳温度表，然后截取这两个表格的交集区域，就是一年中需要外遮阳的时间。

1)屋檐遮阳

在设计屋檐遮阳时，通过计算屋檐出挑宽度和窗台距离屋顶的高度，可以得到合理的设计方案，从而实现夏季遮阳隔热、冬季获取热量保暖的作用。各地区纬度不一样，其计算的参数有一定的区别，主要参照当地的日照角度设计。建筑位置位于纬度 27.5°以内的设计方法如图 3.0.9-1 所示。

2) 挡板遮阳

挡板遮阳方式设计较常见的有四种，分别是水平挡板遮阳、垂直挡板遮阳、组合挡板遮阳、前置挡板遮阳。下面分别就这四种遮阳方式设计方法进行阐述。

（1）水平挡板遮阳。

如图 3.0.9-2 所示，对于水平遮阳尺寸的计算主要计算它的外挑长度 L 和遮阳两翼的出挑长度 d，计算公式如下：

$$L = H \coth_s \cdot \cos S_w$$

$$d = H \coth_s \cdot \sin S_w$$

式中，H——水平遮阳挡板距窗户底部的垂直距离；

$\quad\quad h_s$——计算时刻太阳高度角；

$\quad\quad S_w$——墙法线与太阳方位的夹角，由图 3.0.9-2 可知其为太阳方位角和墙方位角的差，即 $S_w = 48 S_d - W_d$。

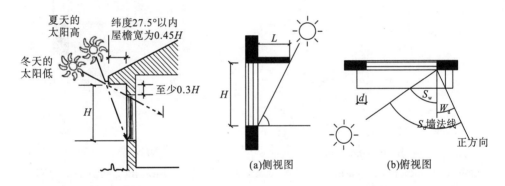

图 3.0.9-1　屋檐遮阳图例　　图 3.0.9-2　水平挡板遮阳图例

布里斯班的参数，详情请参阅当地日照角度

（2）垂直挡板遮阳。

垂直遮阳挡板外挑长度的设计计算公式如下：

$$N = M \cot S_w$$

式中，N——垂直遮阳挡板外挑长度；

$\quad\quad M$——窗口一侧到相对一侧垂直遮阳挡板半边的距离；

$\quad\quad S_w$——墙法线与太阳方位的夹角，如图 3.0.9-3 所示。

（3）组合挡板遮阳。

组合挡板遮阳由水平遮阳挡板和垂直遮阳挡板组合而成，由于兼具了水平遮阳和垂直遮阳的特点，其比前两种遮阳的效果要好。组合挡板遮阳的计算可以先计算水平遮阳挡板外挑长度 L，再求出垂直遮阳挡板外挑长度 N，如果求出的长度不一致，可以按照其长度较长的挡板调整为一致。

(4) 前置挡板遮阳。

前置挡板遮阳一般是在水平遮阳挡板正向外边缘向下设置的一块竖向垂直板作为挡板，如图 3.0.9-4 所示，前置挡板的尺寸计算方法一般是先按照构造需要或根据计算得出水平遮阳挡板外挑长度 L，然后计算前置挡板的底边至窗台的垂直高度 A，再求出前置挡板高度 h 和两翼出挑长度 d。计算公式如下：

$$A=L\tan h_s \cdot \sec S_w$$

$$h=H-A$$

$$d=A\coth_s \cdot \sin S_w$$

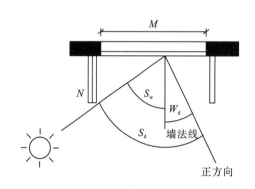

图 3.0.9-3　垂直挡板遮阳图例

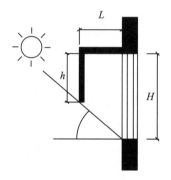

图 3.0.9-4　前置挡板遮阳图例

(5) 水平挡板和垂直挡板遮阳系数。

通过分析 3mm 单层平板标准白玻璃得热系数，在美国采暖、制冷与空调工程师学会 (American Society of Heating, Refrigerating and Air Conditioning Engineers, ASHRAE) 规定的夏季工况、美国材料与试验协会 (American Society for Testing and Materials, ASTM) 提供的标准太阳光谱条件下，可以得到标准平板白玻璃的太阳得热系数为 0.87，遮阳系数为 1，这样即可计算出其他的遮阳系数。

国内学者将水平挡板和垂直挡板遮阳系数建立统一数学模型如下式，然后根据遮阳系数曲线拟合的方式计算出式中参数 a、b。

$$S_D=aX^2+bX+1$$

式中，S_D——水平或垂直挡板遮阳系数；

X——遮阳挡板外挑特征几何参数，$X>1$ 时，取 $X=1$；

a、b——计算用拟合参数，由当地气候条件决定。

显然，上式中考虑了同一遮阳设施由于地区不同导致的遮阳系数的变化，而对于某个特定地区，给出了用于计算采暖季和空调季能耗的平均遮阳系数计算公式和相应的常数。表 3.0.9-1 罗列的是重庆地区遮阳挡板计算用拟合参数。

表 3.0.9-1　重庆地区遮阳挡板计算用拟合参数

遮阳挡板位置		水平遮阳挡板				垂直遮阳挡板			
		东	南	西	北	东	南	西	北
a	夏季	0.64	0.76	0.61	0.52	0.53	0.69	0.55	0.69
	冬季	—	0.46	—	—	—	0.53	—	—
b	夏季	−1.23	−1.27	−1.20	−0.97	−1.00	−1.20	−1.00	−1.21
	冬季	—	−0.90	—	—	—	−0.93	—	—

3）外遮阳百叶窗面积计算

可以根据百叶窗的参数计算百叶窗面积，百叶窗自由面积可以用来计算百叶窗的压降和透水，从而进行百叶窗的正确选择。外遮阳百叶窗自由面积是指空气通过百叶窗的最小面积，其取决于百叶窗的尺寸、百叶样式及间距。自由面积比是指百叶窗自由面积与百叶窗总面积的比值。

计算时，将各个中间百叶之间、最上面百叶与顶框之间、最下面百叶与底框之间的最小距离相加，然后将总和乘以两个边框之间的最小距离，就得到了自由面积。边框之间的最小距离还应当减去紧挨百叶放置的竖向加劲肋或者中间竖框的宽度。百叶窗自由面积的计算公式和示意图（图 3.0.9-5 和图 3.0.9-6）如下：

$$A_f = L(A + B + n \times C)$$
$$\beta_f = L(A + B + n \times C)/(W \times H)$$

式中，A_f——百叶窗自由面积；

β_f——百叶窗自由面积比；

A——顶框和最上面百叶之间的最小距离（水平百叶窗）或左边框和最左边百叶之间的最小距离（垂直百叶窗）；

B——底框和最下面百叶之间的最小距离（水平百叶窗）或左边框和最右边百叶之间的最小距离（垂直百叶窗）；

C——相邻百叶之间的最小距离；

n——百叶窗中间隔的数量；

L——百叶窗两个边框之间的最小距离；

W——百叶窗的实际宽度；

H——百叶窗的实际高度。

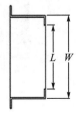 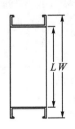 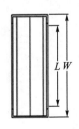 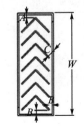

　(a)类型1水平叶片　　(b)类型2水平叶片　　(c)类型3水平叶片　　(d)类型4垂直叶片

图 3.0.9-5　百叶窗的平面图

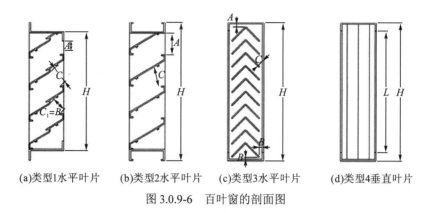

(a)类型1水平叶片　(b)类型2水平叶片　(c)类型3水平叶片　(d)类型4垂直叶片

图 3.0.9-6　百叶窗的剖面图

4）外遮阳反光板

相关研究表明，反光板的使用虽然使室内总体采光降低，但使室内采光更均匀且满足了室内深处的照度（表 3.0.9-2），避免眩光的同时又满足了保温隔热的要求。因此，反光板相对传统遮阳设施，解决了同一时间段内功能单一这个问题，对使用时同时兼顾室内光环境和热环境具有重要的功效。

表 3.0.9-2　有无反光板水平面上的照度对比

	水平面上最大照度/lx	水平面上最小照度/lx	均匀度
有反光板	70450	990	71∶1
无反光板	5059	570	9∶1

5）智控调温玻璃

如图 3.0.9-7 所示，这种玻璃采用纳米凝胶材料作为执行对象，通过智能控制即可实现阻隔热量和充足采光的目的，其适用于阳光房、采光顶、采光天井以及门窗处。这种玻璃可以根据用户的需求设置温度阈值，可调节的范围为-20～70℃，当环境温度超过设定温度时，智控调温玻璃开始呈现雾化效果，从而发挥隔热的功效；当环境温度低于设定温度时，该玻璃会呈现透明的状态，整个过程都是自适应变化，无须人为干预。

(a)调光玻璃开　(b)调光玻璃关

图 3.0.9-7　智控调温玻璃两种状态

玻璃呈现雾化状态后，可以有效阻隔约 70%的热量以及 98%的紫外线和红外线。同时，在玻璃雾化的状态下，太阳光线会由直射状态转化为散射状态，使得室内光线更为均匀柔和，且其透光率仍然会超过 60%，完全不影响室内采光。

6) 绿植遮阳

绿植的遮阳原理与其他方式有所区别，绿植遮阳节能效果主要取决于植物的类型、年龄和品种，即树叶大小、密度以及绿叶季节。相关的试验结果表明，植物遮阳系统可以使得室内环境温度比室外环境温度低 3～9℃；绿化状态下室外环境温度可降低约 4℃，可减少空调负荷约 12.7%；当中午太阳辐射强时，峰值降温作用更为明显，可以达到 6℃，减少空调负荷 20%。

> **3.0.10** 建筑工程防水应满足《建筑与市政工程防水通用规范》(GB 55030—2022)的规定，包括材料、设计和施工及验收运行维护各方面要求。建筑的屋面、地面、外墙、外窗应采取防止雨水和冰雪融化水侵入室内的措施，屋面和外墙的内表面在设计的室内温度、湿度条件下不应出现结露，其中防水材料的使用应满足下列要求：
>
> **1** 室内防水工程宜使用聚氨酯防水涂料、聚合物乳液防水涂料、聚合物水泥防水涂料和水乳型沥青防水涂料等水性或反应型防水涂料，不得使用溶剂型防水涂料。
>
> **2** 墙面、顶棚宜采用防水砂浆、聚合物水泥防水涂料做防潮层；无地下室的地面可采用聚氨酯防水涂料、聚合物乳液防水涂料、水乳型沥青防水涂料和防水卷材做防潮层。
>
> **3** 室内防水工程的密封材料宜采用丙烯酸建筑密封胶、聚氨酯建筑密封胶或硅酮建筑密封胶。

【条文说明扩展】

（一）技术原理

建筑物及其构件受到有压水作用时需要做好防水保护处理，受到无压水作用时需要做好防潮保护处理，建筑防水、防潮是一项复杂的系统防护工程技术。

1. 建筑防水

建筑物及其构件在下列两种情况下需要进行防水处理：一是雨雪、地下水等有压水作用于建筑物表面，通过压力渗漏穿过建筑材料中细小缝隙进入使用空间影响建筑正常使用或对建筑构件造成破坏；二是建筑构件变形引起建筑物开裂造成水渗漏进入建筑材料或使用空间，并对建筑构件造成破坏。

建筑防水应遵循如下三个基本原则:一是有效控制建筑物变形,防止开裂和渗漏;二是采用疏导的措施将建筑物可能积水部位的水迅速排出建筑物,避免积水造成渗漏;三是采用防堵的措施对防水关键部位进行构造处理,避免水进入使用空间和对建筑构件造成破坏。

建筑防水分为构造防水和材料防水两种方式。构造防水的原理是将空腔、坡度排水、张力、密封等技术原理相结合进行防水处理。材料防水是运用防水性能良好的材料进行防水处理,如各类防水卷材、防水涂膜等。在实际工程中这两种方法往往会综合应用。

渗漏水问题涉及的建筑部位较多,需防水的建筑室内部位主要包括卫生间、设有配水点的封闭阳台、厨房、浴室、地下室、管网等。要做好防水工作,以下三个方面必须把控好:一是结构自防水,包括混凝土墙、柱、板、墙体及砌筑、抹灰、塞缝等,这是整个防水体系的基础;二是防水材料(涂膜、卷材等)严格按照施工工艺施工,并做好成品保护;三是各饰面层、防水层施工后的淋水试验和蓄水试验,淋水、蓄水试验可检验防水能力。

2. 建筑防潮

建筑物及其构件在下列两种情况下需要进行防潮处理:一是潮气和地面下渗水会对建筑物墙体、地面等部位进行侵蚀;二是水蒸气在结构内部、围护结构表面或连接处结露。建筑物需要做防潮处理的地方主要有墙体防潮、地面防潮。

(1)墙体防潮,主要是防止土壤中的水分沿基础上升,以免位于勒脚处的地面水渗入墙内而导致墙身受潮,可以提高建筑物的耐久性,保持室内干燥卫生。在构造形式上有水平防潮层和垂直防潮层两种形式。

(2)地面防潮,主要是防止地面受到潮气侵蚀而产生结露,甚至出现发霉的现象。

(二)实施策略

建筑防水、防潮设计应该采取以下四项基础措施:①避免裂缝,控制建筑物的不均匀沉降,加大构造截面,增加构造钢筋,将裂缝宽度控制在 0.2mm 之内,避免贯通裂缝;②减少水源,利用人工方法,将地下水位降到地下室地面以下,排除有压水,将水的来源最少化;③疏导水源,为了防止内渗,将渗入建筑物外表面缝中的水引导出缝外;④堵塞漏洞,用构造的方法和某些材料对水的通道设置障碍。

1. 建筑防水构造措施

长期处于蒸汽环境下的墙面、楼地面和顶面应做全封闭的防水设防。钢筋混凝土装配式结构建筑的卫生间、厨房等部位的楼板宜采用现浇混凝土。采用叠合板结构的,现浇层厚度不应小于80mm。浴室、卫生间和厨房的楼地面标高宜比室内标高低15~20mm。四周砌体墙根应浇筑与墙同宽的钢筋混凝土反坎,高出楼地面不小于 200mm,反坎混凝土应与楼地面混凝土同时浇筑。浴室、卫生间、厨房墙面设置的防水层高度宜设计至上层楼板底。楼地面防水层应上翻至墙面，高出楼地面饰面层不小于 250mm，与墙面不同材料防水层的搭接宽度不小于 100mm。

设有配水点的封闭阳台，地面和墙面均应设置防水层。整体装配式卫生间的楼地面和墙面均应设置防水层。室内需进行防水设防的区域，不应跨越变形缝及结构易开裂和难以进行防水处理的部位。建筑室内防水层基本构造见图 3.0.10-1。

有填充层的厨房、下沉式卫生间应在结构板面上和地面装饰层下各设置一道防水层，下防水层宜为柔性防水涂料，上防水层宜为聚合物水泥防水砂浆或聚合物防水涂料。

材料防水包括刚性防水和柔性防水。柔性防水层不宜外露使用。地面与墙体转角处宜采用防水涂料做附加增强处理，每边宽度不应小于 150mm。防水层在门口处应水平延展，且向外延展的长度不应小于 500mm，向两侧延展的宽度不应小于 200mm，见图 3.0.10-2。

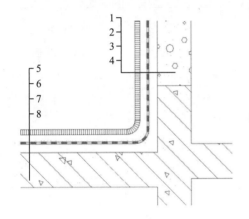 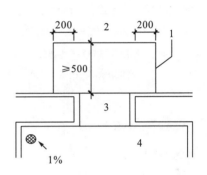

图 3.0.10-1　室内防水层基本构造　　图 3.0.10-2　门口处防水层延展示意图（单位：mm）

1-饰面层；2-防水层；3-水泥砂浆找平层；4-墙面；　　1-门口处防水层延展范围；2-无防水层侧；

5-饰面层；6-防水层；7-找平层；8-钢筋混凝土楼板　　　　　3-门槛石；4-防水层侧

柔性防水材料中的涂料防水层包括无机防水涂料和有机防水涂料。无机防水涂料宜用于防水混凝土结构主体的迎水面和背水面，有机防水涂料宜用于防水混凝土主体结构的迎水面，用于背水面的有机防水涂料应具有较高的抗渗性，且与基层有较好的黏结性。

无机防水涂料可选用掺外加剂、掺合料的水泥基防水涂料，水泥基渗透结晶型防水涂料的用量不应小于 1.5kg/m^2，且厚度不应小于 1mm。有机防水涂料可选用反应型、水乳型等，其厚度不得小于 1.2mm。基层阴阳角应做成圆弧形，阴角直径宜大于 50m，阳角直径宜大于 10mm。在底板转角部位应增加胎体增强材料，并增涂防水涂料。

防水涂料适宜采用外防外涂或外防内涂两种情况，具体方式见图 3.0.10-3 和图 3.0.10-4。

为增强防水作用，采用双膜防水法，即在涂膜上再涂一层无溶剂型防水层。由于这种材料延伸性好，当基层或下层结构开裂、上层和下层产生剥离现象时，涂膜仍能起到防水作用。高分子材料涂膜的防水性能好，但耐臭氧性能差，紫外光照较易老化，一般多用于室内防水，特别是基层形状复杂、使用卷材施工不便的部位。

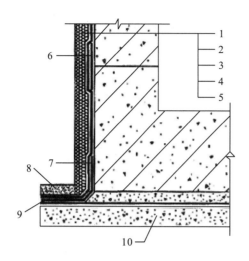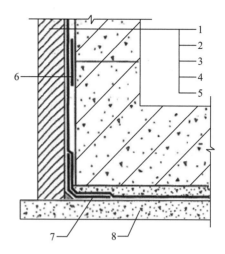

图 3.0.10-3　防水涂料外防外涂构造　　　　图 3.0.10-4　防水涂料外防内涂构造

1-保护墙；2-砂浆保护层；3-涂料防水层；4-砂浆找平层；5-结　　　1-保护墙；2-砂浆保护层；3-涂料防水层；4-砂浆找平层；

构墙体；6-涂料防水层加强层；7-涂料防水加强层；8-涂料防水　　　5-结构墙体；6-涂料防水层加强层；7-涂料防水加强层；

层搭接部位保护层；9-涂料防水层搭接部位；10-混凝土垫层　　　　　　　8-混凝土垫层

2. 建筑防潮措施

1) 墙体防潮

墙体防潮主要是防止土壤中的水分沿基础上升，以免位于勒脚处的地面水渗入墙内而导致墙身受潮，从而保持室内干燥卫生，提高建筑物的耐久性。按使用部位构造分为水平防潮层和垂直防潮层两种形式。

水平防潮层是指建筑物内外墙靠近室内地坪处沿水平方向通常设置的防潮层，以隔绝地下潮气等对墙身的影响。在砌筑墙体（外墙）的时候，通常在高于室内地面一皮砖的地方（+0.06m 处）铺筑一层防水砂浆，防止室外潮气进入室内。

垂直防潮层是指当室内外或相邻房间的地面有高差时，应在墙身内设置高、低两道水平防潮层，并在靠土壤一侧设置垂直防潮层，将两道水平防潮层连接起来，以避免回填土中的潮气侵入墙身。

2) 地面防潮

地面防潮主要是防止地面受到潮气侵蚀而产生结露甚至发霉的现象。对于有地下水渗透型的防潮，可以在地面做防潮层，可选的做法有防水砂浆、细石混凝土、卷材或者几种方式结合多道设防。同时，应结合砌体墙身的水平防潮和垂直防潮。

对于结露造成室内地面的潮湿，其防治措施主要有加强保温和通风。首先，要改善地面和墙面的保温性能，避免出现冷桥，这是减少结露的重要措施；然后做好室内通风，甚至采用除湿设备，可消除或减少梅雨季节地面容易"出汗"的问题。

在南方多潮湿地区的传统建筑中，有一种叫作干栏式建筑，这种建筑有一个明显的优势就是能够防潮。现代建筑如果只是为了防潮没有必要做这样明显的架空层，但是也可以做成首层楼面架空地板的形式。架空地板可以采取现浇钢筋混凝土楼面、预制板楼面，甚至实木地板，地下留有一定空间的通风层，可以很好地解决潮气问题。

卫生间、浴室的顶棚应设置防潮层；设有配水点的封闭阳台顶棚宜采取防潮措施；当厨房布置在无用水点房间的下层时，顶棚应设置防潮层。

4 结构与建筑工业化

> **4.0.1** 结构设计应在满足建筑功能和结构性能指标的前提下，通过合理选择结构体系优化设计达到节材效果，不应采用建筑形体和布置严重不规则的建筑结构。

【条文说明扩展】

(一)技术原理

结构体系应根据建筑功能、高度、形体，采用受力合理、抗震性能良好的结构体系，能够以较少的材料、较小的环境影响代价满足建筑要求。结构体系的选择应从因地制宜、节约材料、施工安全便捷、节能环保等方面进行综合论证。采用资源消耗少和环境影响小的建筑结构体系，具体包括钢结构、非黏土砖砌体结构及木结构、预制混凝土结构体系(部分或全部构件预制)。

在超高层和大跨度结构中，应合理采用钢结构体系、钢与混凝土混合结构体系；高层结构的竖向构件和大跨度结构的水平构件应进行截面优化设计；由强度控制的钢结构构件，宜选用高强钢材；由刚度控制的钢结构构件，宜优化构件布置；当房屋高度较高时，应避免采用结构侧向刚度相对较小的框架结构，可采用框架-抗震墙结构。

形体指建筑平面形状和立面、竖向剖面的变化。规则包含了对建筑平、立面外形尺寸、抗侧力构件布置、质量分布，直至承载力分布等诸多因素的综合要求。建筑设计应择优选用规则的形体，其抗侧力构件的平面布置宜规则对称、侧向刚度沿竖向宜均匀变化、竖向抗侧力构件的截面尺寸和材料强度宜自下而上逐渐减小、避免侧向刚度和承载力突变。为实现相同的抗震设防目标，形体不规则的建筑要比形体规则的建筑消耗更多的结构材料。不规则程度越高，对结构材料的消耗就越多，性能要求就越高，不利于节材。同时，不规则建筑形体及其部件布置会增加工业化建造过程中的部件规格数量以及生产安装的难度，且会出现各种非标准的构件，不利于成本控制及质量效率的提升。因此，建筑设计应重视平面剖面、立面剖面和竖向剖面的规则性对抗震性能及经济合理性的影响，尽量减少平面的凸凹变化，避免不必要的不规则布置和不均匀布置。

(二)实施策略

《建筑与市政工程抗震通用规范》(GB 55002—2021)5.1.1 条规定，建筑设计应根据抗震概念设计的要求明确建筑形体的规则性。不规则的建筑应按规定采取加强措施；特别不规则的建筑应进行专门研究和论证，采用特别的加强措施；不应采用严重不规则的建筑方案。结构规则性判定应根据工程实际情况按《建筑抗震设计规范(附条文说明)(2016年版)》(GB 50011—2010)或《超限高层建筑工程抗震设防专项审查技术要点》(建质〔2015〕67号)相关要求执行。

当建筑为多层结构时，结构规则性判定应按《建筑抗震设计规范(附条文说明)(2016年版)》(GB 50011—2010)3.4.1条及条文说明要求执行，其判定方法如下：

不规则是指超过表4.0.1-1和表4.0.1-2中一项及以上的不规则指标。

表 4.0.1-1　平面不规则的主要类型

不规则类型	定义和参考指标
扭转不规则	在具有偶然偏心的规定水平力作用下，楼层两端抗侧力构件弹性水平位移(或层间位移)的最大值与平均值的比值大于1.2
凹凸不规则	平面凹进的尺寸大于相应投影方向总尺寸的30%
楼板局部不连续	楼板的尺寸和平面刚度急剧变化，例如，有效楼板宽度小于该层楼板典型宽度的50%，或开洞面积大于该层楼面面积的30%，或较大的楼层错层

表 4.0.1-2　竖向不规则的主要类型

不规则类型	定义和参考指标
侧向刚度不规则	该楼层的侧向刚度小于相邻上一层的70%，或小于其上相邻三个楼层侧向刚度平均值的80%；除顶层或出屋面小建筑外，局部收进的水平向尺寸大于相邻下一层的25%
竖向抗侧力构件不连续	竖向抗侧力构件(柱、抗震墙、抗震支撑)的内力由水平转换构件(梁、桁架等)向下传递
楼层承载力突变	抗侧力结构的层间受剪承载力小于相邻上一层的80%

特别不规则是指具有较明显的抗震薄弱部位，可能引起不良后果者，其参考界限可参见《超限高层建筑工程抗震设防专项审查技术要点》(建质〔2015〕67号)，通常有如下三类：其一，同时具有表4.0.1-1和表4.0.1-2所列六个主要不规则类型的三个或三个以上；其二，具有表4.0.1-3所列的一项不规则；其三，具有表4.0.1-1和表4.0.1-2所列两个方面的基本不规则且其中有一项接近表4.0.1-3的不规则指标。

表 4.0.1-3　特别不规则的项目举例

序号	不规则类型	简要含义
1	扭转偏大	裙房以上有较多楼层考虑偶然偏心的扭转位移比大于1.4
2	抗扭刚度弱	扭转周期比大于0.9，混合结构扭转周期比大于0.85
3	层刚度偏小	本层侧向刚度小于相邻上一层的50%
4	高位转换	框支墙体的转换构件位置：7度超过5层，8度超过3层
5	厚板转换	7～9度设防的厚板转换结构
6	塔楼偏置	单塔或多塔质心与大底盘的质心偏心距大于底盘相应边长的20%
7	复杂连接	各部分层数、刚度、布置不同的错层或连体两端塔楼显著不规则的结构
8	多重复杂	同时具有转换层、加强层、错层、连体和多塔类型中的两种以上

严重不规则是指形体复杂，多项不规则指标超过表 4.0.1-1 和表 4.0.1-2 或某一项大大超过规定值，具有现有技术和经济条件不能克服的严重的抗震薄弱环节，可能导致地震破坏的严重后果者。

当建筑为高层结构时，结构规则性判定应按《超限高层建筑工程抗震设防专项审查技术要点》（建质〔2015〕67 号）要求执行，其判定方法如下：

钢筋混凝土框架结构房屋的高度不宜超过表 4.0.1-4 的最大适用高度，超过时可改用框架-剪力墙结构、带支撑的框架结构（含阻尼支撑）等结构。较多短肢剪力墙结构房屋的高度不宜超过表 4.0.1-4 的最大适用高度，超过时可改用框架-剪力墙结构、剪力墙结构等结构。钢筋混凝土框架-核心筒结构房屋的高度不宜超过《高层建筑混凝土结构技术规程》（JGJ 3—2010）中 B 级高度建筑的最大适用高度，超过时可改用筒中筒结构、巨型结构、钢-混凝土混合结构等结构。

表 4.0.1-4 超限高层建筑工程——房屋高度规定

结构类型		6 度	7 度 (0.1g)	7 度 (0.15g)	8 度 (0.20g)	8 度 (0.30g)	9 度
混凝土结构	框架	60m	50m	50m	40m	35m	24m
	框架-抗震墙	130m	120m	120m	100m	80m	50m
	抗震墙	140m	120m	120m	100m	80m	60m
	部分框支抗震墙	120m	100m	100m	80m	50m	不应采用
	框架-核心筒	150m	130m	130m	100m	90m	70m
	筒中筒	180m	150m	150m	120m	100m	80m
	板柱-抗震墙	80m	70m	70m	55m	40m	不应采用
	较多短肢墙	140m	100m	100m	80m	60m	不应采用
	错层的抗震墙	140m	80m	80m	60m	60m	不应采用
	错层的框架-抗震墙	130m	80m	80m	60m	60m	不应采用
混合结构	钢框架-钢筋混凝土筒	200m	160m	160m	120m	100m	70m
	型钢（钢管）混凝土框架-钢筋混凝土筒	220m	190m	190m	150m	130m	70m
	钢外筒-钢筋混凝土内筒	260m	210m	210m	160m	140m	80m
	型钢（钢管）混凝土外筒-钢筋混凝土内筒	280m	230m	230m	170m	150m	90m
钢结构	框架	110m	110m	110m	90m	70m	50m
	框架-中心支撑	220m	220m	200m	180m	150m	120m
	框架-偏心支撑（延性墙板）	240m	240m	220m	200m	180m	160m
	各类筒体和巨型结构	300m	300m	280m	260m	240m	180m

注：平面和竖向均不规则（部分框支结构指框支层以上的楼层不规则），其高度应比表内数值降低至少 10%。

同时具有表 4.0.1-5 中三项及三项以上不规则的高层建筑工程，不论高度是否大于表 4.0.1-4 中的值，都属于超限高层建筑工程。

表 4.0.1-5 不规则类型 I

序号	不规则类型	简要含义	备注
1a	扭转不规则	考虑偶然偏心的扭转位移比大于 1.2	参见 GB 50011—2010-3.4.3
1b	偏心布置	偏心率大于 0.15 或相邻层质心相差大于相应边长 15%	参见 JGJ 99—2015-3.2.2
2a	凹凸不规则	平面凹凸尺寸大于相应边长 30%等	参见 GB 50011—2010-3.4.3
2b	组合平面	细腰形或角部重叠形	参见 JGJ 3—2010-3.4.3
3	楼板不连续	有效宽度小于 50%,开洞面积大于 30%,错层大于梁高	参见 GB 50011—2010-3.4.3
4a	刚度突变	相邻层刚度变化大于 70%(按高规考虑层高修正时,数值相应调整)或连续三层变化大于 80%	参见 GB 50011—2010-3.4.3,JGJ 3—2010-3.5.2
4b	尺寸突变	竖向构件收进位置高于结构高度 20%且收进大于 25%,外挑大于 10%和 4m,多塔	参见 JGJ 3—2010-3.5.5
5	构件间断	上下墙、柱、支撑不连续,含加强层、连体类	参见 GB 50011—2010-3.4.3
6	承载力突变	相邻层受剪承载力变化大于 80%	参见 GB 50011—2010-3.4.3
7	局部不规则	如局部的穿层柱、斜柱、夹层、个别构件错层或转换,或个别楼层扭转位移比略大于 1.2 等	已计入 1~6 项者除外

注:深凹进平面在凹口设置连梁,当连梁刚度较小不足以协调两侧的变形时,仍视为凹凸不规则,不按楼板不连续的开洞对待;序号 a、b 不重复计算不规则项;局部的不规则,视其位置、数量等对整个结构影响的大小判断是否计入不规则的一项。

具有表 4.0.1-6 中两项或同时具有表 4.0.1-6 和表 4.0.1-5 中某项不规则的高层建筑工程,不论高度是否大于表 4.0.1-4 中的值,都属于超限高层建筑工程。

表 4.0.1-6 不规则类型 II

序号	不规则类型	简要含义	备注
1	扭转偏大	裙房以上的较多楼层考虑偶然偏心的扭转位移比大于 1.4	表 4.0.1-5 的 1a、1b 项不重复计算
2	抗扭刚度弱	扭转周期比大于 0.9,超过 A 级高度的结构扭转周期比大于 0.85	
3	层刚度偏小	本层侧向刚度小于相邻上一层的 50%	表 4.0.1-5 的 4a 项不重复计算
4	塔楼偏置	单塔或多塔与大底盘的质心偏心距大于底盘相应边长 20%	表 4.0.1-5 的 4b 项不重复计算

具有表 4.0.1-7 中某一项不规则的高层建筑工程,不论高度是否大于表 4.0.1-4 中的值,都属于超限高层建筑工程。

表 4.0.1-7 不规则类型 III

序号	不规则类型	简要含义
1	高位转换	框支墙体的转换构件位置:7 度超过 5 层,8 度超过 3 层
2	厚板转换	7~9 度设防的厚板转换结构
3	复杂连接	各部分层数、刚度、布置不同的错层,连体两端塔楼高度、体型或沿大底盘某个主轴方向的振动周期显著不同的结构
4	多重复杂	结构同时具有转换层、加强层、错层、连体和多塔等复杂类型中的 3 种

注:仅前后错层或左右错层属于表 4.0.1-7 中的一项不规则,多数楼层同时前后、左右错层属于表 4.0.1-7 的复杂连接。

其他结构超限如表 4.0.1-8 所示。

表 4.0.1-8　其他结构超限

序号	简称	简要含义
1	特殊类型高层建筑	抗震规范、高层混凝土结构规程和高层钢结构规程暂未列入的其他高层建筑结构，特殊形式的大型公共建筑及超长悬挑结构，特大跨度连体结构等
2	大跨度屋盖结构	空间网格结构或索结构跨度大于 120m 或悬挑长度大于 40m，钢筋混凝土薄壳跨度大于 60m，整体张拉式膜结构跨度大于 60m，屋盖结构单元长度大于 300m，屋盖结构形式为常用空间结构形式的多重组合、杂交组合以及特别复杂的大型公共建筑

注：表中大型建筑工程的范围，参见《建筑工程抗震设防分类标准》（GB 50223—2008）。

根据上述判定方法，不应采用建筑形体和布置严重不规则的建筑结构；当存在特别不规则时，应根据当地抗震审查要求，进行专项论证，针对结构薄弱部位采取加强措施，并将论证结论及意见作为施工图设计和审查的重要依据。

抗震设防专项审查的内容主要包括以下几个方面：

(1) 建筑抗震设防依据；

(2) 场地勘察成果及地基和基础的设计方案；

(3) 建筑结构的抗震概念设计和性能目标；

(4) 总体计算和关键部位计算的工程判断；

(5) 结构薄弱部位的抗震措施；

(6) 可能存在的影响结构安全的其他问题。

对于超高很多以及结构体系特别复杂、结构类型(含屋盖形式)特殊的工程，当设计依据不足时，应选择整体结构模型、结构构件、部件或节点模型进行必要的抗震性能试验研究。

4.0.2　建筑结构应采用基于性能的抗震设计，高烈度区宜采用隔震或消能减震设计达到预期抗震性能目标。中小学建筑宜采用隔震减震措施。

【条文说明扩展】

(一) 技术原理

国内外历次大地震的震害经验已经充分说明，抗震概念设计是决定结构抗震性能的重要因素。多数情况下，需要采用抗震性能设计的工程，一般表现为不能完全符合抗震概念设计的要求。结构设计人员应根据抗震概念设计的规定，与建筑师协调，改进结构方案，尽量减少结构不符合概念设计的情况和程度，不应采用严重不规则的结构方案。对于特别不规则结构，应进行抗震性能设计，但需慎重选用抗震性能目标，并通过深入的分析论证。

抗震性能设计的基本思路是"高延性、低弹性承载力"或"低延性、高弹性承载力"。

提高结构或构件的抗震承载力和变形能力都是提高结构抗震性能的有效途径,而仅提高抗震承载力需要以对地震作用的准确预测为基础。鉴于地震研究的现状,应以提高结构或构件的变形能力并同时提高承载力作为抗震性能设计的首选。

隔震设计指在房屋基础、底部或下部结构与上部结构之间设置由橡胶隔震支座或阻尼装置等部件组成具有整体复位功能的隔震层,以延长整个结构体系的自振周期,减少输入上部结构的水平地震作用,达到预期防震要求。消能减震设计指在房屋结构中设置消能器,通过消能器的相对变形和相对速度提供附加阻尼,以消耗输入结构的地震能量,达到预期防震减震的要求。采用隔震、消能减震技术的建筑结构的抗震设计一般应采用基于性能的设计方法,且其性能目标宜高于非隔震、非消能减震结构。

(二)实施策略

结构抗震性能分析论证的重点是深入计算分析和工程判断,找出结构有可能出现的薄弱部位,提出有针对性的抗震加强措施,进行必要的试验验证,分析论证结构可达到预期的抗震性能目标。一般需要进行如下工作:

(1)分析确定结构超过规范适用范围及不规则性的情况和程度;

(2)认定场地条件、抗震设防类别和地震动参数;

(3)深入的弹性计算分析(静力分析及时程分析)和弹塑性计算分析(静力分析及时程分析)并判断计算结果的合理性;

(4)找出结构有可能出现的薄弱部位以及需要加强的关键部位,提出有针对性的抗震加强措施;

(5)必要时还需进行构件、节点或整体模型的抗震试验,补充提供论证依据,例如,对规范未列入的新型结构方案又无震害和试验依据或对计算分析难以判断、抗震概念难以接受的复杂结构方案;

(6)论证结构能满足所选用的抗震性能目标的要求。

合理选用抗震性能目标。《高层建筑混凝土结构技术规程》(JGJ 3—2010)提出 A、B、C、D 四级结构抗震性能目标和五个结构抗震性能水准(1、2、3、4、5),四级结构抗震性能目标与《建筑抗震设计规范(附条文说明)(2016 年版)》(GB 50011—2010)提出的结构抗震性能 1、2、3、4 是一致的。地震地面运动一般分为三个水准,即多遇地震(小震)、设防烈度地震(中震)及预估的罕遇地震(大震)。在设定的地震地面运动下,与四级抗震性能目标对应的结构抗震性能水准的判别准则可参照《高层建筑混凝土结构技术规程》(JGJ 3—2010)第 3.11.2 条规定执行。A、B、C、D 四级结构抗震性能目标,在小震作用下均应满足第 1 抗震性能水准,即满足弹性设计要求;在中震或大震作用下,四种性能目标所要求的结构抗震性能水准有较大的区别。

A 级结构抗震性能目标是最高等级,要求结构在中震作用下达到第 1 抗震性能水准,在大震作用下要求结构达到第 2 抗震性能水准,即结构仍处于基本弹性状态。

B 级结构抗震性能目标,要求结构在中震作用下满足第 2 抗震性能水准,在大震作用下满足第 3 抗震性能水准,结构仅有轻度损坏。

C 级结构抗震性能目标，要求结构在中震作用下满足第 3 抗震性能水准，在大震作用下满足第 4 抗震性能水准，结构中度损坏。

D 级结构抗震性能目标是最低等级，要求结构在中震作用下满足第 4 抗震性能水准，在大震作用下满足第 5 抗震性能水准，结构有比较严重的损坏，但不致倒塌或发生危及生命的严重破坏。

在选用结构抗震性能目标时，需综合考虑抗震设防类别、设防烈度、场地条件、结构的特殊性、建造费用、震后损失和修复难易程度等因素。鉴于地震地面运动的不确定性以及对结构在强烈地震下非线性分析方法(计算模型及参数的选用等)存在不少经验的因素，缺少从强震记录、设计施工资料到实际震害的验证，对结构抗震性能的判断难以十分准确，尤其是对长周期的超高层建筑或特别不规则结构的判断难度更大，因此在性能目标选用中宜偏于安全一些。例如，特别不规则的、房屋高度超过 B 级高度很多的高层建筑或处于不利地段的特别不规则结构，可考虑选用 A 级结构抗震性能目标；房屋高度超过 B 级高度较多或不规则性超过本规程适用范围很多时，可考虑选用 B 级或 C 级结构抗震性能目标；房屋高度超过 B 级高度或不规则性超过适用范围较多时，可考虑选用 C 级结构抗震性能目标；房屋高度超过 A 级高度或不规则性超过适用范围较少时，可考虑选用 C 级或 D 级结构抗震性能目标；结构方案中仅有部分区域结构布置比较复杂或结构的设防标准、场地条件等的特殊性，使结构设计人员难以直接按规程规定的常规方法进行设计时，可考虑选用 C 级或 D 级结构抗震性能目标。以上仅仅是举例子，实际工程情况很复杂，需综合考虑各项因素。在选择结构抗震性能目标时，一般需征求业主和有关专家的意见。

各个性能水准结构的设计基本要求是判别结构性能水准的主要准则，具体设计要求详见《高层建筑混凝土结构技术规程》(JGJ 3—2010)第 3.11.3 条及条文说明。为便于结构设计人员更为直观、准确地选用性能目标及对应的性能水准，将不同结构抗震性能目标及对应的性能水准总结归纳如表 4.0.2-1～表 4.0.2-4 所示。

表 4.0.2-1　A 级结构抗震性能目标

地震水准		小震	中震	大震
性能水准		1	1	2
层间位移指标		满足弹性层间位移角	—	满足弹塑性层间位移角
构件承载力设计	关键构件	弹性	弹性	弹性
	普通构件	弹性	弹性	弹性
	耗能构件	弹性	弹性	正截面不屈服、斜截面弹性

表 4.0.2-2　B 级结构抗震性能目标

地震水准		小震	中震	大震
性能水准		1	2	3
层间位移指标		满足弹性层间位移角	—	满足弹塑性层间位移角
构件承载力设计	关键构件	弹性	弹性	正截面不屈服、斜截面弹性
	普通构件	弹性	弹性	正截面不屈服、斜截面弹性
	耗能构件	弹性	正截面不屈服、斜截面弹性	部分耗能构件进入屈服阶段但斜截面满足不屈服

表 4.0.2-3 C 级结构抗震性能目标

地震水准		小震	中震	大震
性能水准		1	3	4
层间位移指标		满足弹性层间位移角	—	满足弹塑性层间位移角
构件承载力设计	关键构件	弹性	正截面不屈服、斜截面弹性	正截面不屈服、斜截面弹性
	普通构件	弹性	正截面不屈服、斜截面弹性	部分竖向构件进入屈服阶段,但斜截面满足截面控制条件
	耗能构件	弹性	部分耗能构件进入屈服阶段,但斜截面满足不屈服	大部分耗能构件进入屈服阶段

表 4.0.2-4 D 级结构抗震性能目标

地震水准		小震	中震	大震
性能水准		1	4	5
层间位移指标		满足弹性层间位移角	—	满足弹塑性层间位移角
构件承载力设计	关键构件	弹性	正截面不屈服、斜截面不屈服	正截面宜满足不屈服、斜截面宜满足不屈服
	普通构件	弹性	部分竖向构件进入屈服阶段,但斜截面满足截面控制条件	较多竖向构件进入屈服阶段但斜截面满足截面控制条件
	耗能构件	弹性	大部分耗能构件进入屈服阶段	部分耗能构件发生较严重的破坏

在结构抗震性能设计时,弹塑性分析计算应符合下列规定:

(1)对复杂结构进行施工模拟分析是十分必要的。弹塑性分析应以施工全过程完成后的静载内力为初始状态。当施工方案与施工模拟计算不同时,应重新调整相应的计算。

(2)一般情况下,弹塑性时程分析宜采用双向地震输入;对于竖向地震作用比较敏感的结构,如连体结构、大跨度转换结构、长悬臂结构、高度超过 300m 的结构等,宜采用三向地震输入。

建筑的抗震性能设计可以对整体结构,也可以对某些部位或关键构件,选定分别提高结构或其关键部位的抗震承载力、变形能力或同时提高抗震承载力和变形能力的具体指标。局部构件或关键构件可根据建筑平面、立面的规则性,构件的重要程度选取,例如,教学楼的楼梯间作为"抗震安全岛",提高该区域的抗震性能,结构转换层的框支柱、框支梁、剪力墙的底部加强区、掉层结构上接地层的竖向构件、吊脚结构吊脚部分的竖向构件、穿层柱、错层部位的构件、短柱、大悬挑结构及大跨度结构的相关构件及与其相连的支承构件、扭转变形很大部位的竖向构件、重要的斜撑、与减震装置相连的构件等。

针对住宅建筑,一般剪力墙、框支剪力墙居多,可采用的抗震性能设计措施建议如下:

(1)抗震设防要求高于国家和项目所在现行抗震规范的要求,如采用地震力放大系数、抗震构造措施提高一级、层间位移角限值不大于规范限值的 90% 以上等措施,均可适当提高建筑的抗震性能;

(2)采用抗震性能化设计,如针对剪力墙的底部加强区的约束边缘构件按"中震不屈服"、框支层的约束边缘构件按"中震弹性"、框支柱及框支梁按"中震弹性"设计等,均可适当提高建筑的抗震性能。

针对公共建筑,一般框架、框架-剪力墙、框架-核心筒居多,可采用的抗震性能设计措施建议如下:

(1)抗震设防要求高于国家及项目所在地现行抗震规范的要求,如采用地震力放大系数、抗震构造措施提高一级、层间位移角限值不大于规范限值的90%以上等措施,均可适当提高建筑的抗震性能。

(2)采用抗震性能化设计,如针对剪力墙的底部加强区的约束边缘构件按"中震不屈服"、框架-核心筒的外框柱按抗弯"中震不屈服"、抗剪"中震弹性"设计等,均可适当提高建筑的抗震性能。

《建设工程抗震管理条例》第十六条规定:"位于高烈度设防地区、地震重点监视防御区的新建学校、幼儿园、医院、养老机构、儿童福利机构、应急指挥中心、应急避难场所、广播电视等建筑应当按照国家有关规定采用隔震减震等技术,保证发生本区域设防地震时能够满足正常使用要求。国家鼓励在除前款规定以外的建设工程中采用隔震减震等技术,提高抗震性能。"根据不同的建筑功能,推荐采用隔震、消能减震设计的建筑如表 4.0.2-5 所示。

表 4.0.2-5　适用隔震、消能减震的建筑

建筑类型	使用原因
学校建筑(尤其是中小学、幼儿园)、医院、养老院、福利院	保护人身安全
消防中心、警察局、航空中心、交通及通信中心、指挥机构、广播电视中心	地震发生时,这些单位需具有指挥救灾的功能
数据中心	计算机资料的破坏会造成重大损失
美术馆、博物馆、图书馆及历史性建筑	具有重要的文化价值
核电站、化学工厂、疾病预防中心及高科技机构	防止危险品泄漏或重要科研成果破坏
生命线工程,如水、电、燃气等	地震发生时,减少次生灾害,并保证能正常使用

采用隔震、消能减震技术的建筑结构抗震设计一般应采用基于性能的设计方法,且其性能目标宜高于非隔震、非消能减震结构,采取的措施包括设隔震支座、金属阻尼器、摩擦阻尼器、黏滞阻尼器和黏弹性阻尼器、调谐质量阻尼器和调谐液体阻尼器等。

除国家强制规定外,需要提高抗震安全性的建筑(尤其是位于 9 度、8 度(0.3g)等地震高烈度区),可考虑采用隔震技术及消能减震技术。当建筑结构隔震设计和消能减震设计确定设计方案时,应与采用抗震设计的方案进行对比分析。进行方案比较时,需对建筑的抗震设防分类、抗震设防烈度、场地条件、使用功能及建筑、结构的方案从安全和经济两方面进行综合分析和对比。

4.0.3 装配式建筑设计应以套型为基本单元进行设计，采用标准化、模数化的设计方法，采用规格化、通用化的部件实现建筑部件的通用性和互换性。

【条文说明扩展】

（一）技术原理

装配式建筑设计应符合现行国家标准《建筑模数协调标准》(GB/T 50002—2013)的规定，以套型为基本单元进行设计。套型单元的设计通常采用标准化、模数化的设计方法，其目的是实现建筑部件的通用性和互换性，使规格化、通用化的部件适用于各类常规建筑，满足各种要求。同时，大批量的规格化、定型化部件的生产可稳定质量，降低成本。通用化部件所具有的互换能力，可促进市场的竞争和部件生产水平的提高。

建筑模数协调工作涉及的行业与部件的种类很多，需各方面共同遵守各项协调原则，制定各种部件或组合件的协调尺寸和约束条件。

实施模数协调的工作是一个渐进的过程，对重要的部件，以及影响面较大的部位可先期运行，如门窗、厨房、卫生间等。重要的部件和组合件应优先推行规格化、通用化。

（二）实施策略

建筑设计的模数数列应根据功能性要求和经济性要求按如下原则确定：

(1)建筑物开间或柱距，进深或跨度，梁、板、隔墙和门窗洞口宽度等分部件的截面尺寸宜采用水平基本模数(1M=100mm)和水平扩大模数(2nM、3nM，其中 n 为自然数)；

(2)建筑物的高度、层高和门窗洞口高度等宜采用竖向基本模数(1M=100mm)和竖向扩大模数(nM)；

(3)构造节点和分部件的接口尺寸宜采用分数模数 M/10、M/5、M/2。

结合上述模数原则，在建筑轴网布置时可参考图 4.0.3-1。

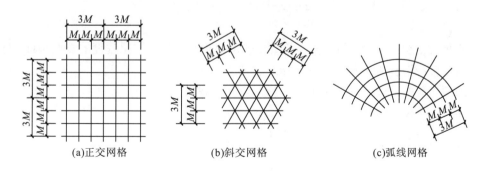

(a)正交网格　　　　　　(b)斜交网格　　　　　　(c)弧线网格

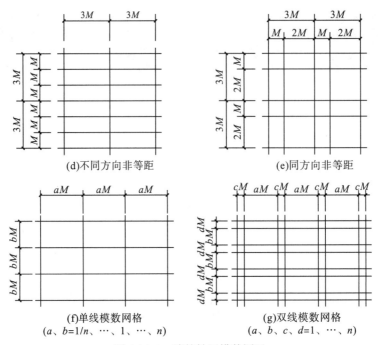

(d)不同方向非等距   (e)同方向非等距

(f)单线模数网格   (g)双线模数网格
(*a*、*b*=1/*n*、…、1、…、*n*)   (*a*、*b*、*c*、*d*=1、…、*n*)

图 4.0.3-1   建筑轴网模数图示

在满足建筑功能的前提下，实现基本单元的模数化(图 4.0.3-2)、标准化定型，以提高定型的标准化建筑构配件的重复使用率，这将非常有利于降低造价。

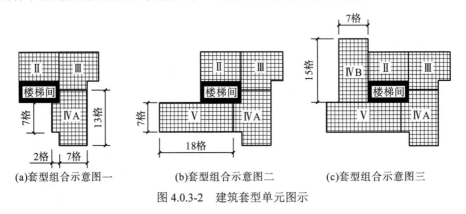

(a)套型组合示意图一   (b)套型组合示意图二   (c)套型组合示意图三

图 4.0.3-2   建筑套型单元图示

在装配式结构设计中，预制构件的重复使用率也是项目标准化程度的重要指标，标准化构件的定义应符合国家及地方现行标准的规定。

《深圳市装配式建筑评分规则》(混凝土结构)规定如下：

(1)60%≤标准化构件应用比例≤80%，采用插值法计算得分；

(2)标准化构件应用比例$=\dfrac{标准化预制构件总数量}{预制构件总数量}\times100\%$；

(3)标准化构件是指项目中数量不少于 50 件的同一预制构件(包括外形尺寸相同的竖向构件和水平构件，不包括镜像构件)；

（4）算例：

某项目预制构件明细表如表4.0.3-1所示，总计2268件预制构件，其中B1-Q1（B1-Q1R）、B1-Q2（B1-Q2R）、B1-YZYT-01（B1-YZYT-01R）、B1-YZTB1（B1-YZTB1R）、B2-Q1R、B2-Q2R、B2-YZLB-01R、B2-YZTB1R、C-01、C-02、C-03、C-04 型号构件数量均不少于50 件，可认定为标准化预制构件，合计 1598 件，因此标准化预制构件应用比例为1598/2268=70.5%＞60%，应用插值法计算相应得分。

表 4.0.3-1 预制构件明细表

户型	预制构件型号	数量/件
A	A-Q1（A-Q1R）	39（39）
	A-Q2（A-Q2R）	42（42）
	A-YZYT-01（A-YZYT-01R）	39（39）
	A-YZTB1（A-YZTB1R）	39（39）
B1	B1-Q1（B1-Q1R）	123（123）
	B1-Q2（B1-Q2R）	123（123）
	B1-YZYT-01（B1-YZYT-01R）	120（120）
	B1-YZTB1（B1-YZTB1R）	120（120）
B2	B2-Q1（B2-Q1R）	41（82）
	B2-Q2（B2-Q2R）	41（82）
	B2-YZYT-01（B2-YZYT-01R）	13（26）
	B2-YZLB-01（B2-YZLB-01R）	40（80）
	B2-YZTB1（B2-YZTB1R）	40（80）
C	C-01（C-01R）	82（41）
	C-02（C-02R）	82（41）
	C-03（C-03R）	56（28）
	C-04（C-04R）	82（41）
总计（含镜像构件）		2268

《深圳市装配式建筑评分规则》（钢结构）规定如下：

（1）50%≤标准化构件应用比例≤80%，采用插值法计算得分；

（2）标准化构件应用比例 $= \dfrac{标准化钢构件数量}{钢构件总数量} \times 100\%$ ；

（3）标准化构件是指项目中采用轧制标准型钢或焊接非异形截面钢材的钢构件。

《重庆市装配式建筑装配率计算细则（2021 版）》释义（试行）规定如下：

（1）70%≤标准化构件应用比例≤90%，采用插值法计算得分。

（2）标准化预制构件的应用比例：

$$q_{1e} = \frac{N_{1e}}{N} \times 100\%$$

式中，　q_{1e}——标准化预制构件的应用比例；

　　　　N_{1e}——标准化预制构件总数量；

　　　　N——各类预制构件总数量。

(3)标准化构件指同一项目、同一批次实施的装配式建筑中，以 15000m² 地上建筑规模为统计标准，其中外形尺寸相同(不考虑预留、预埋、孔洞等因素)且数量不少于 50 件的预制混凝土构件。为引导建筑方案采用"少规格，多组合"的标准化设计，当装配式建筑的地上建筑面积 S 大于 15000m² 时，则按相同外形尺寸构件数量不低于 $n=[20+20×S/10000]$件为标准化构件，n 为整数；当装配式建筑的地上建筑面积 $S≤15000$m² 时，则按相同外形尺寸构件数量不低于 $n=50$ 件为标准化构件。建筑面积 S 的单位为 m²。

(4)算例。

某住宅小区项目同一批次实施的共有 4 栋装配式建筑，其中 1 栋为 32 层高层建筑 A，其他 3 栋为 B、C、D 的 16 层小高层建筑。建筑 B、C、D 之间的标准层有相同空间模块，因此在计算标准化得分时可将 3 栋小高层建筑划分为一个标准化计算单元；高层建筑 A 可划分为另一个标准化计算单元。具体计算如下：

(a)已知高层建筑 A 地上建筑面积 $S=21440$m²，得出标准化构件定义条件 $n=[20+20×S/10000]=63$ 件，统计高层建筑 A 中预制构件的总数量 N 为 2784 件，其中应用数量≥63 件的标准化构件数量 N_{1e} 为 2240 件，则高层建筑 A 的标准化预制构件应用比例 $q_{1e}=80.5\%$。

(b)3 栋小高层建筑 B、C、D 地上建筑面积 S 合计为 30240m²，得出标准化构件定义条件 $n=[20+20×S/10000]=81$ 件，统计建筑 B、C、D 中各类规格尺寸的预制构件应用数量，其中满足应用数量≥81 件的规格尺寸分别为 $a×b$、$a×c$、$c×d$、$e×f$ 的预制构件为标准化构件，然后分别计算建筑 B、C、D 的标准化构件得分。以建筑 B 为例，统计规格尺寸为 $a×b$、$a×c$、$c×d$、$e×f$ 的标准化构件在建筑 B 中的应用数量 N_{1e} 为 920 件，建筑 B 中预制构件的总数量 N 为 1120 件，则建筑 B 的标准化预制构件应用比例 $q_{1e}=82.1\%$；按此方法依次计算建筑 C、D 的应用比例。

> **4.0.4** 装配式结构设计应结合所在地实际情况，依据地质条件、结构特点、使用功能和空间变化要求，综合考虑场地环境、施工条件和工程造价等因素，采用受力合理、抗震性能良好的结构体系。

【条文说明扩展】

(一)技术原理

装配式建筑是一个系统工程，是将预制部品部件通过系统集成的方法在工地装配，实现建筑主体结构构件预制，非承重围护墙和内隔墙非砌筑并全装修的建筑，主要包括装配式混凝土建筑、装配式钢结构建筑、装配式木结构建筑等。发展装配式建筑，其核心是要节约资源能耗、减少施工污染、提高劳动生产效率和质量安全水平。因此，在设计、施工时，需要充分结合实际情况，确保质量性能要求，实现真正达到目的的效果。

当主体结构采用预制装配式结构时，主体部件的设计以及连接要求都应该满足装配式建筑对主体部件的所有要求。主体部件及连接受力合理、构造简单和施工方便符合工业化生产的要求，并采用通用性强的标准化预制构件。承重墙、梁、柱、楼板等主要主体部件可全部或部分采用工厂生产的标准化预制构件，应在楼梯、阳台、空调板等部位采用预制构件。

建筑内部的非结构构件包括非承重墙体、附着于楼屋面结构的构件、装饰构件和部件等。设备指建筑中为建筑使用功能服务的附属机械、电气构件、部件和系统，主要包括电梯、照明和应急电源、通信设备、管道系统、采暖和空气调节系统、烟火监测和消防系统、公用天线等。附属设施包括整体卫生间、橱柜、储物柜等。

建筑内部非结构构件、设备及附属设施等应满足建筑使用的安全性，例如，门窗、防护栏杆等应满足国家现行相关设计标准要求并安装牢固，防止跌落事故发生，且应根据腐蚀环境选用材料或进行耐腐蚀处理。近年因装饰装修脱落导致人员伤亡事故屡见不鲜，如吊链或连接件锈蚀导致吊灯掉落、吊顶脱落、瓷砖脱落等，室内装饰装修除应符合国家现行相关标准的规定外，还需对承重材料的力学性能进行检测验证。装饰构件之间以及装饰构件与建筑墙体、楼板等构件之间的连接力学性能应满足设计要求，连接可靠并能适合主体结构在地震作用之外各种荷载作用下的变形。

建筑部品、非结构构件及附属设施等应采用机械固定、焊接、预埋等牢固性构件连接方式或一体化建造方式与建筑主体结构可靠连接，防止由于个别构件破坏引起连续性破坏或倒塌。应注意的是，膨胀螺栓、捆绑、支架等连接或安装方式均不能视为一体化措施。

（二）实施策略

叠合楼板拆分设计应符合下列要求：

（1）在板的次要受力方向拆分，且宜避开最大弯矩截面；

（2）板的宽度不应超过运输超宽的限制和工程生产线模台宽度的限制；

（3）有管线穿过的楼板，拆分时应考虑避免与钢筋或桁架筋起冲突；

（4）顶棚无吊顶时，板缝应避开装修预留点位。

叠合楼板是叠合构件的重要形式，也是装配式混凝土结构所有预制构件中应用最普遍的构件，对保证装配式混凝土结构的等同现浇性能起到关键作用。设计人员应根据《装配式混凝土结构技术规程》（JGJ 1—2014）的相关规定合理选取叠合楼板的适用范围、楼板形式、厚度、接缝及支座构造措施。

针对装配式钢结构，合理的楼盖体系不仅能提供良好的竖向受荷能力，通过其与主体结构的可靠连接，更能加强结构整体性，提高结构抗震性能。

根据《装配式混凝土建筑技术标准》（GB/T 51231—2016）相关规定如下：

（1）结构转换层和作为上部结构嵌固部位的地下室楼层宜采用现浇楼盖；

(2) 屋面层或平面受力复杂的楼层宜采用现浇楼盖，当采用叠合楼盖时，楼板的后浇混凝土叠合层厚度不应小于 100mm，且后浇层内应采用双向通长配筋，钢筋直径不宜小于 8mm，间距不宜大于 200mm；

(3) 叠合楼板主要包括钢筋桁架叠合板(KT 板)、带肋预应力叠合板(PK 板)、预应力空心叠合板(SP 板)及预应力双 T 形叠合板。各叠合板适用跨度如表 4.0.4-1 所示。

表 4.0.4-1　叠合板适用跨度　　　　　　(单位：m)

楼板类型	适用跨度
钢筋桁架叠合板(KT 板)	6
带肋预应力叠合板(PK 板)	12
预应力空心叠合板(SP 板)	18
预应力双 T 形叠合板	24

根据《装配式钢结构建筑技术标准》(GB/T 51232—2016)相关规定如下：

(1) 楼板可选用工业化程度高的压型钢板组合楼板、钢筋桁架楼承板组合楼板、预制混凝土叠合楼板及预制预应力空心楼板等。

(2) 楼板应与主体结构可靠连接，保证楼盖的整体牢固性。

(3) 当抗震设防烈度为 6、7 度且房屋高度不超过 50m 时，可采用装配式楼板(全预制楼板)或其他轻型楼盖，但应采取下列措施之一保证楼板的整体性：

(a) 设置水平支撑；

(b) 采取有效措施保证预制板之间的可靠连接；

(c) 装配式钢结构建筑可采用装配整体式楼板，但最大适用高度应适当降低；

(d) 楼盖舒适度应符合现行行业标准《高层民用建筑钢结构技术规程》(JGJ 99—2015)的规定。

叠合梁、预制柱接缝受剪承载力计算应符合《装配式混凝土结构技术规程》(JGJ 1—2014)的规定。拆分设计应符合下列要求：

(1) 拆分位置宜设置在构件受力最小处；

(2) 梁拆分位置在端部时，梁纵向钢筋连接位置距柱边不宜小于 $1h$，不应小于 $0.5h$(h 为梁高)；

(3) 柱拆分位置一般设置在楼层标高处。

叠合梁端结合面主要包括框架梁与节点区的结合面、梁自身连接的结合面以及次梁与主梁的结合面等几种类型。结合面的受剪承载力的组成主要包括新旧混凝土结合面的黏结力、键槽的抗剪能力、后浇混凝土叠合层的抗剪能力、梁纵向钢筋的销栓抗剪作用。

计算时，不考虑混凝土的自然黏结作用，取混凝土抗剪键槽的受剪承载力、后浇层混凝土的受剪承载力、穿过结合面的钢筋的销栓抗剪作用之和作为结合面的受剪承载力。在地震往复作用下，对后浇层混凝土部分的受剪承载力进行折减，参照混凝土斜截面受剪承载力设计方法，折减系数取 0.6。

研究表明，混凝土抗剪键槽的受剪承载力一般为 $0.15 f_c A_k \sim 0.2 f_c A_k$，其中 f_c 为混凝土的抗压强度，A_k 为抗剪键槽的有效面积，但由于混凝土抗剪键槽的受剪承载力和钢筋的销栓抗剪作用一般不会同时达到最大值，在计算中，混凝土抗剪键槽的受剪承载力进行折减，取 $0.1f_cA_k$。抗剪键槽的受剪承载力取各抗剪键槽根部受剪承载力之和；梁端抗剪键槽数量一般较少，沿高度方向一般不会超过 3 个，不考虑群键作用。抗剪键槽破坏时，可能沿现浇键槽或预制键槽的根部破坏，因此计算抗剪键槽受剪承载力时应按现浇键槽和预制键槽根部剪切面分别计算，并取二者的较小值。设计中，应尽量使现浇键槽和预制键槽根部剪切面面积相等。

预制柱底结合面的受剪承载力的组成主要包括新旧混凝土结合面的黏结力、粗糙面或键槽的抗剪能力、轴压产生的摩擦力、梁纵向钢筋的销栓抗剪作用或摩擦抗剪作用，其中后两者为受剪承载力的主要组成部分。地震往复作用下，混凝土自然黏结及粗糙面的受剪承载力丧失较快，计算中不考虑其作用。

当柱受压时，计算轴压产生的摩擦力时，柱底接缝灌浆层上下表面接触的混凝土均有粗糙面及键槽构造，因此摩擦系数取 0.8。钢筋销栓作用的受剪承载力计算公式与叠合梁相同。当柱受拉时，没有轴压产生的摩擦力，且由于钢筋受拉，计算钢筋销栓作用时，需要根据钢筋中的拉应力结果对销栓受剪承载力进行折减。

根据《装配式混凝土结构技术规程》（JGJ 1—2014）相关规定如下：

(1) 叠合梁端竖向接缝的受剪承载力设计值应按下列公式计算。

(a) 持久设计状况。

$$V_u = 0.07f_cA_{c1} + 0.10f_cA_k + 1.65A_{sd}\sqrt{f_cf_y}$$

(b) 地震设计状况。

$$V_{uE} = 0.04f_cA_{c1} + 0.06f_cA_k + 1.65A_{sd}\sqrt{f_cf_y}$$

式中，A_{c1} ——叠合梁端截面后浇混凝土叠合层截面面积；

f_c ——预制构件混凝土轴心抗压强度设计值；

f_y ——垂直穿过结合面的钢筋抗拉强度设计值；

A_k ——各键槽根部截面面积之和，按后浇键槽根部截面和预制键槽根部截面分别计算，并取二者的较小值；

A_{sd} ——垂直穿过结合面所有钢筋的面积，包括叠合层内的纵向钢筋。

(2) 地震工况下，预制柱底水平接缝的受剪承载力设计值应按下列公式计算。

(a) 当预制柱受压时

$$V_{uE} = 0.8N + 1.65A_{sd}\sqrt{f_cf_y}$$

(b) 当预制柱受拉时

$$V_{uE} = 1.65A_{sd}\sqrt{f_cf_y\left[1-\left(\frac{N}{A_{sd}f_y}\right)^2\right]}$$

式中，f_c ——预制构件混凝土轴心抗压强度设计值；

f_y ——垂直穿过结合面的钢筋抗拉强度设计值；

N ——与剪力设计值 V 相对应的垂直于结合面的轴向力设计值，取绝对值进行计算；

A_{sd} ——垂直穿过结合面所有钢筋的面积；

V_{uE} ——地震设计状况下接缝受剪承载力设计值。

预制剪力墙水平接缝的受剪承载力计算应符合《装配式混凝土结构技术规程》（JGJ 1—2014）的规定。拆分设计应符合下列要求：

（1）宜按建筑开间和进深尺寸划分，高度不宜大于层高，还应考虑构件制作、运输、吊运及安装的尺寸限制；

（2）应符合模数协调原则，优化预制构件的尺寸和形状，减少构件种类；

（3）竖向拆分宜在各楼层层高进行；

（4）水平拆分应保证门窗洞口的完整性，便于标准化生产。

当预制剪力墙的竖向接缝采用后浇混凝土连接时，受剪承载力与整浇混凝土结构接近，不必计算其受剪承载力。

在参考了我国现行国家标准《混凝土结构设计规范（2015 年版）》（GB 50010—2010）、现行行业标准《高层建筑混凝土结构技术规程》（JGJ 3—2010）、国外规范（如美国规范 ACI 318R-08、欧洲规范 EN 1992-1-1:2004、美国 PCI 手册（第七版）等）并对大量试验数据进行分析的基础上，预制剪力墙水平接缝受剪承载力设计值的计算主要采用剪摩擦的原理，考虑了钢筋和轴力的共同作用，公式与《高层建筑混凝土结构技术规程》（JGJ 3—2010）中对一级抗震等级剪力墙水平施工缝的抗剪验算公式相同。

在进行预制剪力墙底部水平接缝受剪承载力计算时，计算单元的选取分以下三种情况：

（1）不开洞或者开小洞口整体墙，作为一个计算单元；

（2）小开口整体墙可作为一个计算单元，各墙肢联合抗剪；

（3）开口较大的双肢及多肢墙，各墙肢作为单独的计算单元。

由于多层装配式剪力墙结构中，预制剪力墙水平接缝中采用坐浆材料而非灌浆料填充，接缝受剪时静摩擦系数较低，因此取为 0.6。

根据《装配式混凝土结构技术规程》（JGJ 1—2014）如下相关规定。

（1）地震设计状况下，剪力墙水平接缝的受剪承载力设计值应按下式计算：

$$V_{uE} = 0.6 f_y A_{sd} + 0.8N$$

式中，f_y ——垂直穿过结合面的钢筋抗拉强度设计值；

N ——与剪力设计值 V 相对应的垂直于结合面的轴向力设计值，压力时取正，拉力时取负，当大于 $0.6 f_c b h_0$ 时，取为 $0.6 f_c b h_0$；此处 f_c 为混凝土轴心抗压强度设计值，b 为剪力墙厚度，h_0 为剪力墙截面有效高度；

A_{sd} ——垂直穿过结合面所有钢筋的面积。

（2）多层装配式剪力墙结构地震设计状况下，剪力墙水平接缝的受剪承载力设计值应按下式计算：

$$V_{uE} = 0.6 f_y A_{sd} + 0.6N$$

装配式钢框架结构应采取合理的梁柱连接形式及构造。

梁翼缘加强型节点塑性铰外移的设计原理如图 4.0.4-1 所示。通过在梁上下翼缘局部焊接钢板或加大截面，达到提高节点延性的目的，在罕遇地震作用下获得在远离梁柱节点处梁截面塑性发展的设计目标。

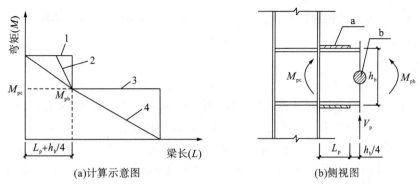

(a)计算示意图　　　　　　　　　　　　　　(b)侧视图

图 4.0.4-1　节点塑性铰外移原理图示

1-翼缘板(盖板)抗弯承载力；2-侧板(扩翼式)抗弯承载力；3-钢梁抗弯承载力；4-外荷载产生弯矩；a-加强板；b-塑性铰

　　框架梁在预估的罕遇地震作用下，在可能出现塑性铰的截面(为梁端和集中力作用处)附近均应设置侧向支撑，可以采用增设次梁、隔撑或加劲肋的方式实现侧向支撑。在住宅建筑中，为避免影响使用功能，优先选用增设加劲肋的方式，此时加劲肋所抵抗的侧向力应按照现行行业标准《高层民用建筑钢结构技术规程》(JGJ 99—2015)来确定。由于地震作用方向变化，塑性铰弯矩的方向也随之发生变化，因此要求梁的上下翼缘均应设侧向支撑。若梁上翼缘整体稳定性有保证，可仅在下翼缘设支撑。

　　装配式钢结构建筑框架柱可选用异型组合截面，并应满足国家现行标准的规定；当没有规定时，应进行专项审查，通过后，方可采用。常见的异型组合截面如图 4.0.4-2 所示。

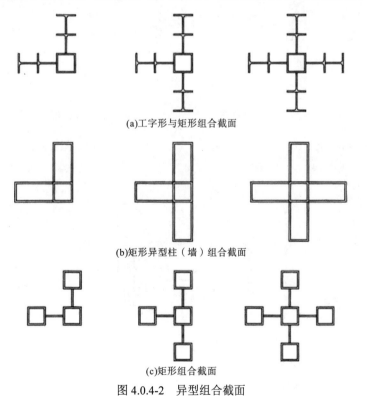

(a)工字形与矩形组合截面

(b)矩形异型柱（墙）组合截面

(c)矩形组合截面

图 4.0.4-2　异型组合截面

根据《装配式钢结构建筑技术标准》（GB/T 51232—2016）如下相关规定：

（1）梁柱连接可采用带悬臂梁端、翼缘焊接腹板栓接或全焊接连接形式（图 4.0.4-3～图 4.0.4-6）；抗震等级为一、二级时，梁与柱的连接宜采用加强型连接（图 4.0.4-5 和图 4.0.4-6）；当有可靠依据时，也可采用端板螺栓连接的形式（图 4.0.4-7）。

（2）钢柱的拼接可采用焊接或螺栓连接的形式（图 4.0.4-8、图 4.0.4-9）。

（3）在可能出现塑性铰处，梁的上下翼缘均应设侧向支撑（图 4.0.4-10），当钢梁上铺设装配整体式或整体式楼板且进行可靠连接时，上翼缘可不设侧向支撑。

（4）框架柱截面可采用异型组合截面，其设计要求应符合国家现行标准的规定。

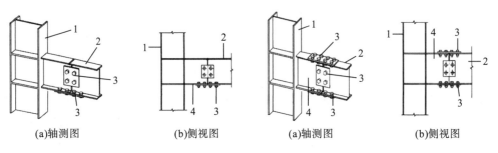

(a)轴测图　　(b)侧视图　　　　　　　　(a)轴测图　　(b)侧视图

图 4.0.4-3　带悬臂梁端的栓焊连接　　　　　图 4.0.4-4　带悬臂梁端的螺栓连接

1-柱；2-梁；3-高强度螺栓；4-悬臂端　　　　　　　1-柱；2-梁；3-高强度螺栓；4-悬臂端

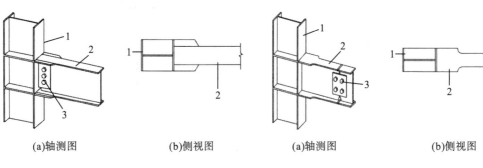

(a)轴测图　　(b)侧视图　　　　　　　　(a)轴测图　　(b)侧视图

图 4.0.4-5　梁翼缘局部加宽式连接　　　　　图 4.0.4-6　梁翼缘扩翼式连接

1-柱；2-梁；3-高强度螺栓　　　　　　　　　1-柱；2-梁；3-高强度螺栓

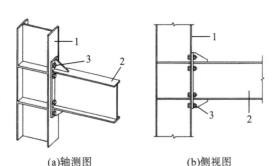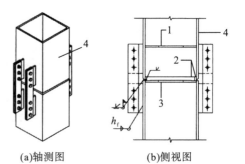

(a)轴测图　　(b)侧视图　　　　　　　　(a)轴测图　　(b)侧视图

图 4.0.4-7　外伸式端板螺栓连接　　　　　图 4.0.4-8　箱形柱的焊接拼接连接

1-柱；2-梁；3-高强度螺栓　　　　　1-上柱隔板；2-焊接衬板；3-下柱顶端隔板；4-柱

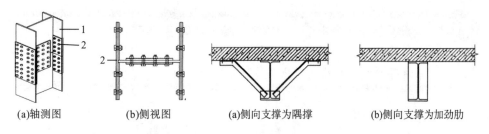

<table>
<tr><td>(a)轴测图</td><td>(b)侧视图</td><td>(a)侧向支撑为隅撑</td><td>(b)侧向支撑为加劲肋</td></tr>
</table>

图 4.0.4-9　H 型钢的螺栓拼接连接　　　　图 4.0.4-10　梁下翼缘侧向支撑

1-柱；2-高强度螺栓

钢框架的连接主要包括梁与柱的连接、支撑与框架的连接、柱脚的连接以及构件拼接。连接的高强度螺栓数和焊缝长度(截面)宜在构件选择截面时预估。按照《建筑抗震设计规范(附条文说明)(2016 年版)》(GB 50011—2010)的要求，构件的连接需符合"强连接弱构件"的原则，当梁与柱采用刚性连接时，连接的极限承载力应大于梁的全截面塑性承载力。此条主要是针对采用梁柱刚性连接时的完全强度连接(即连接的设计强度不小于梁的设计强度)而提出的。对于全螺栓连接节点，如外伸式端板连接节点，当按照刚性连接设计时，可以设计为完全强度连接或部分强度连接(即连接的设计强度仅满足设计承载需求而小于梁的设计强度)。当外伸式端板连接节点设计为完全强度连接时，应满足此条文要求，即螺栓连接的极限承载力应大于梁的全截面塑性承载力，此时高强度螺栓连接的极限承载力应参考《高层民用建筑钢结构技术规程》(JGJ 99—2015)中的表 4.2.5 计算。当外伸式端板连接节点设计为部分强度连接时，一般情况下不能满足此条要求；但根据已有研究的结果，部分强度连接的外伸式端板连接节点在达到节点承载力之后，虽然一般不能实现梁截面屈服形成塑性铰耗能，但通过充分发展端板弯曲变形仍可以得到较大的节点转角并实现较为充分的能量耗散，同样可以得到较好的抗震性能。因此，对于采用部分强度连接的外伸式端板连接节点可不满足此条要求，而按照"强连接弱板件"的原则进行设计，即控制螺栓连接的设计承载力大于端板屈服的设计承载力，并保证螺栓连接的极限承载力大于端板全截面屈服对应的承载力。

连接构造应体现装配化的特点，尽可能做到人工少、安装快。现场施工中，优先选用螺栓连接，少采用现场焊接及湿作业量大的连接。例如，在满足承载力和构造要求的前提下，优先选用外露式的钢柱脚，钢柱脚可采用预埋锚栓与柱脚板连接的外露式做法。

在有可靠依据时，梁柱的连接可采用半刚性连接，但必须满足承载力和延性的要求，一般要求连接的极限转角达到 0.02rad 时，节点抗弯承载力下降不超过 15%。

根据《装配式钢结构建筑技术标准》(GB/T 51232—2016)如下相关规定：

(1)抗震设计时，连接设计应符合构造要求，并应按弹塑性设计，连接的极限承载力应大于构件的全塑性承载力；

(2)装配式钢结构建筑构件的连接宜采用螺栓连接，也可采用焊接；

(3)有可靠依据时，梁柱可采用全螺栓的半刚性连接，此时结构计算应计入节点转动对刚度的影响。

4.0.5　装配化装修宜选用工业化内装部品，并满足下列要求：
**　1　应与建筑设计、构件制作、主体施工和机电设备安装实现一体化设计建造；**
**　2　装修部件和部品应具有通用性、互换性、标准化接口等特点。**

【条文说明扩展】

（一）技术原理

工业化内装部品主要包括整体卫浴、整体厨房、装配式吊顶、干式工法地面、装配式内墙、管线集成与设备设施等。

项目装修工程与建筑设计、构件制作、主体施工和机电设备安装实现一体化主要是指装修工程与各个阶段的技术衔接、专业协同配合要同步到位。项目应尽可能达到成品房工程验收的要求，这是工业化建筑的重要特征和基本要求，主要区别于传统的毛坯房项目，以引导成品建筑的发展。

采用具有轻量化、通用性、互换性、标准化接口等特点可拆分构件或模块化布置方式的装配化装修，有利于实现同一构件在不同需求下的功能互换，或同一构件在不同空间的功能复制，有效提升建筑的适变性能，降低改造难度。

（二）实施策略

装配式隔墙及墙面系统的宽度宜采用 $3M$ 的模数数列；其高度增加以 $M/10$ 为模数增量。隔墙及墙面系统的选取可参照表 4.0.5-1～表 4.0.5-4 执行，并与图 4.0.5-1 和图 4.0.5-2 对应。

表 4.0.5-1　装配式隔墙系统主要分类表

序号	种类		备注
1	条板隔墙	空心条板	如混凝土空心条板、玻璃纤维增强混凝土（glass fiber reinforced concrete，GRC）空心条板、陶粒混凝土空心条板、增韧性发泡混凝土（reinforced foamed comcrete，RFC）空心条板
		实心条板	如蒸压轻质混凝土（autoclaved lightweight concrete，ALC）条板、发泡陶瓷轻质条板、聚苯颗粒水泥夹芯复合条板等
2	龙骨隔墙	钢龙骨隔墙	以轻钢龙骨、薄壁轻钢、厚壁龙骨为支撑材料的隔墙系统等
		铝龙骨隔墙	以铝龙骨为支撑材料的隔墙系统等
		木龙骨隔墙	以木龙骨为支撑材料的隔墙系统等
3	模块化隔墙	模块化隔墙	集成支撑构造、填充材料、设备管线、饰面层于一体的模块化隔墙等材料

注：其他装配式隔墙系统产品按照其产品特点归类到三大品类当中。

表 4.0.5-2　装配式墙面板主要分类表

序号	种类	备注
1	有机基材墙面板	如竹木纤维板、木塑板、石塑板、铝塑板等
2	无机基材墙面板	如硅酸钙复合墙板、纤维增强水泥板、陶大板、玻镁板、石膏基复合墙板等
3	金属基材墙面板	如钢板、铝板等
4	复合基材墙面板	如铝蜂窝复合钢板、铝蜂窝复合陶瓷薄板等

注：其他装配式墙面系统产品按照其产品特点归类到四大品类当中。

表 4.0.5-3　装配式隔墙优先尺寸　　　　　　　　　　（单位：mm）

序号	种类		优先尺寸		
			宽度	高度	厚度
1	条板隔墙	空心条板	600、900	2500、2600、2700、2800	90、120
		实心条板	600、900	2500、2600、2700、2800	90、120、200
2	龙骨隔墙	钢龙骨隔墙	600	2500、2600、2700、2800	50、75、100
		铝龙骨隔墙			
		木龙骨隔墙			
3	模块化隔墙	模块化隔墙	600、900	2500、2600、2700、2800	90、200

注：所指高度为隔墙部品高度，非墙体高度；厚度不包含饰面做法厚度。

表 4.0.5-4　装配式墙面板优先尺寸　　　　　　　　　　（单位：mm）

序号	种类	优先尺寸		
		宽度	高度	厚度
1	有机基材墙面板	600、900	2400、2500、2600、2700、2800	8、10、12、15
2	无机基材墙面板	600、900、1200	2400、2500、2600、2700、2800	8、10、12、15
3	金属基材墙面板	600、1200	2400、2500、2600、2700、2800	0.8、0.9
4	复合基材墙面板	600、900、1200	2400、2500、2600、2700、2800	10、15、35、40

注：由于墙面板产品类型多样，尤其是复合墙面板，材料复合工艺不同，厚度尺寸更为多样化，除本表格中的常见厚度优先尺寸外，可根据需求选用产品。

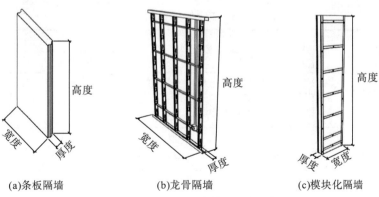

(a)条板隔墙　　　　　　　(b)龙骨隔墙　　　　　　　(c)模块化隔墙

图 4.0.5-1　装配式隔墙系统尺寸示意图

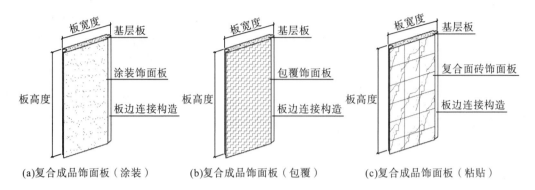

(a)复合成品饰面板（涂装）   (b)复合成品饰面板（包覆）   (c)复合成品饰面板（粘贴）

图 4.0.5-2　装配式墙面板尺寸示意图

装配式地面系统应采用干式工法施工。地面系统的选取可参照表 4.0.5-5 执行。

表 4.0.5-5　装配式地面系统分类

种类		产品类型
采暖架空 地面系统	集成模块类采暖架空地面系统	如型钢复合架空模块、水泥板复合架空模块等
	分层类采暖架空地面系统	如板材支撑架空模块、网格支撑架空模块等
非采暖架空地面系统		如型钢复合架空模块、板材支撑架空模块、网格支撑架 空模块等

装配式地面应采用平整、耐磨、抗污染、易清洁的材料，厨房、卫生间、阳台等地面材料还应具有防水、防滑等性能。装配式地面承载力应满足使用要求，连接构造应稳定、牢固。地面基层应满足装配式地面系统的安装要求。地面平面水平度偏差全长不大于10mm、每米不大于 5mm。在装配式地面安装前，应对基层进行清洁、干燥并吸尘。

当采用采暖架空地面系统时，可分为集成模块类采暖架空地面系统和分层类采暖架空地面系统，如表 4.0.5-6 和图 4.0.5-3 所示。

表 4.0.5-6　采暖架空地面系统优先尺寸　　　　　　　　　　　（单位：mm）

种类	产品名称		优先尺寸	
			模块厚度	模块规格
集成模块类采暖架空 地面系统	型钢复合架空模块		40	400×2400
	水泥板复合架空模块		40	600×600、 600×1200
分层类采暖 架空地面系统	板材支撑 架空模块	基层板	16、18、20、25	600×600、 600×1200
		采暖层	25、30、40	
	网格支撑架空模块	基层板	30、40、50	600×600、 600×1200
		采暖层	25、30、40	

当采用非采暖架空地面系统时，可分为型钢复合类、板材支撑类及网格支撑类，如图 4.0.5-4 和表 4.0.5-7 所示。

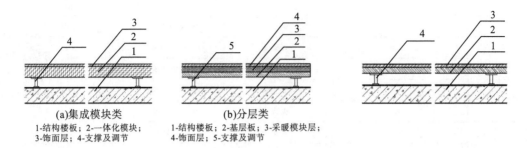

(a)集成模块类
1-结构楼板；2-一体化模块；
3-饰面层；4-支撑及调节

(b)分层类
1-结构楼板；2-基层板；3-采暖模块层；
4-饰面层；5-支撑及调节

图 4.0.5-3 采暖架空地面系统构造示意图   图 4.0.5-4 非采暖架空地面系统构造示意图

1-结构楼板；2-基层板；3-饰面层；4-支撑及调节

表 4.0.5-7 非采暖架空地面系统优先尺寸   （单位：mm）

序号	产品名称	优先尺寸	
		模块厚度	模块规格
1	型钢复合架空模块	30	400×2400
2	板材支撑架空模块	16、18、20、25	600×600、600×1200
3	网格支撑架空模块	30、40、50	600×600、600×1200

装配式吊顶系统包括石膏板吊顶、金属板吊顶、无机板吊顶等。板材优先尺寸可参照表 4.0.5-8 执行。

表 4.0.5-8 吊顶系统板材优先尺寸   （单位：mm）

类型	基材优先尺寸	
	长	宽
石膏板	2400、2700、3000	1200
金属单板	300、450、600、900、1200、1800	300、450、600
金属复合板	2000、2400、3000、3200	1000、1200、1500、1750
矿棉板	300、600、900、1200、1500、1800、2100、2400	300、400、600
硅酸钙板	1200、1800、2100、2400	300、400、600
玻镁板	2100、2400、2700	400、600、900

注：①石膏板厚度优先尺寸为 9mm、12mm；
②金属单板厚度优先尺寸为 0.6mm、0.8mm；
③由于无机板材类型多样，工艺不同，厚度尺寸可根据需求选用产品。

门窗的设计尺寸应采用门窗洞口宽度和高度的标志尺寸，即门窗洞口的净宽和净高，门窗宽度和高度的尺寸数列宜为基本模数 $1M$ 的倍数，其优先尺寸可参照表 4.0.5-9～表 4.0.5-11 执行。

表 4.0.5-9   各部位门优先尺寸   （单位：mm）

部位	宽度	高度		
		2100	2200	2300
户门	1100	★★★	★★★★★	
	1200	★★★	★★★★★	
	1300		★★★★★	
卧室门	900	★★★	★★★★★	
	1000	★★★	★★★★★	
厨房门	800	★★★	★★★★	
	900	★★★★	★★★★	
	1500	★★★★	★★★★★	
卫生间门	800	★★★	★★★★	/
	900	★★★★	★★★★	/
阳台门（单扇）	700	★★★★	★★★	★★★
	800	★★★★	★★★★★	★★★
	900	★★★★	★★★★★	★★★

注："★"数量代表推荐程度，"/"代表不建议采用尺寸。

表 4.0.5-10   单元门优先尺寸   （单位：mm）

部位	宽度	高度				
		2100	2200	2300	2400	2500
单元门	1500	★★★★★	★★★★	★★★	★★★	★★★
	1800	★★★★★	★★★	★★★	★★★	★★★

注："★"数量代表推荐程度。

表 4.0.5-11   窗的优先尺寸   （单位：mm）

部位	宽度	高度	
		1400	1500
卫生间	600	★★★★★	★★★★★
	650	★★★★★	★★★★★
	700	★★★★★	★★★★★
	750	★★★★	★★★★★
厨房	700	★★★★	★★★★★
	900	★★★★★	★★★★★
	1200	★★★★	★★★★★
	1500	★★★★	★★★★★

注："★"数量代表推荐程度。

集成式厨房墙面、地面、顶面的优先尺寸应符合装配式隔墙及墙面系统、装配式地面系统及装配式顶面系统的规定。

集成式厨房橱柜家具的优先尺寸可参照表 4.0.5-12 执行。

表 4.0.5-12 橱柜的优先尺寸 （单位：mm）

类型	尺寸
地柜台面的高度(完成面)	800、850、900
地柜的深度	550、600、650
辅助台面的高度(完成面)	800、850、900
辅助台面的深度	300、350、400、450
吊柜的高度	700、750、800
吊柜的深度	300、350

集成式厨房的优先尺寸可参照表 4.0.5-13～表 4.0.5-17 执行，并与图 4.0.5-5～图 4.0.5-8 对应。

表 4.0.5-13 集成式厨房优先尺寸 （单位：mm）

型号	长度	宽度			
		1500	1800	2100	2400
单排型	2700	★★★★		★★★★★	/
	3000	★★★★		/	/
	3200	★★★★★		/	/
双排型	2400	/		★★★★★	
	2700	/		★★★★	★★★★★
	3000	/		★★★★	
L 型	2100	★★★★		★★★★★	/
	2700	★★★★★	★★★★		/
	3000		★★★★		
U 型	2700	/		★★★★	★★★★★
	3000	/	★★★★★	★★★★	★★★★★

注："★"数量代表推荐程度，"/"代表不建议采用尺寸。

表 4.0.5-14 单排型集成式厨房优先尺寸 （单位：mm）

类型	宽度	长度
1	1500	2700
2	1500	3000
3	1500	3200
4	2100	2700

表 4.0.5-15　双排型集成式厨房优先尺寸　　　　　（单位：mm）

类型	宽度	长度
1	2100	2400
2	2100	2700
3	2100	3000
4	2400	2700

表 4.0.5-16　L 型集成式厨房优先尺寸　　　　　（单位：mm）

类型	宽度	长度
1	1500	2100
2	1500	2700
3	1800	2700
4	1800	3000
5	2100	2100

表 4.0.5-17　U 型集成式厨房优先尺寸　　　　　（单位：mm）

类型	宽度	长度
1	1800	3000
2	2100	2700
3	2100	3000
4	2400	2700
5	2400	3000

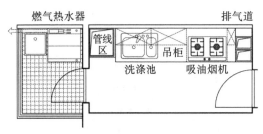

图 4.0.5-5　单排型集成式厨房典型布置

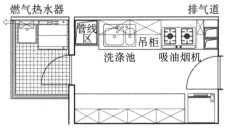

图 4.0.5-6　双排型集成式厨房典型布置

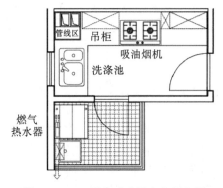

图 4.0.5-7　L 型集成式厨房典型布置

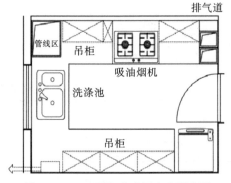

图 4.0.5-8　U 型集成式厨房典型布置

装配式卫生间按标准化程度和集成化程度，可分为集成卫生间和整体卫生间两种。具体系统分类可参照表 4.0.5-18 执行。

表 4.0.5-18　装配式卫生间系统分类

分类	支撑方式	部位	产品类型
集成卫生间	壁板、底盘和顶板等材料需固定在基层墙体、顶面和地面上	墙面	如硅酸钙饰面板、复合瓷砖壁板、复合岩板壁板、复合石材壁板等
		地面	如合成树脂材料一体防水底盘、复合瓷砖地面、复合石材地面等
		顶面	如金属板、其他无机板等
整体卫生间	具备独立支撑体系，可不与卫生间的围合墙体发生连接固定关系	墙面	如 SMC 模压壁板、复合彩钢壁板、复合瓷砖壁板、复合岩板壁板、复合石材壁板等
		地面	如 FRP/SMC 模压防水盘、复合瓷砖防水盘、复合石材防水盘等
		顶面	如 SMC 模压顶板、复合金属顶板等

注：①SMC（sheet molding compound）指片片状模塑料；
　　②FRP（fiber reinforced polymer，or fiber reinforced plastic）指纤维增强复合材料。

装配式卫生间平面组合优先尺寸可按表 4.0.5-19 执行，并与图 4.0.5-9～图 4.0.5-12 对应。

表 4.0.5-19　装配式卫生间平面组合优先尺寸　（单位：mm）

类型	长度	宽度							
		1200	1400	1600	1800	2000	2200	2400	2600
单功能：淋浴型/如厕型/洗漱型	800	★★★				/	/	/	/
	900		★★★			/	/	/	/
	1000					/	/	/	/
双功能：淋浴（盆浴）、如厕型	1200	/		★★★				/	/
	1300	/						/	/
	1400	/		★★★★	★★★★★			/	/
	1600	☆☆☆	☆☆☆☆		★★★★			/	/
三功能：淋浴（盆浴）、如厕、洗漱型	1400	/	/	/	/	★★★		★★★	★★★
	1600	/	/	★★★	★★★	★★★	★★★	★★★★
	1800	/	/	☆☆☆	★★★★★	★★★★	★★★★★		★★★★
	2000	/	☆☆☆	☆☆☆	☆☆☆☆		★★★★		
多功能：淋浴（盆浴）、如厕、洗漱、洗衣型	1400	/	/	/	/				
	1600	/	/	/	/				★★★★
	1800	/	/	/	/				★★★★

注：①高度不宜低于 2200mm；
　　②本尺寸为净空尺寸；
　　③"★"数量代表推荐程度，"/"代表不建议采用尺寸；
　　④"☆"代表表格中重复出现的尺寸，即五星推荐卫生间主要尺寸数量为 3 种，四星推荐卫生间主要尺寸数量为 8 种，三星推荐卫生间主要尺寸数量为 10 种。

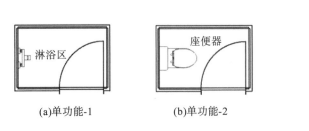

(a)单功能-1   (b)单功能-2

图 4.0.5-9 单功能卫生间典型布置   图 4.0.5-10 双功能卫生间典型布置

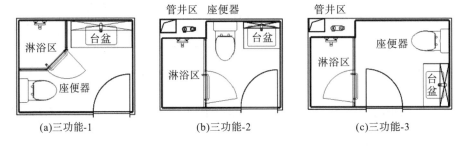

(a)三功能-1   (b)三功能-2   (c)三功能-3

图 4.0.5-11 三功能卫生间典型布置

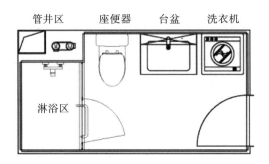

图 4.0.5-12 多功能卫生间典型布置

整体收纳空间的水平方向及竖向宜采用基本模数，并以 $M/10$ 为模数增量。其优先尺寸可参照表 4.0.5-20～表 4.0.5-24 执行。

表 4.0.5-20 玄关收纳部品优先尺寸   (单位：mm)

名称	长度	深度	高度
鞋柜	600、900、1200	170、240、350、400	800、900
衣帽柜	900、1200	450、600	2200、2400
组合柜	900、1200	350、400、450、600	2200、2400

表 4.0.5-21　起居室收纳部品优先尺寸　　　　（单位：mm）

名称	长度	深度	高度
功能柜	600、900、1200、1800、2100	350、400、450	400、600、1800
展示柜	300、450、600、750、900	350、400	2400
书柜	1000、1200、1500、1800	350、400	1800

表 4.0.5-22　卧室收纳部品优先尺寸　　　　（单位：mm）

名称	长度	深度	高度
衣柜	600、900、1200、1500、1800	550、600	2200、2400

表 4.0.5-23　书房收纳部品优先尺寸　　　　（单位：mm）

名称	长度	深度	高度
书桌柜	600、750、900、1200	300、350、400	900、2400

表 4.0.5-24　阳台收纳部品优先尺寸　　　　（单位：mm）

名称	长度	深度	高度
收纳柜	750、900、1200、1500	600	1100、2400

4.0.6　建筑设备管线宜与建筑结构分离，并符合下列要求：

　　1　竖向管线宜集中敷设于管道井内，水平管线宜敷设在设备层、管线夹层或吊顶空间中，干支管线宜同层敷设，减少平面交叉；

　　2　装配式混凝土建筑的设备和管线设计应与建筑设计同步进行，预留预埋应满足结构专业相关要求，不得在安装完成后的预制构件上剔凿沟槽、打孔开洞等；

　　3　暗埋或穿越时，横向布置的管线及配件应结合建筑垫层进行设计，或者在预制墙板、楼板内预留孔洞或套管；竖向布置的管线及配件应在预制墙板、楼板中预留沟槽、孔洞或套管。

【条文说明扩展】

　　当管道井门前空间作为检修空间使用时，管道井进深可为 300～500mm，宽度可根据管道数量和布置方式确定，其优先尺寸可按表 4.0.6-1 执行。

表 4.0.6-1　公共管道井优先尺寸　　　　（单位：mm）

项目	优先尺寸
宽度	400、500、600、800、900、1000、1200、1500、1800、2100
深度	300、350、400、450、500、600、800

装配式墙面和隔墙可采用架空方式，用螺栓或龙骨等形成空腔，满足墙面管线分离和调平要求，但应注意在管线集中部位设置检修口，如图 4.0.6-1 所示。

装配式吊顶的架空空腔亦可铺设管线、安装灯具等，以方便维护和更换相应的管线和设备。同时，可结合装修方案设置全屋吊顶或局部吊顶，如图 4.0.6-2 所示。

图 4.0.6-1 架空墙面螺栓和管线示意图　　　图 4.0.6-2 架空吊顶示意图

当装配式楼地面采用架空地板系统时，架空空间可敷设管线，在有供暖要求时，可采用干式地暖地面系统，其中架空空腔高度应根据集成的管线种类、管径尺寸、敷设路径、设置坡度等因素确定，完成面高度除与架空空腔高度和楼地面的支撑层、饰面层厚度有关外，还取决于是否集成了地暖以及所集成的地暖产品规格种类，如图 4.0.6-3 所示。同时，为便于检修，应在适当部位设置检修口。

图 4.0.6-3 架空地面示意图

4.0.7　绿色建筑设计应优先应用绿色建材。

【条文说明扩展】

绿色建材是在全生命周期内可减少对资源的消耗、减轻对生态环境的影响，具有节能、减排、安全、健康、便利和可循环特征的建材产品。绿色建材产品由低到高分为一星级、二星级和三星级。

我国绿色建材先后经历两个阶段,即绿色建材评价阶段、绿色建材产品认证阶段。绿色建材产品认证是绿色建材评价标识工作的延续和发展,自 2021 年 5 月 1 日起,由"评价"转为"认证",主管部门转变为市场监管总局、住房城乡建设部、工业和信息化部三部门联动。

目前,纳入我国绿色建材产品认证范围的产品共涉及 4 大类 52 小类,具体如下:

(1)主体及围护结构工程用材主要涉及预拌混凝土、预拌砂浆、砌体材料、石材、防水密封材料、保温隔热材料、混凝土构配件、钢结构构件、轻钢龙骨、木结构用木构件、节能门窗、遮阳制品、集成房屋、结构修复材料、固废再生材料及制品、施工辅助机具及产品等;

(2)装饰装修工程用材主要涉及吊顶及配件、节能灯具、墙面涂料、装配式集成墙面、环保型壁纸(布)、建筑装饰板、装修用木制品、石膏装饰材料、抗菌净化材料、建筑陶瓷制品、地坪材料、整体橱柜、节水型卫生洁具等;

(3)机电安装工程用材主要涉及管材管线、水处理设备、发光二极管(light emitting diode,LED)照明产品、采光产品及系统、光伏发电系统、强电及配套系统、电气控制系统、智能电梯及传输系统、控制计量系统、新风净化设备及其系统、采暖空调设备及其系统、热泵产品及其系统、辐射供冷设备及其系统、蓄能材料及其装置、热交换器、设备隔振降噪装置、电缆桥架槽道等;

(4)室外工程用材主要涉及屋顶绿化材料、雨水收集回用系统、机械停车设备、建筑及园林用木竹材料、透水铺装材料、建筑垃圾处置系统等。

绿色建材产品认定应通过国家或各省市建立的绿色建材采信应用数据库进行查询或属于国家认证认可监督管理委员会发布的 12 种绿色建材产品名录。通过绿色建材产品认证的建材一般可认为达到三星级绿色建材产品的要求。绿色建筑设计应优先采用绿色建材。

5 暖通空调与可再生能源利用

5.0.1　建筑能耗计算分析应基于建筑设计资料，确定与设计相一致的围护结构信息、设备信息、运行管理信息及计算工具，进行计算。能耗分析报告除应注明上述相关信息外，还应明确对计算工具中对计算结果产生影响的相关取值设定。

【条文说明扩展】

本条针对建筑能耗分析中影响计算结果的关键内容进行了明确，这些内容信息的确定，是确保计算结果准确的关键，也是确保计算结果与设计相一致的关键，而在计算分析中，对于会影响计算结果的参数设置，为了在进行评价时专家能够做出正确的判断，也应在报告中明确告知相关参数的取值。

建筑供暖和空调系统能耗应包括冷热源、输配系统及末端空气处理设备的能耗；建筑通风系统能耗应包括除消防及事故通风外的机械通风设备能耗；照明系统能耗应包括居住建筑公共空间或公共建筑的照明系统能耗。

设计系统和参照系统的建筑围护结构性能参数应按设计建筑围护结构设置。照明功率密度、照明开关时间、设备功率密度、设备逐时使用率、人员密度及散热量、人员逐时在室率等的设置应符合《民用建筑绿色性能计算标准》(JGJ/T 449—2018)附录 C 的规定。

建筑能耗模拟的规范性建模步骤如图 5.0.1-1 所示。

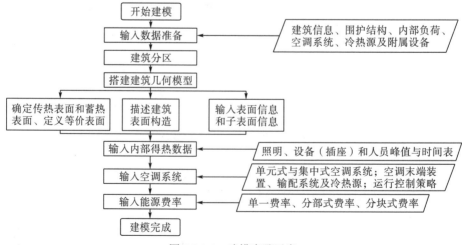

图 5.0.1-1　建模步骤示意

5.0.2 建筑通风设计宜基于本指南 3.0.2 模拟结果，分别确定场地在主导风向与典型季节风向时的室外风环境状态，综合利用室内外条件实现自然通风。

1 自然通风设计应首先分析对象所在建筑的外立面风压分布图，并根据建筑周围环境、建筑布局、建筑构造、太阳辐射、室内热源等，通过中庭、幕墙、风塔、门窗、屋顶等构件的优化设计，合理确定自然通风路径。

2 在自然通风效果分析时，应根据外窗形式确定其可开启方式和面积。分析对象应以户为单位，包括场地内各个方位、各个朝向上的典型户型。

3 当室内无法形成流畅的通风路径时，宜设置辅助通风装置以加强建筑的自然通风性能。

4 当采用复合通风时，机械通风应与自然通风相互促进，同时不应破坏自然通风路径。

【条文说明扩展】

（一）技术原理

自然通风是指依靠室外风力造成的风压和室内外空气温度差造成的热压，促使空气流动，使得建筑室内外空气进行交换的一种通风方式。自然通风按照通风原理分可分为风压通风、热压通风以及风压、热压混合通风三种形式。风压通风是指由于空气流动，在建筑物迎风面形成正压，在建筑物背风面形成负压，空气压差所形成的通风形式；热压通风是指由于空气密度不同所造成的竖向压差而形成的通风形式；混合通风是指既包含热压通风形式又包含风压通风形式。建筑自然通风常为风压通风，其计算公式如下：

$$\Delta p = \xi \frac{v^2}{2} \rho$$

式中，Δp ——窗口两侧压力差，Pa；

v ——空气流过窗口时的流速，m/s；

ρ ——空气的密度，kg/m³；

ξ ——窗口的局部阻力系数。

上式可改写为

$$v = \sqrt{\frac{2\Delta p}{\xi\rho}} = \mu\sqrt{\frac{2\Delta p}{\rho}}$$

式中，μ ——窗口的流量系数，$\mu = \sqrt{\frac{1}{\xi}}$，$\mu$ 值的大小与窗口的构造有关，一般小于 1。

通过窗口的空气流量为

$$Q = vF = \mu F\sqrt{\frac{2\Delta p}{\rho}}$$

空气质量换气量为

$$G = \rho Q = \mu F \sqrt{2\Delta p \rho}$$

式中，F ——窗口的面积，m^2；

Q——空气体积换气量，m^3/s；

G ——空气质量换气量，kg/s。

（二）实施策略

自然通风设计分析应首先确定场地的区域风环境状态，综合利用室内外条件实现自然通风。自然通风设计应首先分析对象所在建筑的外立面风压分布图，确定自然通风路径，在自然通风设计时，应根据建筑周围环境、建筑布局、建筑构造、太阳辐射、室内热源等，通过中庭、双层幕墙、风塔、门窗、屋顶等构件的优化设计，确定自然通风路径。

1. 自然通风设计

1）建筑排列

建筑密度、建筑朝向、建筑布局形式等，将影响室外的通风效果，如图 5.0.2-1 和图 5.0.2-2 所示。

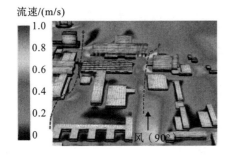
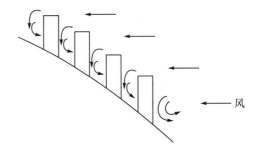

图 5.0.2-1　建筑布局形成通风廊道　　　　图 5.0.2-2　高低错落的空间布局

2）建筑形体

建筑物的形状和尺寸对室外风环境影响很大，宜合理调整建筑的高宽比，使得建筑物周围迎风面与背风面的压力合理分布，并避免背风面形成漩涡区，如图 5.0.2-3 和图 5.0.2-4 所示。

另外，尖锐的建筑边界具有流速放大效应，还可以通过流线型设计降低风速的放大系数，部分建筑也可通过流线型设计减少建筑的风荷载。

3）首层架空

环境风绕过建筑时，迎风面和背风面将形成压差。通过在建筑底部架空或开通风廊道，由于建筑前后的压差将形成风的加速效应，形成自然通风效果，如图 5.0.2-5 所示。

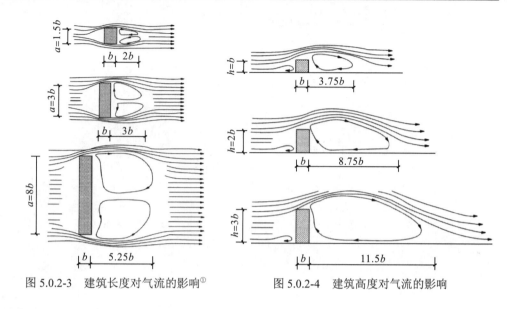

图 5.0.2-3　建筑长度对气流的影响[①]　　　　　图 5.0.2-4　建筑高度对气流的影响

4）绿化导风和防风

为了缓解冬季某些区域风速过大的情形，在空地上可以通过布置一些树木，达到缓解建筑迎风面与背风面压差过大的情形。

2. 建筑单体自然通风设计

建筑单体可通过单侧通风、贯流通风、捕风器（塔）、中庭通风、太阳能辅助通风、文丘里效应等措施来实现建筑自然通风的设计，而通风效果可以通过风洞模型试验、CFD 模拟计算等手段来评估设计效果。

1）单侧通风

单侧通风的房间深度应该小于高度的 2.5 倍。加大外窗可开启面积，多层住宅外窗宜采用平开窗，增强室内自然通风，如图 5.0.2-6 所示。

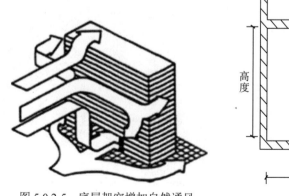

图 5.0.2-5　底层架空增加自然通风

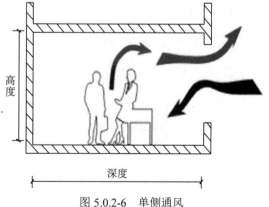

图 5.0.2-6　单侧通风

---

① 龙淮定，武涌. 建筑节能技术[M]. 北京：中国建筑工业出版社，2009.

2）贯流通风

通过开窗位置和大小，以及平面布局来实现贯流通风。为了达到通风效果，贯流通风的深度一般要小于建筑高度的 5 倍，如图 5.0.2-7 所示。

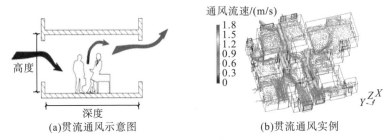

(a)贯流通风示意图   (b)贯流通风实例

图 5.0.2-7　贯流通风

3）捕风器

在建筑屋顶面对来流方向设置捕风器，用以拦截气流并将其引导进入室内，如图 5.0.2-8 所示。

图 5.0.2-8　捕风器通风

4）中庭通风

当建筑进深过大，或有热压可利用时，可设置中庭进行自然通风，如图 5.0.2-9 所示。

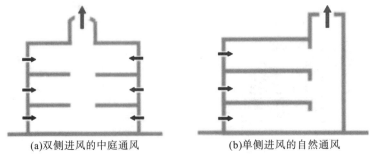

(a)双侧进风的中庭通风   (b)单侧进风的自然通风

图 5.0.2-9　中庭通风

5) 太阳能辅助通风

烟囱效应是利用高差和太阳能加热所形成的密度差形成的空气流动形式。合理设置太阳能烟囱，有利于节约能源，实现自然通风效果，如图 5.0.2-10 所示。

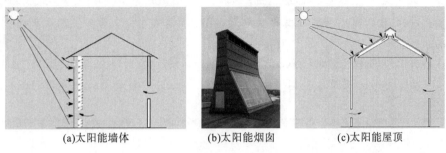

(a)太阳能墙体　　　　　　(b)太阳能烟囱　　　　　　(c)太阳能屋顶

图 5.0.2-10　太阳能辅助通风

6) 文丘里效应

文丘里效应是受限气流通过缩小断面产生局部加速，静压减少的现象。由于局部的静压减小，屋顶下面的空气将被倒吸出来，从而加强自然通风效果，如图 5.0.2-11 所示。

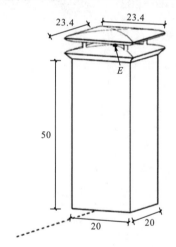

图 5.0.2-11　文丘里效应增强自然通风(单位：m)

3. 复合通风设计

(1)采用复合通风时，复合通风中的机械通风应与自然通风相互促进，同时不应破坏自然通风路径。

(2)复合通风中的自然通风量不宜低于联合运行风量的 30%。复合通风系统设计参数及运行控制方案应经技术经济和节能综合分析后确定。

(3)复合通风通风量计算及其关于复合通风的实施要求可参考《大型公共建筑自然通风应用技术标准》(DBJ50/T 372—2020)和《住宅通风设计标准》(T/CSUS 02—2020)等相关标准。

5.0.3　暖通空调系统中空气净化措施的应用应满足下列规定：

1 所采用的空气过滤器可以达到的净化等级应按照现行国家标准《空气过滤器》（GB/T 14295—2019）中对阻力、效率、容尘量等性能的规定进行确定；

2 通风用空气净化装置的性能应依据国家标准《通风系统用空气净化装置》（GB/T 34012—2017）中对空气净化装置对颗粒物、气态污染物和微生物的净化效率的规定进行确定；

3 单体式空气净化器的性能指标应依据国家标准《空气净化器》（GB/T 18801—2022）中对空气净化器的洁净空气量、累计净化量、净化能效等性能参数的规定进行确定。

【条文说明扩展】

国家标准主要包括《室内空气质量标准》（GB/T 18883—2022）、《绿色建筑评价标准》（GB/T 50378—2019）、《民用建筑工程室内环境污染控制标准》（GB 50325—2020）以及《健康建筑评价标准》（T/ASC 02—2021）。对各种污染物的浓度具有详细的控制要求。

1. 空气过滤器的性能要求及应用

空气过滤器的过滤效率是应用中最重要的指标之一，直接关系到送入室内空气的质量。国家标准《空气过滤器》（GB/T 14295—2019）中对空气过滤器的阻力、效率、容尘量等性能进行了规定。空气过滤器额定风量下的阻力和效率如表 5.0.3-1 所示。对于标称颗粒物净化效率的产品，GB/T 14295—2019 规定空气过滤器的标称效率值与实测效率值之差不应大于 5%。

表 5.0.3-1　空气过滤器额定风量下的阻力和效率

效率级别	代号	迎面风速/(m/s)	额定风量下的效率 E/%		额定风量下的初阻力 ΔP_i/Pa	额定风量下的终阻力 ΔP_f/Pa
粗效 1	C1	2.5	标准试验尘计重效率	50>E≥20	≤50	200
粗效 2	C2			E≥50		
粗效 3	C3		计数效率（粒径≥2.0μm）	50>E≥10		
粗效 4	C4			E≥50		
中效 1	Z1	2.0	计数效率（粒径≥0.5μm）	40>E≥20	≤80	300
中效 2	Z2			60>E≥40		
中效 3	Z3			70>E≥60		
高中效	GZ	1.5		95>E≥70	≤100	
亚高效	YG	1.0		99.9>E≥95	≤120	

2. 通风用空气净化装置的性能要求及应用

通风用空气净化装置是指对通风系统空气中的空气污染物具有一定去除能力的装置。国家标准《通风系统用空气净化装置》(GB/T 34012—2017)中对空气净化装置对颗粒物、气态污染物和微生物的净化效率进行了规定。初始状态下，空气净化装置额定风量时对空气污染物的净化效率应符合表 5.0.3-2 的规定，且实测值不应小于标称值的 95%。

表 5.0.3-2　空气净化装置额定风量下各种空气污染物的净化效率(%)

	净化效率等级	PM2.5 净化效率	气态污染物净化效率	微生物净化效率
颗粒物型	A	$E_{PM2.5}>90$	—	—
	B	$70<E_{PM2.5}\leqslant90$	—	—
	C	$50<E_{PM2.5}\leqslant70$	—	—
	D	$20<E_{PM2.5}\leqslant50$	—	—
气态污染物型	A	—	$E_Q>60$	—
	B	—	$40<E_Q\leqslant60$	—
	C	—	$20<E_Q\leqslant40$	—
微生物型	A	—	—	$E_W>90$
	B	—	—	$70<E_W\leqslant90$
	C	—	—	$50<E_W\leqslant70$
	D	—	—	$20<E_W\leqslant50$

注：对于复合型空气净化装置，满足颗粒物型、气态污染物型和微生物型中任意两类即可评价，同时按不同作用对象分别标定等级。

3. 单体式空气净化器的性能要求及应用

空气净化器是指对空气中的颗粒物、气态污染物、微生物等一种或多种污染物具有一定去除能力的家用和类似用途的电器。国家标准《空气净化器》(GB/T 18801—2022)中对空气净化器的洁净空气量、累计净化量、净化能效等性能进行了规定。在选择空气净化器时主要考虑洁净空气量和累计净化量。

洁净空气量是指空气净化器在额定状态和规定的试验条件下，对目标污染物(颗粒物和气态污染物)净化能力的参数，表示空气净化器提供洁净空气的速率。GB/T 18801—2022规定，空气净化器针对颗粒物和气态污染物的洁净空气量实测值不应小于标称值的 90%，颗粒物的洁净空气量按式(5.0.3-1)进行计算。

$$Q=60\times(k_e-k_n)\times V \tag{5.0.3-1}$$

式中，Q——洁净空气量，m^3/h;

k_e——总衰减常数，min^{-1}；

k_n——自然衰减常数，min^{-1}；

V——试验舱容积，m^3。

在实际选用空气净化器时，可根据不同的房间面积选择适宜的洁净空气量的空气净化器，根据《空气净化器》(GB/T 18801—2022)附录 F，选用空气净化器的适用面积计算如下：

$$S = (0.07 \sim 0.12)Q \qquad (5.0.3\text{-}2)$$

式中，S——空气净化器的适用面积，m^2；

Q——洁净空气量，m^3/h。

式(5.0.3-2)是针对重度污染情况下使用净化器的建议适用面积，当室外污染较低或非常严重时，可适当增加或减小该式的系数。当考虑室内污染源时，可适当减小该式的系数。

累计净化量是空气净化器在额定状态和规定的试验条件下，对目标污染物(颗粒物和气态污染物)累计净化能力的参数。它表示空气净化器的洁净空气量衰减至初始值的 50% 时，累计净化处理的目标污染物总质量。GB/T 18801—2022 附录 D 给出了净化器对颗粒物和气态污染物的累计净化量分档，如表 5.0.3-3 和表 5.0.3-4 所示。

表 5.0.3-3　净化器对颗粒物累计净化量区间分档　　　　(单位：mg)

区间分档	累计净化量$M_{颗粒物}$
P1	$3000 \leqslant M_{颗粒物} < 5000$
P2	$5000 \leqslant M_{颗粒物} < 8000$
P3	$8000 \leqslant M_{颗粒物} < 12000$
P4	$12000 \leqslant M_{颗粒物}$

注：实测$M_{颗粒物}$小于3000mg时，不对其进行累计净化量评价。

表 5.0.3-4　净化器对典型气态污染物甲醛累计净化量区间分档　　　　(单位：mg)

区间分档	累计净化量$M_{甲醛}$
F1	$300 \leqslant M_{甲醛} < 600$
F2	$600 \leqslant M_{甲醛} < 1000$
F3	$1000 \leqslant M_{甲醛} < 1500$
F4	$1500 \leqslant M_{甲醛}$

注：实测$M_{甲醛}$小于300mg时，不对其进行累计净化量评价。

根据《空气净化器》(GB/T 18801—2022)附录 G，在稳态条件下，空气净化器工作 t h，空气净化器处理的颗粒物质量按式(5.0.3-3)计算。空气净化器选用时，可根据空气净化器的累计净化量计算空气净化器的使用时间。

$$m_{AC} = \left[k_v P_p c_{out} - \left(k_0 + k_v \right) c_t \right] S \times h \times t \qquad (5.0.3\text{-}3)$$

式中，m_{AC}——空气净化器处理的颗粒物质量，mg/m^3；

k_v ——建筑物换气次数，h^{-1}；

P_p ——建筑物对颗粒物的穿透系数；

c_{out} ——室外的颗粒物浓度，mg/m^3；

k_0 ——颗粒物的自然沉降率，h^{-1}；

c_t ——室内要求的颗粒物浓度，mg/m^3；

S ——房间面积，m^2；

h ——房间高度，m；

t ——空气净化器工作时间，h。

5.0.4 人工冷热源环境应通过调节控制室内温度、湿度、空气流速等参数，室内热环境指标满足整体评价指标要求；对于需满足局部评价指标要求的环境，还应控制垂直温差、地板表面温度等参数。

【条文说明扩展】

（一）技术原理

室内热环境是指空气温度、空气湿度、气流速度和环境热辐射。舒适的室内环境有助于人的身心健康，进而提高学习、工作效率；而当人处于过冷、过热环境中时，会引起疾病。适宜的室内热环境是指室内空气温度、湿度、气流速度以及环境热辐射适当，使人体易于保持热平衡，从而感到舒适的室内环境条件。在设计过程中必须注意到以上因素对绿色建筑的影响。

整体评价指标应包括 PMV、PPD；局部评价指标应包括冷吹风感引起的局部不满意率（LPD_1）、垂直空气温度差引起的局部不满意率（LPD_2）和地板表面温度引起的局部不满意率（LPD_3）。

《民用建筑室内热湿环境评价标准》（GB/T 50785—2012）第 4.2.4 条，对于人工冷热源热湿环境的评价等级，整体评价指标应符合表 5.0.4-1 的规定，局部评价指标应符合表 5.0.4-2 的规定。

表 5.0.4-1 整体评价指标

等级	整体评价指标	
Ⅰ级	PPD≤10%	−0.5≤PMV≤0.5
Ⅱ级	10%<PPD≤25%	−1≤PMV<−0.5 或 0.5<PMV≤1
Ⅲ级	PPD>25%	PMV<−1 或 PMV>1

表 5.0.4-2 局部评价指标

等级	局部评价指标		
	LPD$_1$	LPD$_2$	LPD$_3$
Ⅰ级	LPD$_1$<30%	LPD$_2$<10%	LPD$_3$<15%
Ⅱ级	30%≤LPD$_1$<40%	10%≤LPD$_2$<20%	15%≤LPD$_3$<20%
Ⅲ级	LPD$_1$≥40%	LPD$_2$≥20%	LPD$_3$≥20%

（二）实施策略

采用暖通空调系统控制室内热湿环境，相关参数满足《民用建筑室内热湿环境评价标准》（GB/T 50785—2012）相关规定。暖通空调系统的设计参考《民用建筑供暖通风与空气调节设计规范 附条文说明[另册]》（GB 50736—2012）及《公共建筑节能设计标准》（GB 50189—2015）相关条文规定。

（1）供暖室内设计温度应符合下列规定：

（a）严寒地区和寒冷地区主要房间应采用 18～24℃；

（b）夏热冬冷地区主要房间宜采用 16～22℃；

（c）设置值班供暖房间不应低于 5℃。

（2）舒适性空调室内设计参数应符合下列规定：

（a）人员长期逗留区域空调室内设计参数应符合表 5.0.4-3 的规定。

表 5.0.4-3 人员长期逗留区域空调室内设计参数

类型	热舒适度等级	温度/℃	相对湿度/%	风速/(m/s)
供热工况	Ⅰ级	22～24	≥30	≤0.2
	Ⅱ级	18～22	—	≤0.2
供冷工况	Ⅰ级	24～26	40～60	≤0.25
	Ⅱ级	26～28	≤70	≤0.3

注：①Ⅰ级热舒适度较高，Ⅱ级热舒适度一般；
②热舒适度等级划分按《民用建筑供暖通风与空气调节设计规范 附条文说明[另册]》（GB 50736—2012）第 3.0.4 条确定。

（b）人员短期逗留区域空调供冷工况室内设计参数宜比长期逗留区域提高 1～2℃，供热工况宜降低 1～2℃，短期逗留区域供冷工况风速不宜大于 0.2m/s，供热工况风速不宜大于 0.3m/s。

（3）工艺性空调室内设计温度、相对湿度及其允许波动范围，应根据工艺需要及健康要求确定。人员活动区的风速，供热工况时，不宜大于 0.3m/s；供冷工况时，宜采用 0.2～0.5m/s。

（4）辐射供暖室内设计温度宜降低 2℃；辐射供冷室内设计温度宜提高 0.5～1.5℃。

（5）设计最小新风量应符合下列规定：

（a）公共建筑主要房间每人所需最小新风量应符合表 5.0.4-4 的规定。

表 5.0.4-4　公共建筑主要房间每人所需最小新风量　（单位：m³/(h·人)）

建筑房间类型	新风量
办公室	30
客房	30
大堂、四季厅	10

(b) 设置新风系统的居住建筑和医院建筑，所需最小新风量宜按换气次数法确定。居住建筑设计新风量最小换气次数宜符合表 5.0.4-5 的规定；医院建筑设计新风量最小换气次数宜符合表 5.0.4-6 的规定。

表 5.0.4-5　居住建筑设计新风量最小换气次数

人均居住面积 F_p/m²	每小时换气次数
$F_p \leqslant 10$	0.70
$10 < F_p \leqslant 20$	0.60
$20 < F_p \leqslant 50$	0.50
$F_p > 50$	0.45

表 5.0.4-6　医院建筑设计新风量最小换气次数

功能房间	每小时换气次数
门诊室	2
急诊室	2
配药室	5
放射室	2
病房	2

(c) 高密度人群建筑每人所需最小新风量应按人员密度确定，且应符合表 5.0.4-7 的规定。

表 5.0.4-7　高密度人群建筑每人所需最小新风量　（单位：m³/(h·人)）

建筑类别	人员密度 P_F		
	$P_F \leqslant 0.4$ 人/m²	0.4 人/m² $< P_F \leqslant 1.0$ 人/m²	$P_F > 1.0$ 人/m²
影剧院、音乐厅、大会厅、多功能厅、会议室	14	12	11
商场、超市	19	16	15
博物馆、展览厅	19	16	15
公共交通等候室	19	16	15
歌厅	23	20	19
酒吧、咖啡厅、宴会厅、餐厅	30	25	23

续表

建筑类别	人员密度 P_F		
	$P_F \leq 0.4$ 人/m²	0.4 人/m² $< P_F \leq 1.0$ 人/m²	$P_F > 1.0$ 人/m²
游戏厅、保龄球房	30	25	23
体育馆	19	16	15
健身房	40	38	37
教室	28	24	22
图书馆	20	17	16
幼儿园	30	25	23

5.0.5　室内气流组织设计主要包括确定送回风方式、确定送回风参数、选取和布置风口等，气流组织设计应满足：

**　　1 合理的气流组织形式应根据需求确保速度场、温度场分布均匀，人员无吹风感；**

**　　2 气流组织设计时应根据温度、湿度、风速和洁净度以及 ADPI 等要求，针对人员活动范围，结合内部装修、工艺、家具布置予以分析确定。**

【条文说明扩展】

（一）技术原理

室内气流组织是对室内空间空气的流动与分布进行合理组织分配，使室内空气温度、湿度、速度和洁净度能更好地满足工艺要求及人员舒适度的要求。室内气流组织是否合理，不仅直接影响房间的空调效果，也影响空调系统的能耗量。

气流组织设计的内容包括确定送回风方式、确定送回风参数、选取和布置风口等。常见的送风方式有侧向送风、孔板送风、喷口送风、散流器送风、地板送风等，常见的送回风组织类型有上侧送下侧回、顶送下侧回、底送顶回、底送上侧回等。

合理的气流组织形式应根据需求确保气流扩散均匀、温度分布均匀，人员无吹风感。气流组织设计时应根据温度、湿度、风速和洁净度以及 ADPI 等要求，针对人员活动范围，结合内部装修、工艺、家具布置予以分析确定。

（二）实施策略

1. 侧向送风

在房间内横向送出气流的风口称为侧送风口，一般以贴附射流的形式出现，工作区通常是回流区，具有射程长、射流温度和速度衰减充分的优点。管道布置简单，施工方便。

在这类风口中，用得最多的是百叶风口。百叶风口中的百叶做成活动可调，既能调风量，也能调方向。为了满足不同调节性能的要求，可将百叶做成多层，每层有各自的调节功能。除百叶送风口外，还有格栅送风口和条缝送风口，这两种风口可以与建筑装饰协调配合。

侧向送风设计要点如下：

(1)贴附射流的贴附长度主要取决于侧送气流的阿基米德数。为了使射流在整个射程中都贴附在顶棚上而不致中途下落，就需要控制阿基米德数小于一定的数值。

$$Ar = \frac{g\Delta t_s d_s}{v_s^2 (t_n + 273)} \tag{5.0.5-1}$$

$$\frac{x}{d_s} = 53.291 e^{-85.53 Ar} \tag{5.0.5-2}$$

式中， x ——贴附射流的射程，m；

Ar ——阿基米德数；

g ——重力加速度，m/s^2；

Δt_s ——送风温差，℃；

d_s ——圆形送风口的直径，或矩形送风口的等面积当量直径，m；

v_s ——送风口的出口风速，m/s；

t_n ——室内空气温度，℃。

侧送风口安装位置距顶棚越近，越容易贴附。如果送风口上缘距顶棚距离较大，为了达到贴附目的，规定送风口处应设置向上倾斜 10°～20°的导流片。

侧送风口在靠近天花板 300mm 以内水平或轻微向上送风时，送风将贴附天花板并进入非工作区。当侧送风口位于天花板以下 0.5～1.25m，在水平射流时，气流在距送风口一定距离时直接落入工作区。大部分侧壁送风口可以通过设置向上倾斜的导流片等措施调整射流方向，使其朝向天花板，这样射流空气可贴附天花板传递，保证了工作区的热舒适性。在一些高大空间(如大堂、共享空间等)应用时，侧送风口与天花板的距离会大于 1.25m，此时大部分侧送风口可以通过调整射流方向，使得射流长度调整到较佳工况。

(2)当空调房间内的工艺设备对侧送气流有一定的阻挡，或者单位面积送风量过大、致使空调区的气流速度超出要求范围时，不应采用侧向送风形式。

(3)侧送风口的设置宜沿房间平面中的短边分布；当房间的进深很长时，宜选择双侧对送，或沿长边布置侧送风口。回风口宜布置在送风口同一侧的下部。

(4)对于工艺性空调，当室温允许波动范围为≥±1℃时，侧送气流宜贴附；当室温允许波动范围为≤0.5℃时，侧送气流应贴附。

2. 孔板送风

1)孔板送风的要求

空气经过开有若干圆形或条缝形小孔的孔板进入房间，这种风口形式称为孔板送风口。孔板送风方式的特点是射流的扩散和混合较好，射流的混合过程很短，温差和风速衰减快，因而工作区温度和速度分布均匀。按照送风温差、单位面积送风量条件的不同，在工作区域内气流流型有时是不稳定流，有时是平行流。孔板送风时，风速均匀而较小，区域温差亦很小。因此，对于区域温差和工作区风速要求严格、单位面积送风量比较大、室温允许波动范围较小的有恒温及净化要求高的空调房间，宜采用孔板送风的方式。空气由风管进入稳定层后，再靠稳定层内的静压作用经孔口均匀地送入空调房间。

2) 孔板送风设计要点

(1) 孔板上部应保持较高而稳定的静压，稳压层净高用式(5.0.5-3)计算：

$$h = \frac{0.0011 L_s S}{v_s} \tag{5.0.5-3}$$

式中，L_s——按空调房间面积计算的单位风量，$m^3/(m^2 \cdot h)$；

S——稳压层中有孔板部分的气流最大流程，m；

v_s——孔眼送风速度，m/s。

若稳压层内有与气流流向垂直的梁，此稳压层高度应为

$$h_W = h + b \tag{5.0.5-4}$$

式中，b——梁的高度，m。

稳压层最小净高不应小于 0.2m，主要是从满足施工安装的要求上考虑的。

(2) 在一般面积不大的空调区中，稳压层内可以不设送风分布支管。根据实测，在 6m×9m 的空调区内(室温允许波动范围为±0.1℃和±0.5℃)，采用孔板送风，测试过程中将送风分布支管装上或拆下，在室内均未曾发现任何明显的影响。因此，除送风射程较长外，稳压层内可不设送风分布支管。

(3) 当稳压层高度较低时，向稳压层送风的送风口，一般需要设置导流板或挡板以避免送风气流直接吹向孔板。

3. 喷口送风

1) 喷口送风的要求

喷射式送风口是大型建筑高大空间(如体育馆、剧院、候机大厅、工业厂房等)常用的一种送风口。由高速喷口送出的射流带动室内空气进行强烈混合，射流流量成倍增加，射流截面积不断扩大，速度逐渐衰减，室内形成大的回旋气流，工作区一般是回流区。这种送风方式具有射程远、送风系统简单、投资较省、一般能够满足工作区舒适条件的特点。它在高大空间空调中应用较多。

2) 喷口送风设计要点

将人员活动区置于气流回流区是为满足卫生标准的要求而制定的。

喷口送风的气流组织形式与侧向送风是相似的，都是受限射流。受限射流的气流分布与建筑物的几何形状、尺寸和送风口安装高度等因素有关。若送风口安装高度太低，则射流易直接进入人员活动区；若送风口安装高度太高，则使回流区厚度增加，回流速度过小，两者均影响舒适感。根据相关资料，当空气调节区宽度为高度的 3 倍时，为使回流区处于

空气调节区的下部，送风口安装高度不宜低于空气调节区高度的 50%。

对于兼作热风供暖的喷口，为防止热射流上翘，设计时应考虑使喷口具有改变射流角度的功能。

喷口送风的送风速度要均匀，且每个喷口的风速要接近相等，因此安装喷口的风管应设计成变断面的均匀送风风管，或起静压箱作用的等断面风管。

4. 散流器送风

1) 散流器送风的要求

散流器是安装在顶棚上的送风口，其送风气流形式有平送和下送两种。由于散流器的诱导性能比侧送风口好，工作区总是处于回流区，只是送风射流和回流的射程均比侧向送风短。空气由散流器送出时，通常沿着顶棚和墙面形成贴附射流，射流扩散较好，区域温差一般能够满足要求。散流器平送方式在商场、餐厅等大空间中广泛应用。对于散流器下送的方式，当采用顶棚密集布置向下送风时，可形成平行流，使工作区风速分布均匀，该方式可用于有洁净度要求的房间，其单位面积送风量一般都比较大。由于下送射流流程短，工作区内有较大的横向区域温差；又由于顶棚密集布置散流器，管道布置较复杂，仅适用于少数工作区要求保持平行流和建筑层高较高的一些空调房间。

2) 散流器设计要点

散流器布置应结合空间特征，根据空调房间的大小和室内所要求的参数，选择散流器个数，一般按对称均匀或梅花形布置，以有利于送风气流对周围空气的诱导，避免气流交叉和气流死角为佳。布置散流器时，散流器之间的间距、离墙的距离，一方面应使射流有足够的射程，另一方面又应使射流扩散好。气流射流扩散与侧墙的距离不宜过小，气流射流扩散与侧墙的距离一般不小于 1m。

圆形或方形散流器所服务的区域最好为正方形或接近正方形，相应送风面积的长宽比不宜大于 1 : 1.5。当散流器服务区的长宽比大于 1.25 时，宜选用矩形散流器。

散流器平送时，平送方向的阻挡物会造成气流不能与室内空气充分混合，提前进入人员活动区，影响空调区的热舒适。因此，要充分考虑建筑结构的特点，在散流器平送方向不应有阻挡物(如柱子)。

散流器安装高度较高时，为避免热气流上浮，保证热空气能到达人员活动区，需要通过改变风口的射流出口角度来加以实现。温控型散流器、条缝形(蟹爪形)散流器等能实现不同送风工况下射流出口角度的改变。

5. 地板送风

地板送风的要求如下：

(1)地板送风是指利用地板静压箱，将经热湿处理后的空气由地板送风口送到人员活动区内的气流组织形式。与置换通风形式相比，地板送风是以较高的风速从尺寸较小的地板送风口送出，形成相对较强的空气混合。因此，其送风温度比置换通风低，系统所负担的冷负荷也大于置换通风。地板送风的送风口附近区域不应有人长久停留。

(2)地板送风在房间内产生垂直温度梯度和空气分层。典型的空气分层分为三个区域，第一个区域为低区(混合区)，此区域内送风空气与房间空气混合，射流末端速度为0.25m/s。第二个区域为中区(分层区)，此区域内房间温度梯度呈线性分布。第三个区域为高区(混合区)，此区域内房间热空气停止上升，风速很低。当房间内空气上升到分层区以上时，就不会再进入分层区以下的区域。

热分层控制的目的是在满足人员活动区的舒适度和空气质量的要求下，减少空调区的送风量，降低系统输配能耗，以达到节能的目的。热分层主要受送风量和室内冷负荷之间平衡关系的影响，设计时应将热分层高度维持在室内人员活动区以上，一般为1.2～1.8m。

(3)地板静压箱分为有压静压箱和零压静压箱，有压静压箱的缺点是存在不受控制的空气渗漏问题，会影响空调区的气流流态，因此有压静压箱应具有良好的密封性。空气流经静压箱时，与混凝土楼板、架空地板之间产生热交换，使空气温度发生变化，会形成热力衰减，因此地板静压箱与非空调区之间的建筑构件，如楼板、外墙等，应有良好的保温隔热处理，以减少送风温度的变化。

5.0.6 空气源热泵机组应用应根据实际使用需求，充分考虑应用地区冬夏季室外气温进行机组容量和形式的匹配，机组在冬季融霜、夏季高温情况下供热制冷量衰减，应对机组装机容量和机型的匹配进行合理优化，并同时采取相应措施减轻对周边环境的噪声影响。

【条文说明扩展】

(一)技术原理

空气源热泵是利用电能，将空气作为高温热源来进行供热的节能装置，与传统的水源热泵、地源热泵、太阳能热泵等相比，具有高效节能、初始投资低、安装简便、占地面积小等优势。空气源热泵主要由压缩机、冷凝器、蒸发器、膨胀阀及其他辅助设备组成。

在使用空气源热泵机组时需要考虑地区夏冬季室外环境情况，在空气源热泵机组应用选型时，应充分考虑室外环境状态对机组性能的影响，需要兼顾冬季制冷及夏季制热的需求。同时，应当考虑室内负荷变化特征，在传统的暖通空调选型计算时，往往只考虑最不利情况，而实际的使用工况往往与设计工况存在较大差距，因此在进行机组选型时需要充分考虑大多数情况下的运行工况，使负荷曲线与运行曲线较为匹配，最终对设备容量和形式(如压缩机数量)进行合理选择。

（二）实施策略

1. 空气源热泵空调系统设计计算

从空气源热泵在我国近几年的实际应用情况来看，我国黄河以南地区应用空气源热泵机组进行供热、空调及热水供应是完全可行的；而在黄河以北某些严寒地区（主要包括东北、内蒙古、新疆北部、西藏北部、青海等地区）应用时则存在一定局限性。这主要是由于我国严寒地区冬季严寒且持续时间长，昼夜温差大，空气源热泵在冬季夜间低温环境下往往会因室外蒸发器吸热不足而影响其制热性能，从而导致压缩机压缩比变大、排气温度变高、能效比（coefficient of performance，COP）降低，有时甚至会产生压缩机液击事故，这也是制约空气源热泵在严寒地区应用最主要的原因。鉴于空气源热泵系统在应用中具有高效节能、环保经济的特点，因此如何解决其在低温环境下产生的一系列问题成为决定该系统能否在严寒地区大规模应用的关键，这对我国实现建筑节能减排具有重要的意义。

从近几年我国空气源热泵实际应用效果来看，在黄河以南的建筑中应用空气源热泵进行室内供热、供热水是可行且高效的。随着设备技术水平的提升，目前，空气源热泵已经可以做到在−18℃以下平稳有效地运行，且供暖季 COP 为 2.5～3.5。

室外机实际制热容量 $Q_{外实际}$ 计算公式为

$$Q_{外实际} = Q_{外设计} \times \beta \tag{5.0.6-1}$$

式中，β ——不同室外温度条件下的制热容量修正系数，在制热时结霜、除霜导致的容量损失，如表 5.0.6-1 所示。在产品样本另有规定时，以产品样本为准。

表 5.0.6-1　室外机制热容量修正系数表

室外湿球温度/℃	−10	−8	−6	−4	−2	0	1	2	4	6
修正系数 β	0.93	0.93	0.92	0.89	0.87	0.86	0.87	0.89	0.95	1

2. 空气源热泵热水供应系统设计计算

《建筑给水排水设计标准》（GB 50015—2019）对空气源热泵热水供应系统的应用进行了说明，包括空气源热泵热水供应系统的选用原则、辅助热源设置、供热量计算和储热水箱（罐）容积计算。本书在其基础上，综合最近热泵技术发展现实，给出以下建议。

1）应用原则

空气源热泵热水供应系统设计应符合下列规定：

（1）最冷月平均气温不小于 10℃的地区，空气源热泵热水供应系统经论证在满足供热水要求的前提下，一般可不设辅助热源。

（2）最冷月平均气温小于 10℃且不小于 0℃的地区，空气源热泵热水供应系统一般应当设辅助热源，或采取延长空气源热泵的工作时间等满足使用要求的措施，以保证供热水要求。

(3)最冷月平均气温小于 0℃的地区,一般不宜采用空气源热泵热水供应系统,在综合论证设备在当地气象条件下的可行性并可满足供热水要求的前提下,可适当应用空气源热泵热水供应系统。

(4)空气源热泵辅助热源应就地获取,经过经济技术比较,选用投资省、低能耗热源。

(5)辅助热源一般应在月平均气温小于10℃的季节运行,供热量可按补充在该季节空气源热泵产热量不满足系统耗热量的部分计算,在月平均气温大于 10℃的月份中,如果室外温度较低,需要辅助热源补热,也应使用辅助热源。

(6)空气源热泵的供热量可按式(5.0.6-2)计算确定;当设辅助热源时,宜按当地农历春分、秋分所在月的平均气温和冷水供水温度计算;当不设辅助热源时,应按当地最冷月平均气温和冷水供水温度计算。

(7)当空气源热泵采取直接加热系统时,直接加热系统要求冷水进水总硬度(以碳酸钙计)不应大于 120mg/L,其贮热水箱(罐)的总容积应按式(5.0.6-5)计算。

2)应用计算

(1)空气源热泵用户小时耗热量为

$$Q_h = \frac{m \cdot q_r \cdot C(t_r - t_1)\rho_r \cdot C_r}{T_5} \qquad (5.0.6\text{-}2)$$

式中, Q_h ——空气源热泵用户小时耗热量,kJ/h;

  m ——用水计算单位数(人数或床位数);

  q_r ——热水用水定额,L/(人·d)或 L/(床·d),应不高于表 5.0.6-2 中的最高日用水定额且不低于表 5.0.6-2 中用水定额中下限值;

  C ——水的比热,一般取 4.187kJ/(kg·℃);

  t_r ——实际热水温度,℃;

  t_1 ——实际冷水温度,℃;

  ρ_r ——热水密度,kg/L;

  C_r ——热水供应系统的热损失系数,取 1.10～1.15;

  T_5 ——热泵机组设计工作时间,h/d,取 8～16h/d。

表 5.0.6-2 热水用水定额

序号	建筑物名称		单位	用水定额/L		使用时间/h
				最高日	平均日	
1	普通住宅	有热水器和淋浴设备	每人每日	40～80	20～60	24
		有几种热水供应(或家用热水机组)和淋浴设备		60～100	25～70	24
2	别墅		每人每日	70～110	30～80	24
3	酒店式公寓		每人每日	80～100	65～80	24
4	宿舍	居室内设卫生间	每人每日	70～100	40～55	24h 或定时供应
		设公用卫生间	每人每日	40～80	35～45	

续表

序号	建筑物名称		单位	用水定额/L		使用时间/h
				最高日	平均日	
5	招待所、培训中心、普通旅馆	设公用盥洗室	每人每日	25~40	20~30	24h 或定时供应
		设公用盥洗室、淋浴室		40~60	35~45	
		设公用盥洗室、淋浴室、洗衣室		50~80	45~55	
		设单独卫生间、公用洗衣室		60~100	50~70	
6	宾馆客房	旅客	每床位每日	120~160	110~140	24
		员工	每人每日	40~50	35~40	8~10
7	医院住院部	设公用盥洗室	每床位每日	60~100	40~70	24
		设公用盥洗室、淋浴室		70~130	65~90	
		单独卫生间		110~200	110~140	
		医务人员	每人每班	70~130	65~90	8
	门诊部、诊疗所	病人	每人每次	7~13	3~5	8~12
		医务人员	每人每班	40~60	30~50	8
		疗养院、休养所住房部	每床每位每日	100~160	90~110	24
8	养老院、托老所	全托	每床位每日	50~70	45~55	24
		日托		20~30	15~20	10
9	幼儿园、托儿所	有住宿	每儿童每位	25~50	20~40	24
		无住宿		20~30	15~20	10
10	公共浴室	淋浴	每顾客每次	40~60	35~40	12
		淋浴、浴盆		60~80	55~70	
		桑拿浴(淋浴、按摩池)		70~100	60~70	
11	理发室、美容院		每顾客每次	40~45	20~30	12
12	洗衣房		每公斤干衣	15~30	15~30	8
13	餐饮业	中餐酒楼	每顾客每次	15~20	8~12	10~12
		快餐店、职工及学生食堂		10~12	7~10	12~16
		酒吧、咖啡厅、茶座、卡拉OK房		3~8	3~5	8~18
14	办公楼	坐班式办公	每人每班	5~10	4~8	8~10
		公寓式办公	每人每日	60~100	25~70	10~24
		酒店式办公		120~160	55~140	24
15	健身中心		每人每次	15~25	10~20	8~12
16	体育场(馆)	运动员淋浴	每人每次	17~26	15~20	4
17	会议厅		每座位每次	2~3	2	4

(2) 空气源热泵供热量为

$$Q_g = Q_{设计} \times \beta \qquad (5.0.6\text{-}3)$$

式中，Q_g——空气源热泵供热量，kJ/h，在不设辅助热源时，$Q_g \geq Q_h$；

$Q_{设计}$——空气源热泵在名义工况下的制热量，kW；

β——不同室外温度条件下的制热容量修正系数，在制热时结霜、除霜导致的容量损失，按表 5.0.6-1 选取。在产品样本另有规定时，以产品样本为准。

(3) 空气源热泵辅助热源供热量为

$$Q_f = Q_h - Q_g \qquad (5.0.6\text{-}4)$$

式中，Q_f——空气源热泵辅助热源供热量。

(4) 贮热水箱(罐)的总容积。

空气源热泵采取直接加热系统时，直接加热系统要求冷水进水总硬度(以碳酸钙计)不应大于 120mg/L，其贮热水箱(罐)的总容积应按式(5.0.6-5)计算：

$$v_r = k_1 \frac{(Q_h - Q_g)T_1}{(t_r - t_1)C \cdot \rho_r} \qquad (5.0.6\text{-}5)$$

式中，v_r——贮热水箱(罐)总容积，L；

k_1——用水均匀性安全系数，一般取 1.25～1.50；

Q_h——空气源热泵用户小时耗热量，kJ/h；

T_1——设计小时耗热量持续时间，全日集中热水供应系统取 2～4h。

3. 实际运行时面临的问题

1) 空气源热泵室外机结霜

当室外环境温度和相对湿度处在-5～5℃和65%以上时，空气源热泵室外换热器表面最易结霜。室外换热器结霜主要在两个方面对热泵机组的运行造成不良影响。一方面，霜层的形成增大了室外换热器表面导热热阻，降低了室外换热器的传热系数；另一方面，霜层的存在增大了空气流过室外换热器的阻力，减少了空气流量，从而降低了机组供热性能。伴随着室外换热器壁面霜层的增长，室外换热器蒸发温度下降、机组制热量降低、风机性能衰减和输入电流增大、供热性能系数降低，严重时出现压缩机停机，从而导致机组不能正常工作，处理方法如下。

(1) 逆循环除霜。

为了保证空气源热泵机组在高效状态下运行，需要周期性除霜。目前，逆循环除霜和热气旁通除霜是广泛使用的两种热力除霜方法，其中逆循环除霜法是通过四通换向阀，将系统由制热模式切换至制冷模式，使压缩后的制冷剂气体进入室外换热器释放热量用于除霜，冷凝后经节流阀流过室内换热器，再经气液分离器进入压缩机。

(2) 非热力除霜。

非热力除霜方法主要包括高压电场除霜和超声波除霜。高压电场除霜法是利用外加电场破坏霜晶的成长实现除霜的。在电场作用下，电极间的气体会发生微放电现象并产生电荷，电荷会在霜晶上积聚，建立一个与外加电场方向相反的电场，使霜晶受到由换热器表面向外的电场力,进而破坏已形成的霜晶。霜晶的破碎存在固有频率,当施加的交流电场频率等于或接近霜晶破碎的固有频率时,会发生共振,霜晶就会从换热器表面脱落,达到除霜的目的。

超声波除霜法也是依据共振原理,利用霜晶和超声波之间的共振效应,达到除霜的目的。国外研究人员从力学角度对超声波除霜法进行了如下解释:翅片管换热器在高频受迫振动下,其结霜部位激发的剪切应力远大于结霜的黏附应力,且在霜晶根部激发的弯矩可将部分霜晶体从根部折断。

上述两种非热力除霜方法虽然已有了初步的实践研究,并证实了其可行性与节能性,但仍存在一定的技术问题,例如,高压电场除霜法的放电设备功率与热泵系统的匹配控制、电极材料的绝缘性问题;超声波除霜法的基冰层无法除尽的问题。因此,该类除霜方法仍处于研究阶段。

(3)电加热除霜。

电加热除霜法是在室外换热器上布置电阻式加热元器件,直接利用电能进行除霜。因为电加热系统与热泵系统相对独立,除霜能力不受环境工况和机组性能影响,具有较高的可靠性,但主要缺点是除霜过程能耗较高。该方法目前只作为现代热泵产品的辅助除霜方法,用于保证恶劣环境工况下热泵系统的正常运行。

(4)热水除霜。

热水除霜法是一种新型除霜方法,在室外换热器上方安装一个与换热器形状相似的化霜装置,该装置内设置电加热棒、水泵、抽水管、电子水位探测计、电子水温计和电磁阀。在制热模式下,利用电加热棒加热化霜装置内的水至设定温度,除霜时打开电磁阀使装置内的热水在重力作用下流过室外换热器表面进行除霜,化霜后的水积存在换热器底部的水盘内,再通过水泵送回化霜装置进行加热。使用该方法进行除霜的优势在于可以实现热泵系统的不停机除霜和持续制热。

(5)蓄热热力除霜。

蓄热热力除霜法主要是针对逆循环除霜法及热气旁通除霜法因除霜热量不足导致除霜时间长、制冷剂循环量小等问题,将蓄热装置应用于热泵系统而提出的改进型除霜方法。蓄热装置除了用于系统除霜,还能平衡系统制热量与用户用热的需求,延缓室外空气温度对系统制热量的影响,且能调节电力负荷,因而不断得以研究发展。蓄热装置除了与非热力除霜方法相配合,更多的是用于改善热力除霜方法的除霜效率和系统性能。本书就不同的蓄热热力除霜法进行概括。

2)制热量不足

随着室外环境温度的下降,建筑热负荷是增加的,而空气源热泵的制热量却是随之减少的。这是因为,当室外气温降低时,循环工质的吸气比容增大,导致机组吸气量降低,系统工质循环量减少,机组的制热量会急剧下降。在低温环境下,空气源热泵的制热性能系数也急速降低。

为解决此问题,在选择设备时需要和设备厂家充分沟通,确定在实际使用工况下,设备是否可以达到设计制冷能力。

3) 可靠性差

随着环境温度的降低，循环工质的吸气压力降低，导致压缩机压缩比不断增大，排气温度迅速升高。当室外温度降到一定值时，压缩机排气温度会超过允许的工作范围，压缩机自动停机保护，机组停止正常工作。同时，随着压缩机排气温度升高，润滑剂受热后黏度急剧下降，润滑性能变差，出现压缩机频繁启停的状况。

将热泵循环过程改进为双级压缩循环，理论上可以解决空气源热泵在低温环境下的上述问题。双级压缩循环是将来自蒸发器的低温低压制冷剂蒸气首先压缩到中间压力，经过中间冷却后再压缩到冷凝压力，这样就可以降低压缩机的排气温度，压缩比控制在合理范围内，又可以减少压缩机功耗，机组的稳定性、经济性都有所提高，热泵可以在低温环境下运行。

> **5.0.7** 对于过渡季节或冬季存在供冷需求且无法完全直接利用室外空气降温的建筑，应结合当地不同季节室外大气湿球温度的变化，依据冷却塔生产厂家给定的试验数据，通过计算判断该地气象条件是否满足使用冷却塔供冷的要求。

【条文说明扩展】

(一)技术原理

《公共建筑节能设计标准》(GB 50189—2015)明确提出，对于冬季或过渡季存在一定量供冷需求的建筑，经技术经济分析合理时应利用冷却塔提供冷水。冷却塔提供空气调节冷水是指在原有常规空调水系统基础上增设部分管路和设备，当室外空气湿球温度达到一定条件时，可以关闭水冷式制冷机组，以流经冷却塔的循环冷却水直接或间接向空调系统供冷，提供建筑物所需的冷负荷。

1. 冷却塔供冷系统设计条件

采用冷却塔供冷的设计条件是工程所在地区的气候条件应能较长时间满足冷却塔供冷所需的湿球温度且工程应存在面积和发热量较大的内区，需全年送冷才能保证空调区域的舒适度基本要求。这些区域的空调系统还应有如下特征：①采用风机盘管加新风空调系统；②保证室内卫生条件和舒适度的新风量，或冬季和过渡季加大新风量后仍不能消除室内余热；③冬季内区风机盘管可单独供应空调冷水，或可同时供应冷水和热水。

2. 冷却塔供冷系统常用形式

依据冷却塔供冷系统按冷却水是否直接进入空调末端设备，可分为直接供冷系统和间接供冷系统。

（1）直接供冷系统是指在原有空调水系统中设置旁通管道，将冷冻水环路与冷却水环路连接在一起的系统，如图 5.0.7-1 所示。

（2）间接供冷系统是指在原有空调水系统中附加一台板式换热器以隔离冷却水环路和冷冻水环路，在过渡季切换运行不会影响水泵的工作条件和冷冻水环路的卫生条件，如图 5.0.7-2 所示。

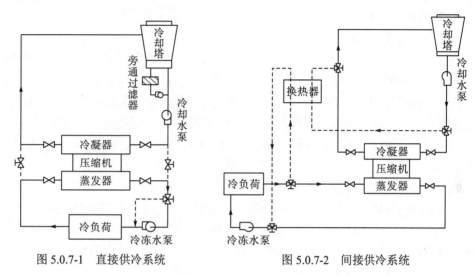

图 5.0.7-1　直接供冷系统　　　　　　图 5.0.7-2　间接供冷系统

（二）实施策略

1. 负荷侧系统设计

1）风机盘管负担冷负荷的确定

（1）冬季内区供冷房间设计温度宜高于外区供暖房间的计算温度；

（2）冬季内区冷负荷可按显热负荷计算，不能直接采用夏季的全热负荷数值。

（3）冷却塔供冷工况时风机盘管负担冷负荷应按式（5.0.7-1）确定：

$$q_f = \frac{\alpha q_n - 0.337 L_x (t_n - t_x)}{n} \tag{5.0.7-1}$$

式中，q_f ——冬季供冷房间内单台风机盘管负担的冷负荷，W；

α ——冬季房间温度的保证系数，可取 0.80～1.00；

q_n ——冬季供冷房间显热冷负荷，W；

L_x ——房间新风量，m^3/h；

t_n ——冬季内区供冷房间室内设计温度，℃；

t_x ——冬季新风送风温度，℃；

n ——房间内布置的风机盘管台数。

2）新风送风温度的确定

（1）当风机盘管仅接单冷管道时，新风送风温度应为在室内发热量最小情况下，仍能保证房间舒适范围的最低温度；

（2）不论与外区合用还是分别设置新风系统，新风送风温度都不应高于外区房间的空调计算温度。

 3）风机盘管的选择和冷水温度

 （1）风机盘管的选择。

原则上风机盘管应基本按夏季工况选定。

（a）冬季采用冷却塔制冷方案，夏季新风负担的冷负荷可忽略不计，加之风机盘管布置和规格的限制，风机盘管设计供冷能力应高于房间计算冷负荷；

（b）夏季可按中挡风量下的制冷量选择风机盘管，冬季在短时期供水温度较高时，若负荷较大，可采用高挡风量运行，以增大风机盘管的供冷能力；

（c）冬季风机盘管的水流量取风机盘管的标准流量（水温差 5℃），当夏季采用大温差水系统时，冬季还可提高盘管水侧换热系数。

 （2）空调冷水最高供回水温度的确定。

《全国民用建筑工程设计技术措施——暖通空调·动力》第 6.1.7 条指出，末端盘管的供冷能力，应在所能获得的空调冷水的最高计算供水温度和供回水温差条件下，满足冬季冷负荷需求，宜尽可能提高计算供水温度，延长冷却塔供冷的时间。

各房间所需空调冷水最高供回水温度计算公式如下：

$$\frac{q_{\mathrm{f}}}{q_{\mathrm{r}}} = \frac{\Delta t_{\mathrm{f}}}{\Delta t_{\mathrm{r}}} \tag{5.0.7-2}$$

$$t_{1,1} = t_{\mathrm{n}} + \frac{B - Ce^{\frac{C-B}{A}}}{e^{\frac{C-B}{A}} - 1} \tag{5.0.7-3}$$

$$t_{1,2} = t_{\mathrm{n}} + \frac{e^{\frac{C-B}{A}}}{e^{\frac{C-B}{A}} - 1}(B - C) \tag{5.0.7-4}$$

$$A = \Delta t_{\mathrm{r}} \frac{q_{\mathrm{f}}}{q_{\mathrm{r}}} \tag{5.0.7-5}$$

$$B = \frac{q_{\mathrm{f}}}{c_{\mathrm{p1}}\rho_1 G_1} \tag{5.0.7-6}$$

$$C = \frac{q_{\mathrm{f}}}{c_{\mathrm{p2}}\rho_2 G_2} \tag{5.0.7-7}$$

式中，$t_{1,1}$、$t_{1,2}$——空调冷水最高供回水温度，℃；

   Δt_{f}、Δt_{r}——通过风侧和水侧的逆流对数平均温差，℃；

   c_{p1}、c_{p2}——水和空气的定压比热容，J/(kg·K)；

   ρ_1、ρ_2——水和空气的密度，kg/m³；

   G_1、G_2——水和空气的流量，m³/s。

式中风机盘管标准供热工况时对数平均温差 Δt_{r} 的各项均为已知数，展开从略。

根据已选定的风机盘管标准供热量 q_{r} 和风机盘管需负担冷负荷 q_{f}，通过上式求得各房间所需空调冷水最高供水温度 $t_{l,1}$、回水温度 $t_{l,2}$。可选用各典型房间中 $t_{l,1}$ 和 $t_{l,2}$ 的最小值 (若允许个别房间不保证，也可选用较小值) 作为系统的空调冷水供回水计算温度，并用对应的风机盘管负担总冷量与风机盘管在标准工况时总供冷量之比作为整个内区负荷的冷量比 β_z。

4) 系统总冷量和空调冷水总流量

已经按夏季工况选择的风机盘管在标准工况时的供冷量为样本给出的数据，标准工况供冷量的总和 Q_b 可按风机盘管标准冷量的叠加获得，因此冬季内区所需的总供冷量 Q 和空调冷水总流量 G_L，可以简化为

$$Q = \sum 0.001 q_f \approx \beta_z Q_b \tag{5.0.7-8}$$

$$G_L = \frac{0.86 Q}{t_{l,1} - t_{l,2}} \tag{5.0.7-9}$$

式中，Q——冬季内区所需总供冷量，kW；

β_z——建筑物内区冬季供冷的房间风机盘管负担总冷量与风机盘管在标准工况时总供冷量之比；

Q_b——冷却塔供冷工况时内区各房间风机盘管标准工况供冷量的总和，kW；

G_L——冷却塔供冷时空调冷水总流量，m^3/h。

5) 负荷侧水泵选型

(1) 按照系统流量和阻力，结合水泵特性曲线，合理选择水泵；

(2) 空调冷水若采用二次泵变流量系统，在进行二级泵的台数和规格配置时，应同时考虑夏季和冬季的冷负荷和流量及其调节范围；

(3) 应校核冬季空调冷水流量和阻力变化的情况下，对设计工况下二级泵流量、扬程的影响；

(4) 当采用一次泵定流量系统时，与冷水机组匹配的水泵若其扬程和流量满足设计需要，则可继续作为冷却塔供冷工况的空调冷水循环泵，否则需另设专用水泵。

2. 冷源侧系统设计

1) 冷源侧流量、水温的确定

(1) 冷源水流量和供回水温差应满足如下关系式：

$$Q = 1.163 G_c \Delta t_c \tag{5.0.7-10}$$

式中，G_c——冷源水流量，m^3/s；

Δt_c——冷源水供回水温差，℃。

(2) 冷源水温差应满足下列原则：

(a) 不宜过大，以尽量提高能够满足要求的室外湿球温度，延长使用冷却塔供冷时间；

(b) 不宜过小，一般以 2℃为界，以防止消耗电能过多。

(3) 冷却塔供应的一次冷源水温度及其限定如下：

(a) 当 $\Delta t_{c} \leqslant \Delta t_{L}$ 时，换热器温差较小端在冷源水的进口侧，$t_{cl} = t_{L1j} - \Delta t_{x}$；

(b) 当 $\Delta t_{c} > \Delta t_{L}$ 时，换热器温差较小端在冷源水的出口侧，$t_{cl} = t_{L2j} - \Delta t_{x} - \Delta t_{c}$；

(c) t_{cl} 应不小于 5℃，当计算结果小于 5℃时，应在允许的情况下调整 Δt_{x} 或 Δt_{c}。

其中，Δt_{L} 为空调冷水供回水温差，单位为℃；t_{L1j} 为空调冷水供水计算温度，单位为℃；t_{L2j} 为空调冷水回水计算温度，单位为℃；t_{cl} 为低温冷却水最高供水温度，即冷却塔出水温度，单位为℃；Δt_{x} 为换热器温差较小端一二次介质温差，宜取 1～2℃。

2) 室外温度的确定

应根据冷却塔供冷工况时冷源水循环水量、冷源水供水温度、冷源水供回水温差等，通过冷却塔的供冷能力特性曲线，确定所要求的室外湿球温度并与当地室外大气湿球温度进行对比，判断该地气象条件是否满足使用冷却塔供冷的要求。反映冷却塔在不同水量、不同冷源水供水温度要求时的水温和温降，以及对应的室外湿球温度的特性曲线，应由冷却塔生产厂家通过实测资料提供。

3) 设备选型

(1) 当夏季工况下冷却水循环泵流量能够满足冬季冷却塔供冷工况所需供冷量时，仍采用该泵作为冬季冷却塔供冷的冷源水循环泵；

(2) 当夏季工况下冷却水循环泵流量不能与冬季冷负荷匹配时，可另外设置专用冷源水循环泵；

(3) 作为冷源设备的冷却塔宜选用防冻性能较好的产品。

3. 冷却塔供冷系统的控制

1) 末端风机盘管控制

末端风机盘管控制与常规系统控制相同，应设置水路温控阀。

2) 空调冷水的供冷量控制

(1) 当采用二次泵系统的二级泵作为冷却塔供冷工况的空调冷水循环泵时，应根据末端风机盘管所需负荷的变化(水路温控阀的开启)，控制循环水泵的转数和运行台数；

(2) 当一次泵定流量系统采用为冷水机组配置的水泵作为冷却塔供冷工况的空调冷水循环泵时，应根据末端风机盘管所需负荷的变化，控制总供回水管之间电动旁通阀的开度；

(3) 当一次泵定流量系统另设专用泵作为冷却塔供冷工况的空调冷水循环泵时，循环泵应为变频水泵，应根据末端风机盘管所需负荷的变化(水路温控阀的开启)，控制循环水泵的转数和运行台数。

3) 冷源水流量控制

(1) 当冷却塔供冷的冷源水循环泵采用 2 台或 2 台以上时，可将夏季空调冷水供水温度(如 7℃)作为冷却塔供冷时空调冷水最低供水设定温度，控制冷源水循环泵的开启台数；

（2）当只设 1 台冷源水循环泵，或多台泵只有 1 台泵运行时，不需再通过水温对水量进行控制。

4)冷却塔供冷系统工况转换

（1）工况转换宜采用自动控制；

（2）应根据室外湿球温度进行工况转换，其设定值可参考冷源侧系统设计中室外温度所确定数值，并根据实际运行实践确定。

> **5.0.8　过渡季或冬季利用全新风供冷时，系统设计与运行应满足下列要求：**
> 　**1 应复核建筑通风系统送风量是否满足消除室内或空调内区余热的要求；**
> 　**2 应根据建筑功能、室外热环境状态，通过计算确定消除室内或空调内区余热所需要的新风量；**
> 　**3 全新风供冷系统的运行调节，应结合室外空气温湿度状态，确定动态调节策略。**

【条文说明扩展】

（一）技术原理

新风直接供冷是指在室外空气温度（或焓）值低于室内值而此时室内冷负荷为正时（过渡季或冬季），空调系统利用室外新风所具有的供冷能力代替人工制冷向建筑供应冷量。通常的做法是以系统的设计总风量运行，其中引入室外新风的手段主要为自然通风和机械通风。全新风供冷依靠风机作为通风的动力，与空调同为主动式降温方式，但所消耗的能源远小于空调消耗量。

（二）实施策略

1. 设计方法

实现利用过渡季或冬季气候条件供冷，室外气象参数及新风供应是关键。对各气候区城市利用如下方法判断是否使用全新风供冷。

根据显热负荷风量计算公式，可得出新风供冷的空气干球温度计算公式，即

$$t_x = t_n - \frac{Q_x}{1.01 G_x} \tag{5.0.8-1}$$

式中，t_n——过渡季或冬季允许的室内干球温度，℃，最高为夏季工况设计温度；

　　Q_x——室内显热负荷，kW；

　　t_x——新风供冷时的干球温度，℃。

当 $t_w > t_x$ 时，应采用夏季空调运行工况（t_w 指室外干球温度）；

当 $t_w = t_x$ 时，新风供冷能力恰好满足室内显热负荷需要，新风直接供冷；

当 $t_w < t_x$ 时，新风供冷能力大于室内显热负荷需要，应对新风进行一定措施处理，避免造成室内温度过低。若在一定范围内可以选用扩散性能好的风口，或者将新风接入末端空气处理器的出口静压箱内，与室内回风混合后送出，也可以采用其他方式对新风加热，以满足送风温差的要求。

设计步骤如下：

(1)首先确定室内设计参数，计算出建筑室内空调负荷，确定建筑最小新风量；

(2)随后利用该城市室外逐时气象参数判断是否适合使用全新风供冷，并计算出供冷时间；

(3)结合室外空气温湿度状态，确定动态调节策略。

2. 运维要求

(1)制定科学合理的全新风系统运行方案。根据室内外参数合理调节风量及运行时间，消除室内余热余湿的同时也应满足室内人员最小新风量。

(2)设计通风井的建筑需定期检查新风管道与通风井之间的连接是否紧密，避免因漏风影响新风量。

(3)新风口应设置在空气易于流通的位置，距离冷却塔及制冷机组近的应注意附近新风温度及质量。

(4)定期检查新风口的防风百叶或木栅，避免因年久失修或周围被污染，导致新风质量及流量下降。

5.0.9　在土壤源热泵技术应用时，应满足下列要求：

　　1 应通过实测方式确定应用位置地下换热系统换热能力，并通过土壤热扩散能力分析，合理确定地下换热系统设置方案；

　　2 对于冬夏季负荷不平衡的地区，应通过负荷匹配分析和技术经济比较，合理确定辅助系统；

　　3 对于地下换热系统，应合理设置分组，并应根据负荷的动态分布特性，确定地下换热系统的分组运行策略。

【条文说明扩展】

(一)技术原理

土壤源热泵系统以大地土壤作为热源或热汇，将土壤换热器置入地下，冬季将大地中的低位地热能取出，通过热泵提升温度后实现对建筑物供暖，同时蓄存冷量，以备夏用；

夏季将建筑物中的余热取出,通过热泵排至地下实现对建筑物降温,同时蓄存热量,以备冬用;实现真正意义的交替蓄能循环。

土壤源热泵系统主要由土壤换热器系统、水源热泵机组、建筑物空调系统三部分组成,分别对应三个不同的环路。第一个环路为土壤换热器环路,第二个为热泵机组制冷剂环路,这个环路与普通制冷循环的原理相同,第三个环路为建筑物室内空调末端环路,三个系统间靠水或空气作为换热介质进行冷量或热量的转移,其原理见图 5.0.9-1。

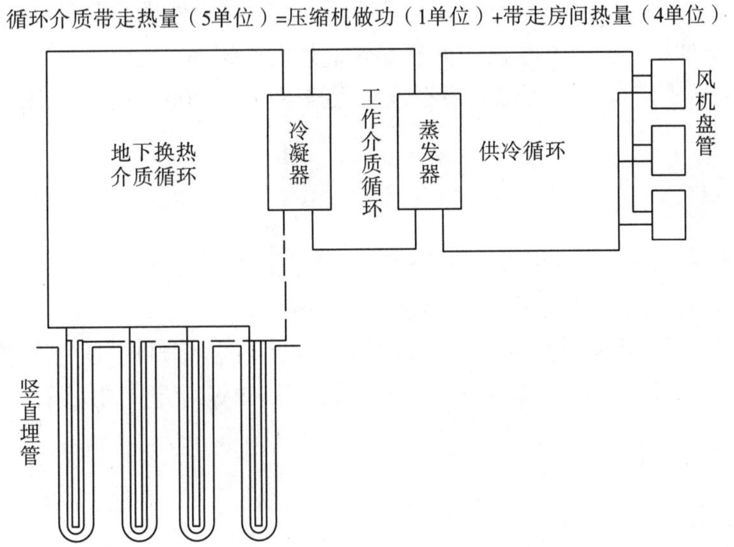

循环介质带走热量(5单位)=压缩机做功(1单位)+带走房间热量(4单位)

图 5.0.9-1　土壤源热泵系统制冷原理图

1. 最大释热量

土壤源热泵系统实际最大释热量发生在与建筑最大冷负荷相对应的时刻,包括各空调分区内水源热泵机组释放到循环水中的热量(空调负荷和机组压缩机功耗)、循环水在输送过程中得到的热量、水泵释放到循环水中的热量。将上述三项热量相加就可得到供冷工况下释放到循环水的总热量,即

最大释热量=空调分区冷负荷×(1+1/EER)+输送过程得热量+水泵释热量

式中,EER——设计工况下水源热泵机组的制冷能效比。

2. 最大吸热量

土壤源热泵系统实际最大吸热量发生在与建筑最大热负荷相对应的时刻,包括各空调分区内热泵机组从循环水中的吸热量(空调热负荷,并扣除机组压缩机功耗)、循环水在输送过程失去的热量(并扣除水泵释放到循环水中的热量)。将上述前两项热量相加并扣除第三项就可得到供热工况下循环水的总吸热量,即

最大吸热量=空调分区热负荷×(1−1/COP)+输送过程失热量−水泵释热量

式中,COP——设计工况下水源热泵机组的制热性能系数。

（二）实施策略

1) 地埋管换热系统勘察

(1) 在地埋管换热系统方案设计前，应进行工程场地状况调查；

(2) 对于小于 5000m² 的建筑，可根据工程地质勘察资料并对照水文地质资料进行地埋管换热系统设计；

(3) 对于大于（等于）5000m² 的建筑，应对浅层岩土热物性进行勘察，并通过现场热响应试验确定岩土体换热能力并预测不同换热量对地温的影响；

(4) 热响应试验应符合《地源热泵系统工程技术规范（2009 版）》（GB 50366—2005）附录 C 相关要求。

2) 规模控制

(1) 采用单一的地源热泵系统，公共建筑的建筑面积不宜超过 1 万 m²；采用复合式地源热泵系统，公共建筑的建筑面积不宜超过 6 万 m²。

(2) 地埋管地源热泵系统应分成多个埋管群，在每个埋管群中 U 型管数量最佳为 70 根左右，最多不超过 120 根，总供热量一般不超过 350kW，管群间距应大于 8m。

3) 地埋管换热系统设计

(1) 基本要求。

(a) 竖直地埋管换热器的设计应按场地规划、预定地埋管深度、单井换热量、地下最大释热量和最大吸热量平衡、水力平衡及系统阻力计算的步骤进行；

(b) 地表层以下 6m 内埋管不应参与换热计算；

(c) 中心区宜采用 U 型竖直埋管换热系统。

(2) 地埋管换热器设计。

(a) U 型管换热器应按地层结构设定井深，应用"地源热泵系统建筑应用工程评价软件（V1.0）"设计计算埋管数量。

(b) 设计地埋管换热器时，环路集管不应包括在地埋管换热器总长度内。

(c) 环路集管的埋深应以地表层以下 1.5m 为宜。

(d) 市中心区域的 U 型管换热器埋管深度宜取 70m 左右。

(e) 间歇运行时埋管间距宜为 4m 左右，U 型管两管间宜用专用管卡保持间距并采用长式地热头。

(f) U 型埋管适宜采用水作为工作流体，管内流速应控制在 0.6~0.7m/s，D25 管压降应限制在 350Pa/m 以内，D32 管压降应限制在 300Pa/m 以内；对于水平连接管，压降应限制在 150Pa/m 左右，水平连接管的坡度宜为 0.002。

(g) 地源热泵系统设计应控制输送系统额定功率与热泵主机额定功率的比例：采暖期应在 20% 以内、制冷期应在 25% 以内；埋管系统循环水泵的扬程不超过 32m H_2O。

(h) 地埋管换热系统应设自动定压装置。

(i)竖直地埋管换热系统应根据水文地质特征确定回填材料,回填材料的导热系数应不低于周围岩土体的导热系数,且宜比周围岩土体的导热系数高 0.4W/(m·K)。严禁采用钻孔施工上返岩屑或原浆作为灌浆料。对于桩埋换热器,回填材料还应满足地基强度的要求。

(j)地埋管换热系统应具有正、反双向冲洗功能,冲洗流量宜为工作流量的 2 倍。

(3)在基岩埋深较浅的地区,竖直地埋管换热器的深度应根据经济技术分析后确定。

(4)在可能发生冻结的情况下,经建设主管部门批准后也可在以水为主要成分的传热介质中添加防冻液。

4)土壤热平衡分析

(1)土壤热平衡问题的根源与由来。

土壤源热泵依靠土壤换热器从地下土壤中提取温差能,虽然热泵机组的热源和热汇都是扩散半径范围内的土壤温差,但由于建筑物冬夏空调负荷以及运行的时间不一致,空调运行期间土壤换热器系统夏季累计向土壤的放热与冬季从土壤的取热量一般并不一致,这样长期取放热量不平衡的堆积会超过土壤自身对热量的扩散能力,造成其温度不断偏离其初始温度,并导致土壤换热器系统内循环水的温度随之变化以及系统运行效率逐年下降,这即通常的土壤源热泵热平衡问题。

(2)土壤换热器传热过程分析。

一般来说,土壤换热器与周围土壤中的传热过程实际上是一个通过多层介质的传热过程,具体由 6 个换热过程组成,从管内流体到周围土壤依次为地埋管内对流换热过程、地埋管管壁的导热过程、地埋管外壁面与回填物之间的传热过程、回填物内部的导热过程、回填物与孔壁的传热过程、土壤的导热过程。这些换热过程是一个受到地下水渗流特性、土壤热物性、埋管几何结构及地埋管换热负荷变化等诸多因素影响的复杂过程。

土壤是一个饱和的或部分饱和的含湿多孔介质体系。从热力学的角度考虑,对于非饱和土壤,土壤中热量的传递必然引起土壤中水分的迁移,同时水分的迁移又伴随热量的传递。因此,非饱和土壤中的传热过程是一个在温度梯度和湿度梯度共同作用下,热量传递和水分迁移相互耦合的复杂热力传递过程。对于地下水位线以下的埋管区域,土壤换热器周围的土壤已处于饱和状态,此时土壤热湿迁移耦合作用的影响已很弱,而地下水横向渗流的强弱成为土壤传热的主要影响因素。当有地下水渗流存在时,饱和土壤的传热途径主要有固体骨架中的热传导、孔隙中地下水的热传导以及地下水渗流产生的水平对流换热。无地下水渗流的饱和土壤的传热途径则主要是前两者,不涉及地下水渗流产生的水平对流换热问题。

(3)土壤热失衡所导致的结果。

土壤源热泵周期运行后土壤温度出现上升和下降是土壤热量收支失衡的两种后果,都对系统持续稳定运行不利。如果土壤源热泵系统承担全部空调负荷,大多数情况下其全年从土壤的取放热量是不平衡的,在我国的长三角地区(夏季累积冷负荷比冬季累积热负荷大得多)表现为散热量多于取热量,这主要是由于供冷季、供暖季持续时间和负荷强度有明显差异,而且夏季土壤还要承担制冷机组和水泵等设备散热造成的影响;而与之相反,在我国的东北地区(冬季累积热负荷比夏季累积冷负荷大得多)则表现为取热量多于散热量。

长三角地区，建筑物夏季供冷的时间要比冬季供暖的时间长约 1 个月，供冷负荷的绝对值也要比热负荷的绝对值高出近 1 倍，越在以供冷为主的地区，这种差异越大。这样系统运行一年后积累的热量会引起土壤温度逐年上升，严重时可以造成夏季高峰负荷期土壤换热器内循环冷却水温达 40℃ 以上，引起热泵机组的制冷效率严重降低。

(4) 土壤热平衡问题的影响因素。

土壤换热器的实际传热过程是一个复杂的非稳态传热过程，它以土壤导热为主，但还同时包括了土壤多孔介质中的空气、地下水体的自然对流以及地下水的迁移传热，因此土壤的热物性、含水量、土壤初始温度、埋管材料、管径和流体物性、流速等都对单个土壤换热器的传热过程产生影响。土壤的散热包括两方面，一方面为地下水迁移带走的热量，另一方面为土壤的热传导所带走的热量，散热的对象都是大地，由于大地本身具有足够大的容积，只要设计能保持每年空调系统从地下取放热差值不超过土壤固有的散热能力，就可以保持全年的热平衡。

而在实际情况下，由于不同的地区项目，土壤特性(热物性、含水量、土壤初始温度等因素)以及建筑功能特点等客观因素已经确定，针对不同项目，真正能够影响土壤源热泵系统土壤热平衡问题的主要因素有以下几个方面：

(a) 准确的建筑动态负荷特性预测；

(b) 土壤换热器系统的设计；

(c) 土壤源热泵系统运行策略设计；

(d) 施工质量；

(e) 后期运行管理水平。

(5) 国内土壤热失衡的几种常见情况。

国内的土壤源热泵运行时间都不太长，其持久运行情况还有待观察。从目前运行中暴露出来的问题来看，运行中的土壤热失衡主要可以分为以下几种情况：

(a) 在设计前未进行详细的建筑动态负荷分析计算，只根据经验值估算，导致所设计的空调系统与建筑所需要的冷热量不匹配；

(b) 由于没有详细的建筑动态负荷分析计算，空调系统运行策略设计比较粗糙，未进行优化设计；

(c) 由于市场中恶性竞争引起的价格战以及为了节省土壤源热泵系统的初投资，土壤换热器数量布置过少，从而引起空调季节持久运行特性变差；

(d) 只有较小可供土壤换热器使用的布置面积，而减小了土壤换热器间距，使得单个土壤换热器的扩散半径减小，降低了持久运行特性；

(e) 热泵机组与土壤换热器组群设置不匹配；

(f) 土壤换热器系统施工质量达不到设计要求；

(g) 后期系统管理运行不当。

(6) 解决土壤热平衡问题的常用措施。

首先，需要针对实施的项目进行有针对性的建筑空调动态负荷计算，准确地对建筑动态负荷特性进行预测，分析冬夏季节的冷热不平衡率，然后根据现场条件分析合适的技术组合，消除冷热不平衡。

　　具体的方法可以通过增大土壤换热器布置的间距，减少土壤换热器单位深度承担的设计负荷等措施进行，同时也可以通过设置辅助冷却系统调峰，采用热泵机组热回收技术减少夏季排热等措施实现。采用辅助冷却系统调峰等措施可以将土壤温升控制在一定范围内并获得较好的经济性，但合理的调峰比例需要根据空调负荷情况进行技术经济分析确定。

　　利用带热回收功能的土壤源热泵机组提供生活热水在冬季增加了土壤源热泵系统的取热负荷，在夏季回收了热泵机组向地下的冷凝排热，在过渡季节部分带有全热回收功能的热泵机组还可以作为热水机从地下取热，这对缓解土壤热平衡非常有益，同时也可以提供廉价的生活热水，对有生活热水需要的项目也是非常适合的一个技术手段。

　　除以上几点外，条件适合时还可以采用以下技术手段缓解土壤热平衡问题：

　　(a)将土壤换热器与热泵机组对应设置成多个回路轮流使用，在部分负荷时优先使用土壤换热器布置的周边回路，以延长土壤换热器的温度自然恢复时间，避免中心局部过热。

　　(b)在土壤换热器布置场地中心位置布置温度传感器对空调季土壤温度变化进行实时监测，当土壤温升超过规定数值后，启动调峰系统运行。条件适合的土壤源热泵机房还可以设置自动控制和管理系统，以确保土壤源热泵系统处于较好的控制和调节状态运行。

　　(c)土壤源热泵即使不采用复合式系统，也可以预留冷却塔位置和接口，以保证若持续运行出现土壤热温升超出控制范围，可启动冷却塔辅助冷却。

　　(d)对冬夏季节土壤热负荷差异较大的项目可以采用夏季冷却塔优先开启运行的复合式系统，或者在空调不运行的夜间将冷却塔和土壤换热器串联使用，以冷却地下土可以很好地解决热平衡问题而不影响系统经济性。

5.0.10　地表水源热泵技术应用时，应满足下列要求：

　　1 应通过收集相关水文数据或通过实测的方法，确定水源热状态及水流量或容量，分析其换热能力；

　　2 应对源水输水泵能耗与系统能耗进行技术经济比较分析；

　　3 应对地表水体资源和水体环境进行评估；

　　4 应结合地形地貌，合理选取适宜的取水方式。

【条文说明扩展】

（一）技术原理

　　水源热泵是利用地球表面浅层的水源，如地下水、河流和湖泊中吸收的太阳能和地热能而形成的低品位热能资源，采用热泵原理，通过少量的高位电能输入，实现低位热能向高位热能转移的一种技术。

1. 地表水

用地表水作为热泵的热源有两种方式,一种方式是用泵将水抽送至热泵机组的蒸发器换热之后返回水源;另一种方式是在地表水水体中设置换热盘管,用管道与热泵机组的蒸发器连接成回路,换热盘管中的媒介水在水泵的驱动下循环经过蒸发器。在采用地表水时,应尽可能减少对河流或湖泊造成的生态影响。

我国的地表水资源丰富,若能用江、河、湖、海的水作为热泵的低位热源,经济效益是很可观的。地表水相对于室外空气是高质量低位热源,只要地表水冬季不结冰,均可作为低位热源使用。

2. 地下水

地下水温度变化主要受气候和地温的影响,尤其是地温。因为土壤的隔热作用和蓄热作用,深井水温随季节气温的变化较小,对热泵运行十分有利。深井水的水温一般比当地年平均气温高 1~2℃。我国东北地区深井水温为 10~14℃;华北地区为 14~18℃;华东地区为 19~20℃;西北地区为 18~20℃;中南地区为 19~21℃。作为热泵的低位热源,地下水无论其水质、水温都是适宜的。对于地下热水,还可先作为供热的热媒再作为热泵的低位热源,加大地下热水的使用温度差,提高能量利用率。

地下砂岩和砾岩因为空隙率较大、渗透性好而容易形成含水层。含水层的砂层粒度越大,含水层的渗透系数越大,出水量就大。因此,应选择地下含水层为砾石和中粗砂的区域作为地下水源。地下水的补给一般有两个来源,一是雨水渗入地下;二是外区地下水由地下透水层渗流到本区。当用井水作为热泵空调的低位热源时,必须采用"井水回灌"的方法,用过的井水应回灌到原含水层中,以防止地面沉降。

3. 生活废水

洗衣房、浴池、旅馆等排出废水的温度一般都在 30℃ 以上,用这些废水作为热泵的低位热源,可以使热泵具有较高的制热系数。作为热泵低位热源时,必须贮存热泵用水量 2~3 倍的生活废水,使热泵能连续运行以免供热量波动。此外,如何保持换热设备表面的清洁也是值得注意的问题。由于热泵热源使用生活废水只吸纳热量和释放热量,水温改变但水质不改变。因此,必须按照国家标准《污水综合排放标准》(GB 8978—1996)的规定,经处理并达到一、二级排放标准后方可排至相应标准的水域和海域。

4. 工业废水

工业废水的数量可观,大有利用的前途。例如,各种设备用过的冷却水温升一般为 5~8℃ 且热量巨大,有的设备冷却水的温度甚至达到 80℃,可以利用热泵回收这些废水的热量用于供热。对于温度较高的冶金钢铁工业废水,可直接作为供热的热媒或作为吸收式热泵的驱动能源。

（二）实施策略

1. 开式环路地下水系统设计

地下水被直接供给并联连接的每一台水源热泵机组。系统定压由井泵和隔膜式膨胀罐来完成。在供水管上设置电磁阀或电动阀，用于控制在供热或供冷工况下向机组提供的水流量。在每个热泵机组换热器的进口应设置球阀，用于调节压力损失，以最终确定其流量，同时也可以防止换热器管道结垢。

2. 地表水换热设计

（1）地表水取水构筑物宜选用固定式，一般包括进水口、导水管（或水平集水管）和集水井。

（2）开式地表水换热系统取水口应远离回水口，并宜位于回水口上游，取水口应设置污物过滤装置，如图5.0.10-1所示。

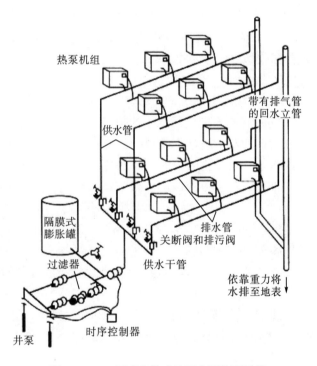

图5.0.10-1 开式分散式地下水源热泵系统

（3）水系统宜采用变流量调节。

（4）当地表水体为海水时，与海水接触的所有设备、部件及管道应具有防腐、防生物附着的能力；与海水连通的所有设备、部件及管道应具有过滤、清理的功能。

（5）地表水开式系统适宜采用"河底取水、长取短排、深取浅排"的布置形式。

(6)对于排水系统，可采用喷泉降温、瀑布形排水口。对于喷泉降温系统，在实际设计中，喷泉喷射压头不宜过大，单喷头流量在 $10\sim20m^3/h$，喷射压头一般取 50kPa 左右。

(7)对于中水回用系统，宜利用城市中水回用管线将水输送到用户集中处，采用中水水源热泵系统。

(8)地表水换热系统的施工和验收应符合《建筑给水排水及采暖工程施工质量验收规范》（GB 50242—2002）6.4 条的相关规定。

5.0.11　热回收系统应进行技术经济比较分析，并根据处理的空气特性确定排风热回收装置。

【条文说明扩展】

（一）技术原理

热回收技术，是指对建筑物内产生的余热进行回收利用的技术。建筑中的热回收主要有冷凝热回收、排风热回收和内区热回收。

1. 冷凝热回收

随着我国国民经济的发展和人们生活水平的提高，我国空调的普及率迅猛增长。同时，由于人们生活习惯的改变和对清洁卫生要求的提高，住宅建筑越来越重视卫生生活热水的供应，而目前国内家庭日常生活中所需要的热水供应大部分是通过专门的热水加热器来提供。这进一步加剧了世界范围内的能源紧缺和环境污染问题，引起了各个国家的高度重视。

冷凝热回收技术是指通过增加换热器，将空调系统中制冷机在制冷时产生的冷凝热进行热回收的技术。空调系统的制冷机在制冷时，机组经冷凝器放出的热量通常被冷却塔或冷却风机排向周围环境中，通过直接或间接换热，回收部分或者全部的热量，用于生活热水和供暖系统。

冷凝热回收的意义：①减轻制冷主机（压缩机）的冷凝负荷；②减轻冷却水泵的负荷；③能量回收制成热水，可部分或全部替代燃油燃气、锅炉生产热水，节省大量的燃油燃气。

冷凝热回收装置由热回收制冷系统、冷却水系统及热用户系统三部分组成。常见冷凝热回收装置有叠式制冷的全冷凝热回收装置、空调供暖的全冷凝热回收装置、生活热水的部分冷凝热回收装置、生活热水的全冷凝热回收装置。

1)热回收制冷系统

(1)热回收制冷系统分为单冷型制冷系统和热泵系统。单冷型机组可在夏天制冷的同时，回收原本废弃的冷凝热，也可单独制冷；热泵型机组具有制冷、供暖和制取生活热水的两种或三种功能。

(2)热回收制冷系统的冷凝器设置形式有标准型、单冷凝器型和双冷凝器型。

单冷凝器型冷水机组用常规冷水机组冷凝器侧排出的 37℃或更高温度的热水，通过换热器间接换热，故又称间接式热回收系统。间接式换热系统要增加的设备较多，换热效率较低。

双冷凝器型冷水机组有两个冷凝器，其中一个是标准冷凝器，用于连接冷却塔，另一个是热回收冷凝器，专门与供热水系统相连，因机组直接散热给热水，故又称直接式热回收系统。

(3)冷凝热回收装置按冷凝热回收量分为全部热回收型和部分热回收型。

(a)全部热回收。全部热回收型冷水(热泵)机组的热回收量即常规制冷系统中冷却水的排热，即需要用冷却塔带走的热量，其数值为制冷量+压缩机输入功率+输送系统能量损耗，如图 5.0.11-1 所示。其特点是回收热量比例高，回收温度可根据需要选择，如果所要求的热水温度较高(高于空调工况冷凝器出水温度)，在设计时要考虑提高冷凝压力，对机组本身的性能有负面影响，影响幅度取决于热水的出水温度要求，但是综合考虑系统的整体性能(充分利用热回收量+制冷量)，仍然有较好的节能优势，与常规机组相比，成本增加相对显热回收要高。各机组特性参数如表 5.0.11-1 所示。

(b)部分热回收。部分热回收型冷水(热泵)机组的特点是在冷凝器前增置一个高温热水换热器，同时又在冷凝器腔体内增设一组低温热水换热管束，该低温热水换热管束出口与高温热水换热器的热水进口相连，如图 5.0.11-2 所示。该机组既能提供高温生活热水，又能更有效地降低压缩机的输入功率以保证压缩机能长期安全可靠地运作。

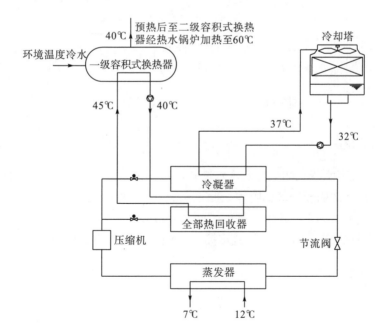

图 5.0.11-1 全部冷凝热回收系统原理图

表 5.0.11-1   全部热回收型冷水(热泵)机组特性表①

冷水热泵(机组)	制冷量范围 /kW	余热回收量范围 /kW	单制冷性能系数 COP 范围	余热回收性能系数 COP 范围
涡旋式	10~210	13~261	3.1~4.1	7.2~9.2
螺杆式	180~1800	223~2133	4.1~5.4	9.2~11.8
离心式	700~7000	840~8186	5.0~5.9	11~12.8

部分热回收型冷水(热泵)机组只回收压缩机出口的高温余热部分,回收量比例不大,一般不超过整体冷凝热的 20%,回收温度不高,对机组效率无影响,与常规机组相比,成本增加较少。涡旋式部分热回收型冷水(热泵)机组的余热回收量约为全部冷凝热的 7%;螺杆式部分热回收型冷水(热泵)机组的余热回收量为全部冷凝热的 6.7%~16%。

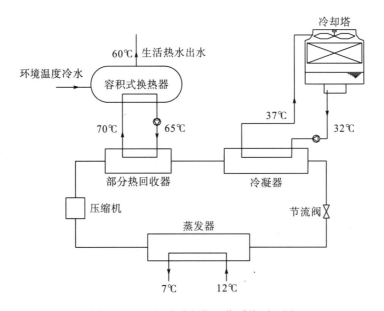

图 5.0.11-2   部分冷凝热回收系统原理图

2) 冷却水系统

(1)冷却形式有水冷式和风冷式。水冷式以水作为媒介冷却需要冷却的物体。风冷式用空气作为媒介冷却需要冷却的物体。通常是加大需要冷却的物体的表面积,或者是加快单位时间内空气流过物体的速率,抑或是两种方法共用。

(2)冷却水系统的形式有常规开式连接、开式直接连接、开式间接连接、闭式直接连接。

3) 热用户系统

热用户系统的用户用途有空调供暖加热、锅炉补水预热、生活热水加热、生活热水

① 陆耀庆. 实用供热空调设计手册[M]. 2 版. 北京:中国建筑工业出版社,2008.

预热。目前冷凝热回收应用最为广泛的是制备生活热水，应用于低温热水的预热，使其热交换效率更高；应用于高温热水的加热，会增加冷水机组的功耗，需要进行经济技术比较分析。

4)冷凝热回收的常用形式

我国近年来研究应用的冷凝热回收形式主要有以下几种。

(1)双冷凝器热回收技术。

在压缩机和冷凝器之间加一个热回收器(冷凝器)回收冷凝热，从这个外加的热回收器出来的制冷剂的状态是气-液混合物或气态，由后面的冷凝器吸收其余热量。该技术可以根据要求直接回收制冷机组的蒸汽显热或是显热加部分潜热来一次性加热或循环加热到水的指定温度。该形式主要应用于中央空调冷水机组。

(2)家用空调器冷凝热回收。

将空调器中压缩机排出的高温高压的制冷剂蒸汽注入热水换热设备中进行热交换，加热生活热水。若热水换热器的换热能力能够独立承担所有的冷凝热量，则无需使用风冷冷凝器，反之就要同时使用风冷冷凝器和水冷冷凝器来承担所有的冷凝负荷。

(3)热泵回收技术。

由于空调制冷中冷却水温度一般在 30~38℃，属于低品位热能，要想充分回收需要热泵技术，由制冷机与热泵机组联合运行构成一套热回收装置。该装置把热泵的蒸发器并联接到制冷机冷却水回路上，比较适合在现有的空调冷却水系统中进行改造，控制也比较容易实现。

当冷水机组和热泵同时工作时，可以通过控制冷却塔风机的启停来控制冷却水回水温度。通过电动三通阀控制冷却塔的冷却水流量和热泵蒸发器的流量比例，热泵的蒸发器出水温度低于 32℃，以保证冷水机组的正常运行。该种方式是在原系统并联一套热泵机组，把冷凝热作为热泵热源来制备热水。

(4)相变材料回收空调冷凝热。

热回收蓄热器代替双冷凝器热回收技术中压缩机出口的冷凝器，与常规风冷冷凝器(或冷却塔)采用串联连接，利用冷却塔排除热回收系统不能储存的剩余热量。热回收蓄热器中相变材料的温度是随冷凝温度的变化而变化的。开始时，常规风冷冷凝器(或冷却塔回路)关闭，热回收蓄热器利用制冷剂过热段的显热和冷凝潜热对相变材料进行加热，此时冷凝压力随热回收蓄热器中相变材料温度的升高而升高。当系统冷凝压力达到限定值时，开启风冷冷凝器以释放多余的制冷剂冷凝潜热，降低系统的冷凝压力。此时，热回收蓄热器仍能利用蓄热器管内流过的气态制冷剂过热段的显热放热加热相变材料，进一步提高相变材料的温度。当相变材料温度达到某一设定值后(可利用相变材料温度自动调节器测得)，系统恢复原冷凝器(冷却塔)冷凝运行模式。

2. 排风热回收

排风热回收技术是利用空气-空气换热器回收排风中的冷量或热量对新风进行预处理，以此减少新风负荷的技术。建筑中有新风进入的同时，也有等量的室内空气排出，在室内外空气存在温度差或者焓差的情况下，利用空调房间的排风，通过热回收装置与新风进行热湿交换，回收排风中的冷热量实现对新风的预处理。换热后，排风以废气的形式排出，经过预处理的新风与回风混合后再通过空气处理设备处理后送入空调房间。排风热回收原理图如图 5.0.11-3 所示。

排风热回收的意义：①对新风进行预处理，减小空调运行负荷，节约运行费用；②减小空调系统的最大负荷，减小空调系统的型号，节省初投资；③在节约能源的同时可以加大室内的新风比，提高室内空气品质；④降低夏季排风温度，减少向外的排热量，降低热污染，缓解热岛效应。

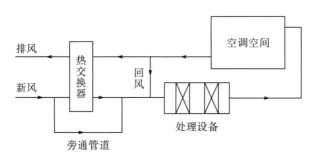

图 5.0.11-3　排风热回收原理图

(1)排风热回收根据能量回收的性质分为全热回收和显热回收，对应热回收装置为全热回收装置和显热回收装置。当排风与新风同时存在显热交换和潜热交换时，称为全热回收，全热回收装置由具有吸湿作用的材料制成；当排风与新风只存在显热交换时，称为显热回收，显热回收装置通常由铝板或钢板制成，没有传湿能力，只能回收显热。

(2)排风热回收装置按空气换热器的种类可分为转轮式、板翅式、热管式、盘管环路式等。表 5.0.11-2 为四类常见排风热回收装置的特性及优缺点比较。

表 5.0.11-2　排风热回收装置特性表

热回收形式	能量回收类型	适用风量	优点	缺点
转轮式	全热、显热	较大	阻力较小、热交换效率高、有自净作用不易堵塞	体积大、有驱动装置、新风可能被污染、系统布置困难
板翅式	全热、显热	较小	新风、排风无交叉污染；无驱动装置	有结露、结霜、堵塞风管的可能
热管式	显热	中	新风、排风无交叉污染；可以在低温差下传递热量，工作范围为-40～500℃	只能进行显热回收
盘管环路式	全热、显热	中	新风、排风无交叉污染；热交换效率高；管路布置灵活；室内舒适度高	初始投资较高；维护费用较高；空气质量要求高；适用场合受限

3. 内区热回收

建筑物内区无外窗和外墙，四季无围护结构冷/热负荷，但在建筑内区中有人员、灯光、发热等设备，因此全年均有余热。回收内区热量主要采用水环热泵空调系统。

水环热泵空调系统是指用水环路将小型的水/空气热泵机组并联在一起，由室内水/空气热泵机组、水循环环路和辅助设备三部分组成，构成一个以回收建筑物内部余热为主要特点的热泵供暖、供冷的空调系统。与普通空调系统相比，水环热泵空调系统具有建筑物余热回收、节省冷热源设备和机房、便于分户计量、便于安装、管理等特点。实际设计中，应进行供冷、供热需求的平衡计算，以确定是否设置辅助热源或冷源及其容量。

根据《热回收新风机组》(GB/T 21087—2020)规定，交换效率实测值应满足表 5.0.11-3 的要求。

表 5.0.11-3 热回收新风机组(ERV)和热回收装置(ERC)的交换效率限值

类型		冷量回收	热量回收
全热型 ERV 和 ERC	全热交换效率/%	≥55	≥60
显热型 ERV 和 ERC	显热交换效率/%	≥65	≥70

注：①按表 5.0.11-3 规定工况，且在送风量、排风量相等的条件下测试的交换效率；
②全热交换效率适用于全热型 ERV 和 ERC，显热交换效率适用于显热型 ERV 和 ERC；
③ERV：energy recovery ventilators for outdoor air handling；
④ERC：energy recovery components。

(二)实施策略

1. 空调冷凝热回收

1)冷凝热回收装置的设计原则

(1)确定热用户的负荷特性及空调制冷的容量。

(a)前期参数包括空调系统制冷冷负荷、空调系统运行参数、热用户耗热量、热用户使用时间等；

(b)当回收时间和利用的时间一致性较差时，热回收装置应采用蓄热系统，蓄热的容量应依据具体情况确定。

(2)初定制冷机和热回收装置的形式及配置，进行容量匹配计算。

冷凝热回收装置一般有两种，分为辅助冷凝器型和双冷凝器型，辅助冷凝器型热回收装置为部分热回收型，其制冷性能系数通常高于常规制冷机，双冷凝器型热回收装置为全部热回收型，其制冷性能系数通常低于常规制冷机，但该制冷机热回收性能系数却远大于辅助冷凝器型制冷机。

(a)热回收制冷机冷凝热回收量计算如下：

$$Q_{h'} = KQ_h$$

式中，$Q_{h'}$ ——冷凝热回收装置回收的选型热量，kW；

Q_h ——冷凝热回收装置回收的热量，kW；

K ——附加系数，建议取 1.1～1.3。

(b)热回收制冷机冷量计算如下：

$$Q_c = K / \beta$$

式中，β ——冷凝热系数。

(c)辅助热源热容量计算如下:

$$Q_a = Q_{h'} / \eta$$

式中, Q_a ——辅助热源的热容量, kW;

η ——辅助热源的热效率。

(3)根据计算所得的制冷量、加热量等,确定冷凝热回收装置的设备型号及规格。在系统与机组选型时,由于风冷系统与水冷系统机组配置的不同,选型步骤也相应不同。

(4)选择合理可靠的系统控制方式。

(5)热回收系统中热水系统设计。热回收热水系统分为直供式和循环式。实际应用中,通常采用循环式。循环式系统可以用于生活热水系统,也可以用于供热系统。

(6)风冷冷水及热泵机组选型步骤如下:

(a)估算空调冷负荷、热水负荷(最大值与逐月、逐时值);

(b)根据冷负荷及功能分区确定风冷机组总冷量及台数;

(c)根据热水负荷需求,确定风冷热回收机组台数(推荐 2 台以上),剩余机组为标准机组;

(d)不能满足的热水负荷需求,需在选择其他加热设备(锅炉)时考虑。

(7)水冷冷水及热泵机组选型步骤如下:

(a)估算空调冷负荷、热水负荷(最大值与逐月、逐时值);

(b)根据热水负荷选型水冷热回收机组;

(c)确定全热回收机组在制热时可回收的冷量;

(d)根据空调冷负荷减去冷回收量,选型剩余所需的冷水机组;

(e)不能满足的热水负荷需求,在选择其他加热设备(锅炉)时考虑。

(8)根据空调制冷负荷(相对较小)与项目实际情况,选用风冷冷水或热泵机组时,建议配置部分热回收选项,利用其较高的热水出水温度制取生活热水或空调用热水。

(9)根据空调制冷负荷(相对较大)与项目实际情况,选用水冷冷水或热泵机组时,通常选择将热回收机组(全热回收)与其他标准型冷水机组并联的形式,这种组合方式可以精确控制系统冷冻水总出水温度,有效利用热回收量,热水温度由系统控制,并同时保证机组与系统的效率。

(10)冷凝热回收装置的控制需依据热用户的需求,合理地调节热回收装置的回收量、冷凝器回水温度及辅助加热量,使得在最大限度回收利用冷凝热的同时,降低对制冷系数的影响。

(11)冷凝热回收装置常用的控制方法如下:

(a)由热用户循环回水温度控制冷却系统旁通阀的开度;

(b)由生活热水储热罐的水温控制热水循环泵的启停和辅助热源的加热量。

(12)冷凝热回收装置的控制及其运行中各工况条件下阀门及设备状态参考《空调系统热回收装置选用与安装》(06K301-2)图集第 97、99 页以及 100 页。

2)冷凝热回收装置的施工工艺要求

(1)保温性能。

冷凝器热回收设备应进行保温,保温层厚度的计算参照《设备及管道绝热效果的测试与评价》(GB/T 8174—2008)的有关规定，保温材料性能及保温设计应满足《设备及管道绝热技术通则》(GB/T 4272—2008)的相关规定。

(2)机组名义工况测试值。

(a)民用空调冷凝热回收设备(仅限于卫生热水需求)名义工况下的温度条件应满足表 5.0.11-4 的规定。

表 5.0.11-4　民用空调冷凝热回收设备名义工况下的温度条件

热回收工况	冷源侧		热源侧(或热回收侧)											
	冷冻水		全部热回收				部分热回收							
			直流式		循环式		常规冷凝			冷凝热回收				
							水冷式		风冷式	直流式		循环式		
	水流量/(m³/(h·kW)	出口水温/℃	初始水温/℃	终止水温/℃	温差/℃	出口水温/℃	进口水温/℃	水流量/(m³/(h·kW)	干球温度/℃	初始水温/℃	终止温度/℃	温差/℃	出口水温/℃
普温型	0.127	7	15	45	5	45	30	—	35	15	45	5	45
中温型	0.172	7	15	50	5	50	30	—	35	15	50	5	50

注：冷源侧为冷风型时名义工况参照《工业建筑供暖通风与空气调节设计规范》(GB 50019—2015)、《房间空气调节器》(GB/T 7725—2022)及《单元式空气调节机》(GB/T 17758—2010)。

(b)工业用空调冷凝热回收设备名义工况下的温度条件应满足表 5.0.11-5 的规定。

表 5.0.11-5　工业用空调冷凝热回收设备名义工况下的温度条件

热回收工况	冷源侧		热源侧(或放热侧)			
	蒸发器		冷凝热回收		常规冷凝	
	水流量/(m³/(h·kW)	出口水温/℃	温差/℃	出口水温/℃	进口水温/℃	水流量/(m³/(h·kW)
普温型	0.127	7	5	40	—	
中温型	0.172	7	5	45	30	—

注：冷源侧为冷风型时名义工况参照《工业建筑供暖通风与空气调节设计规范》(GB 50019—2015)、《房间空气调节器》(GB/T 7725—2022)及《单元式空气调节机》(GB/T 17758—2010)。

(3)热水储热水箱性能要求。

带有水箱的空调冷凝热回收设备，热水的贮存性能(保温及使用性能)按《商业或工业用及类似用途的热泵热水机》(GB/T 21362—2023)中 6.6 节的方法进行试验，应符合《商业或工业用及类似用途的热泵热水机》(GB/T 21362—2023)中 5.4 节的规定。

(4)设备热回收名义工况性能。

设备在热回收(制冷或空调)名义工况下进行试验时，其最大偏差应不超过以下规定：

(a)热回收量不应小于名义规定值的 95%；

(b)设备消耗总电功率不应大于设备名义消耗电功率的 110%；

(c)热回收名义工况性能系数不应小于设备名义规定值的 92%，并符合表 5.0.11-6 的规定；

表 5.0.11-6　性能系数

设备类型	全部热回收	部分热回收
综合能效系数(COP)	水冷设备不低于名义制冷工况下 COP 值的 135%；风冷设备不低于名义制冷工况下 COP 值的 165%	不低于名义制冷工况下 COP 值的 105%

注：蒸发器和冷凝器水侧的污垢系数按《蒸气压缩循环冷水(热泵)机组第 1 部分：工业或商业用及类似用途的冷水(热泵)机组》(GB/T 18430.1—2007)规定。

(d)冷(热)水、冷却水的压力损失不应大于设备名义规定值的 115%。

(5)安全性能。

(a)工业或商业用及类似用途的冷水(热泵)机组的安全性能应符合《蒸气压缩循环冷水(热泵)机组第 1 部分：工业或商业用及类似用途的冷水(热泵)机组》(GB/T 18430.1—2007)中 6.3.7 节的规定；

(b)户用及类似用途的冷水(热泵)机组的安全性能应符合《容积式和离心式冷水(热泵)机组 安全要求》(JB 8654—1997)的规定；

(c)房间空气调节器的安全性能应符合《家用和类似用途电器的安全热泵、空调器和除湿机的特殊要求》(GB 4706.32—2012)的规定；

(d)单元式空气调节机的安全性能应符合《单元式空气调节机 安全要求》(GB 25130—2010)的规定。

(6)噪声和振动。

(a)设备应按《制冷和空调设备噪声的测定》(JB/T 4330—1999)进行噪声声压级的测量，实测值不应大于设备的明示值；

(b)设备应按《制冷和空调设备噪声的测定》中 7.5.2 节规定的试验方法进行振动测量，实测值不应大于设备的明示值。

(7)气密性。

(a)工业或商业用及类似用途的冷水(热泵)机组采用电子卤素检漏仪或氦质谱检漏仪时，机组单点泄漏率应低于 14g/年，并充分保证机组在应用周期中的气密性；

(b)工业或商业用及类似用途的冷水(热泵)机组按照《蒸气压缩循环冷水(热泵)机组第 1 部分：工业或商业用及类似用途的冷水(热泵)机组》(GB/T 18430.1—2007)的规定进行试验，户用及类似用途的冷水(热泵)机组按照《蒸气压缩循环冷水(热泵)机组 第 2 部分：户用及类似用途的冷水(热泵)机组》(GB/T 18430.2—2016)的规定进行试验，房间空气调节器按照《房间空气调节器》(GB/T 7725—2022)的规定进行试验，单元式空气调节机按照《单元式空气调节机》(GB/T 17758—2010)进行试验，制冷系统各部分不应有制冷剂泄漏。

(8)真空试验。

工业或商业用及类似用途的冷水(热泵)机组应进行真空试验。进行真空压力试验时，制冷系统的各部件应无异常变形，且压力回升不得超过 0.15kPa。

(9) 压力试验。

(a) 蒸气压缩循环冷水 (热泵) 机组按《蒸气压缩循环冷水 (热泵) 机组第 1 部分：工业或商业用及类似用途的冷水 (热泵) 机组》(GB/T 18430.1—2007) 及《蒸气压缩循环冷水 (热泵) 机组　第 2 部分：户用及类似用途的冷水 (热泵) 机组》(GB/T 18430.2—2016) 的规定进行水侧试验，试验时水侧 (冷水、冷却水) 各部件应无异常变形；

(b) 设备热回收水侧再充入 1.25 倍设计压力的洁净水，观察各部位及接头处，设备热回收水侧各部件及接头处不应有异常变形和水泄漏现象。

(10) 防锈。

设备外露的不涂漆加工表面应采取防锈措施，螺纹接头用螺塞堵住，法兰孔用盲板封盖。

(11) 贮存。

(a) 设备出厂前应充入或保持规定的制冷剂量，或充入 0.02～0.03MPa (表压) 的干燥氮气。

(b) 设备应存放在库房或有遮盖的场所。根据协议露天存放时，应注意整台设备和自控、电气系统的防潮。

2. 排风热回收

1) 排风热回收的设计原则

(1) 由于热回收的效益与气候以及建筑使用频率有关，应进行技术经济比较分析，确定是否设计热回收系统，并根据处理的空气特性确定排风热回收装置。

对于使用频率较低的建筑物 (如体育馆) 宜通过能耗与投资之间的经济分析比较来决定是否设计热回收系统。

新风中显热能耗和潜热能耗的比例构成是选择显热交换器和全热交换器的关键因素。在严寒地区宜选用显热回收装置；而在其他地区，尤其是夏热冬冷地区，宜选用全热回收装置。当居住建筑设置全年性空调、采暖系统，并对室内空气品质要求较高时，宜在机械通风系统中采用全热或显热回收装置。

(2) 当建筑物内设有集中排风系统且符合下列条件之一时，宜设计热回收装置：

(a) 当直流式空调系统的新风量大于或等于 3000m²/h，且新风、排风之间的设计温差大于 8℃时；

(b) 当全空气空调系统的新风量大于或等于 4000m²/h，且新风、排风之间的设计温差大于 8℃时；

(c) 设有独立新风系统和排风系统时；

(d) 过渡季节较长的地区，新风、排风之间全年实际温差数应大于 10000℃/年；

(e) 有人员长期停留但未设置集中新风、排风系统的空调区域或房间，宜安装热回收换气装置；

(f) 当居住建筑设置全年性空调、采暖，并对室内空气品质要求较高时，宜在通风、空调系统中设置全热或显热回收装置；

(g) 在设有四管制或冬季需供冷的空调系统中，制冷系统应优先选用带冷凝热回收装置的制冷机，以充分利用制冷机的冷凝热。

(3)排风热回收装置的选用步骤如下：

(a)综合比较确定合适的热回收装置；

(b)确定冬季和夏季室外新风参数及室内排风参数，包括大气压、新风量、排风量、干球温度、相对湿度、湿球温度，并通过焓湿图查取焓值及含湿量；

(c)选择热回收装置型号；

(d)计算热回收效率；

(e)计算热回收量；

(f)计算热回收装置的其他配套设备。

(4)计算排风热回收的节能效率时，不但要考虑热回收装置本身的热效率，还应同时计算送风机、排风机增加的功耗，合理选用热回收设备。由于不需要全年进行排风热回收，宜跨越热回收装置设置旁通风管，以便在不需要进行排风热回收的季节减少风机能耗。

(5)空气-空气热回收装置新风和排风的旁通设置宜按以下原则选用：

(a)当非热回收使用期运行的时间较长时，可设置全旁通；

(b)当非热回收使用期运行的时间较短，但无效使用会缩短热回收装置运行寿命或风机无效运行能耗较大时，可设置全旁通；

(c)在非热回收使用期(如过渡季)运行中，装置有增大新风或排风风量的需求时，可设置全部或部分旁通；

(d)当非热回收使用期运行时间较短或设置旁通较困难时也可不设置旁通。

(6)热回收装置及系统设计应进行必要的监测与控制，基本内容要求如下：

(a)空气温、湿度的监测与控制；

(b)装置中各冷热水温度的监测与控制；

(c)设备运行状态的监测及事故报警；

(d)热回收器的防霜冻保护；

(e)空气过滤器和热回收器的超压报警或显示；

(f)旁通、直通等电动阀的开闭及运行工况的转换。

(7)排风热回收装置的安装应符合下列规定：

(a)当排风热回收装置安装在室外时，应采取防雨措施；

(b)当排风热回收装置安装在墙壁或吊顶上时，应进行结构承重验算；

(c)机组安装时，必须牢固可靠，所用型钢支架应有足够的强度，接口全部焊接；

(d)凝结水管需保持一定的坡度，并坡向排出方向。

2)排风热回收换热器的适用条件

(1)当排风中含有害成分时，不宜选用板翅式热交换器。实际使用时，在新风侧和排风侧宜分别设有风机和粗效过滤器，以克服全热回收装置的阻力并对空气进行过滤。

(2)两种类型选用时应核算时间回收效益。夏天室外空气比较潮湿，使用显热交换型回收空调排风能量，效益不佳，从经济上核算可能得不偿失。这种情况下，应用全热回收型的装置就明显合理。一般这种装置的全热效率为50%～70%。如果一个工程的新风冷负荷占总空调负荷的40%，那么使用该装置后就可以使总空调负荷减少25%左右，冷/热源容量减少很多，而且大大节省运行能耗。尤其在夏季，对削减峰值负荷、平衡电网负荷也有重要作用。

(3) 一般情况下，宜布置在负压段。为了保证回收效率，要求新风、排风的风量基本保持相等，两者比例最大不超过 1∶0.75。如果实际工程中新风量很大，多出的风量可通过旁通管旁通。

(4) 转轮两侧气流入口处，宜装设空气过滤器。特别是新风侧，应装设效率不低于 30% 的粗效过滤器。

(5) 在冬季室外温度很低的严寒地区，设计时必须校核转轮上是否会出现结霜、结冰现象，必要时应在新风进风管上设空气预热器或在热回收装置后设温度自控装置；当温度达到霜冻点时，发出信号，关闭新风阀门或开启预热器。

> **5.0.12**　存在峰谷电价差的项目，应根据设计周期冷/热负荷的特点、一次能源的价格结构，在技术经济比较后合理设置蓄冷/热装置，蓄冷/热系统的设计、运行和控制。

【条文说明扩展】

(一) 技术原理

蓄冷/热技术是指通过一定的技术手段，在电网低价计费时段将冷/热量储存在某种介质中，并在负荷高峰时释放出来再次利用的技术。与常规冷热源系统设计不同，蓄冷/热系统通常通过计算一个周期(通常以 24h 为一个周期)内的冷/热负荷总量来确定系统容量。

1. 蓄冷技术

蓄冷系统一般由制冷、蓄冷以及供冷系统组成。制冷、蓄冷系统由制冷设备、蓄冷装置、辅助设备、控制调节设备四部分通过管道和导线(包括控制导线和动力电缆等)连接组成，除能用于常规制冷外，还能在蓄冷工况下运行，从蓄冷介质中移出热量(显热和潜热)，待需要供冷时，可由制冷设备单独制冷供冷，或蓄冷装置单独制冷供冷，或二者联合供冷。供冷系统以空调为目的，是空气处理、输送、分配以及控制其参数的所有设备、管道及附件、仪器仪表的总称，其中包括空调末端设备、输送制冷剂的泵与管道、输送空气的风机、风管和附件以及控制和监控的仪器仪表等。

常规制冷系统，制冷机的装机容量为了满足空调瞬时冷负荷的峰值，按照建筑各项逐时冷负荷的综合最大值(简称建筑物空调冷负荷或冷负荷)进行确定，通过配置蓄冷系统，在电力低谷期将电能储存在冰或水这类储能材料中，在用电高峰时释放能量承担一部分冷负荷，将高峰能耗转移至低谷，实现负荷转移。

通常将实际设计日空调冷负荷总量 Q_d(kW·h) 与蓄、释冷周期内制冷机总制冷能力 Q_r(kW·h) 之比称为制冷机的参差率 R_u(%)，即

$$R_u = \frac{Q_d}{Q_r}$$

参差率越小，系统的投资效率越低。

按蓄冷介质分为水蓄冷、冰蓄冷、盐蓄冷和气体水合物蓄冷四种方式。目前在我国使用最为广泛的蓄冷系统是水蓄冷和冰蓄冷。

(1)水：利用水的温度变化储存显热量(4.184kJ/(kg·℃))，蓄冷温差一般采用 6～10℃，蓄冷温度通常为 4～6℃。水蓄冷方式的单位蓄冷能力较低(7～11.6(kW·h)/m³)，蓄冷所占的容积较大。

(2)冰：利用冰的溶解潜热储存冷量(335kJ/kg)，冰蓄冷方式的单位蓄冷能力较大(40～50(kW·h)/m³)，蓄冷所占的容积比水蓄冷方式小，制冰温度一般采用-4～-8℃。

(3)共晶盐：无机盐与水的混合物称为共晶盐，常用共晶盐的相变温度一般为5～7℃。该蓄冷方式的单位蓄冷能力约为 20.8(kW·h)/m³，一般制冷机可按常规空调工况运行。

2. 蓄热技术

蓄热系统在电力低谷期间，加热蓄热介质，并将其储存在蓄热装置中，在用电高峰期间将蓄热装置中的热能释放出来满足供热需要。

通常情况下，蓄热系统的蓄热装置用水作为热媒。蓄热装置主要可以分为迷宫式蓄热装置、多槽式蓄热装置、隔膜式蓄热装置、温度分层式蓄热装置等，与蓄冷系统相似的是，根据电锅炉与蓄热装置连接关系，可分为并联和串联两种蓄热系统。

3. 蓄冷/热系统的运行模式及控制策略

1)蓄冷/热系统的运行模式

蓄冷/热系统的运行模式通常有两种，即全负荷蓄冷/热(全量蓄冷/热)和部分负荷蓄冷/热(分量蓄冷/热)。

(1)全负荷蓄冷/热。

由蓄冷/热装置承担高峰时段全部的冷/热负荷，即在用电低谷和平值时段，制冷机运行，蓄冷装置开始蓄冷/热，当蓄冷量达到周期内所需的全部冷/热负荷量时，关闭制冷机。在高峰时段，制冷机停止运行，由蓄冷/热装置释放储存的冷量供空调系统使用。

此方式可以最大限度地转移高峰电力用电负荷(对于通常一次能源采用电)，运行费用最低。由于蓄冷/热装置要承担空调系统的全部冷/热负荷，蓄冷/热装置的容量较大，相比于常规空调系统初投资较高、设备占地面积大，不适用于一般建筑。全负荷蓄冷/热一般适用于白天供冷时间较短或要求完全备用冷量以及峰、谷电价差特别大的情况。

(2)部分负荷蓄冷/热。

蓄冷/热装置只承担设计周期内的部分空调冷负荷,制冷机在夜间非用电高峰期开启运行，并储存周期内空调冷/热负荷中所需要释冷/热部分的冷/热负荷量；在白天蓄冷/热装置和制冷机/供热系统联合运行。部分负荷蓄冷/热技术应用于全天不间断工作的系统中。

2) 部分负荷蓄冷/热系统的控制策略

部分负荷蓄冷/热系统的控制策略主要包括如下三种：冷机优先、蓄能优先、优化控制。

(1) 冷机优先：该种运行模式让制冷主机尽可能满负荷地运行，只有制冷机的制冷量不能够满足空调系统的负荷时，蓄能装置才运行来补充不足的负荷。这种控制策略相对简单，运行可靠，且压缩机运转效率较高，装机容量一般可减少到峰值冷负荷的 40%。其缺点在于没有充分利用蓄能装置。

(2) 蓄能优先：在蓄能优先的控制模式下，优先使用蓄冷/热设备来提供冷/热负荷，当蓄冷/热设备中储存的能量不能达到空调所需的负荷时，不足部分由制冷机组来弥补，这种运行方式控制复杂，且制冷机组利用率较低，适用于空调负荷较低的时间区段使用。

(3) 优化控制：在优化控制模式下，需要根据蓄能系统和主机系统的特点，充分利用二者的功效，使用户的经济效益最大化，并且保证系统的运行。一般来说，蓄冷空调的优化控制目标主要为以下几点：满足空调负荷、运行费用最低、尽量保持设备运行的连续性、避免频繁开关机、尽量耗尽夜间所蓄冷量。同时，这种控制策略受蓄冷装置的物理特性与电价结构的影响。优化控制中最难的部分是预测系统所需要的负荷，并且进行精确的计算和控制。另外，优化控制还需要大量的数据支持，这在一般的工程中往往难以做到，因而该种控制系统最为复杂。

蓄冷/热系统应能满足用能末端系统的需要，满足系统运行安全、可靠，系统维护和管理简单、方便，初投资合适，运行费用低等要求。

符合以下条件之一，且经综合技术经济比较合理时，宜采用蓄冷系统：

(1) 执行峰谷电价且峰谷电价差较大的地区，空气调节冷负荷高峰与电网高峰时段重合，而采用蓄冷方式能做到错峰用电，从而节约运行费用时；

(2) 空气调节冷负荷的峰谷差悬殊，使用常规制冷会导致装机容量过大，且大部分时间处于低负荷下运行的空调工程时；

(3) 对于改造工程，采取利用既有冷源、增加蓄冷装置的方式能取得较好的效益时；

(4) 蓄冷装置能作为应急冷源使用时；

(5) 电能的峰值供应量受到限制，以至于不采用蓄冷系统能源供应不能满足建筑空气调节的正常使用要求时。

符合以下条件之一，且经综合技术经济比较合理时，宜采用蓄热系统：

(1) 执行分时电价，且供暖热源采用电力驱动的热泵时；

(2) 供暖热源采用太阳能时；

(3) 采用余热供暖，且余热供应与供暖负荷需求时段不匹配时；

(4) 无锅炉制备热水，但需为空调提供热水时。

蓄冷/热系统设计常应包括下列内容：

(1) 确定蓄能-释能周期，进行设计蓄能-释能周期的空调逐时负荷计算；

(2) 确定蓄能介质、蓄能方式、蓄能率和蓄冷/热量；

（3）确定蓄能-释能周期内的逐时运行模式和负荷分配（蓄冷/热系统的设计运行模式一般分为两种：全负荷蓄冷和部分负荷蓄冷，也称为全量蓄冷和分量蓄冷）；

（4）确定系统流程，进行冷、热源设备和蓄能装置的容量计算和相关设计；

（5）其他辅助设备的形式、容量和相关设计。

蓄冷/热系统的运行模式和控制策略应根据设计周期冷/热负荷的特点、一次能源的价格结构，合理地安排制冷/热、蓄冷/热的容量以及释冷/热、供冷/热运行的优化控制，以达到投资和运行费用的最佳状态。

《蓄冷空调系统的测试和评价方法》（GB/T 19412—2003）提供了相关指导和标准，可以作为参考依据。

（二）实施策略

1．水蓄冷空调系统设计方法

1）水蓄冷系统组成

水蓄冷系统一般由如下几部分组成：

（1）常规制冷空调系统，包括冷水机组、冷水泵、冷却水泵、冷却塔等设备。

（2）蓄/释冷系统，包括蓄冷水泵、释冷水泵、换热器等设备和蓄冷水槽。在某些特定条件下，水蓄冷系统也可不配置中间换热器，而直接供冷。

2）水蓄冷空调系统的设计流程

（1）设计前需掌握当地电价政策、建筑物的类型及使用功能、可利用的空间（设置蓄水装置）等；

（2）确定蓄能-释能周期，并确定蓄能-释能周期的空调逐时冷负荷；

（3）根据建筑物的条件，确定蓄冷水槽的形状与大小；

（4）确定蓄冷系统形式和运行模式与控制策略；

（5）确定冷水机组和蓄冷设备的容量；

（6）选择其他配套设备；

（7）进行技术经济分析，计算出水蓄冷系统的投资回收期。

3）蓄冷形式选择原则

根据空调冷负荷的特点和用户所在地区的分时电价、峰谷电价状况，水蓄冷系统一般可分为全部负荷蓄冷、负荷均衡蓄冷、用电需求限制蓄冷三种形式。通常可按以下原则选择蓄冷形式：

（1）设计日尖峰负荷远大于平均负荷，而且条件允许时，可采用完全蓄冷形式；

（2）设计日尖峰负荷与平均负荷相差不大时，可采用部分蓄冷形式；

（3）完全蓄冷系统的投资较高，占地面积较大，一般不宜采用；

（4）如果完全蓄冷的经济效益与社会效益都好，且条件允许时，应该提倡采用完全蓄冷；

（5）部分蓄冷系统的初期投资与常规空调系统相差不大（制冷设备及其辅助设备减少，以及相应的高低压配电及电缆减少，与增加蓄冷设备，二者相差不大），运行费用大幅度下降，这种水蓄冷形式应该推广采用。

4）水蓄冷系统主要设备的容量计算参数

（1）蓄冷水槽的体积 $V(\mathrm{m}^3)$。

$$V = \frac{3.6 \times Q_{\mathrm{st}}}{\Delta t \times \rho \times C_{\mathrm{p}} \times \mathrm{FOM} \times \alpha_V}$$

式中，ρ——蓄冷水的密度，一般取 1000kg/m³；

C_{p}——冷水的比热容，取 4.187kJ/(kg·℃)；

Q_{st}——蓄冷量，kW·h；

Δt——释冷回水温度与蓄冷进水温度间的温度差，一般可取 10℃；

FOM——蓄冷水槽的完善度，考虑混合和斜温层等因素的影响，一般取 85%～90%；

α_V——蓄冷水槽的体积利用率，考虑配水器的布置和蓄冷水槽内其他不可用空间等的影响，一般取 95%。

（2）冷水机组容量 $Q(\mathrm{kW})$。

（a）全蓄冷。

$$Q = \frac{k \times Q_{\mathrm{d}}}{t}$$

式中，Q_{d}——设计日总冷量，kW·h；

k——冷损失附加率，由蓄冷水槽的大小、水槽的保温情况与冷水存放的时间决定，一般取 1.01～1.03（水槽小的附加率大）；

t——蓄冷运行时间，h。

（b）部分蓄冷。

全削峰释冷时：除释冷时间外的最大小时负荷，即为冷水机组的容量（用电高峰与空调冷负荷高峰不重叠，则为全天最大空调冷负荷）。

非削峰释冷时：

$$Q = \frac{Q_{\mathrm{d}} - Q_{\mathrm{s}}}{t'}$$

式中，Q_{s}——蓄冷量，kW·h；

t'——释冷后制冷机的运行时间，h。

（3）换热器的换热量，根据两侧温度确定换热面积、阻力等。

（4）蓄/释冷水泵的流量和扬程。

水蓄冷系统的管道连接方式有三种：冷水机组上游串联、冷水机组下游串联、冷水机组与蓄冷水槽并联，如图 5.0.12-1 和图 5.0.12-2 所示。

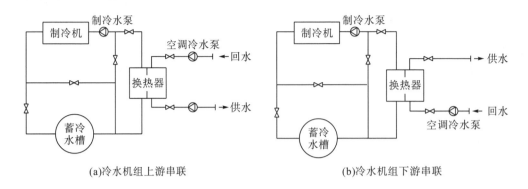

(a)冷水机组上游串联   (b)冷水机组下游串联

图 5.0.12-1　冷水机组与蓄冷水槽串联形式

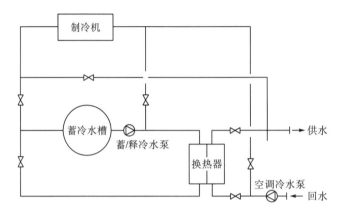

图 5.0.12-2　冷水机组与蓄冷水槽并联形式

2. 冰蓄冷空调系统设计方法

1)冰蓄冷空调系统的设计流程

常用冰蓄冷空调系统的设计主要步骤有计算空调冷负荷，初定蓄冷方式，确定系统运行策略和系统流程，计算制冷机、蓄冰装置容量，计算其他辅助设备容量，设计并计算管路系统，复核制冷机容量和蓄冰装置蓄/释冷特性以及容量，绘制系统运行的冷负荷分配表。

2)空调冷负荷计算

(1)确定室外空气计算参数，含干球温度、湿球温度和日平均温度。

(2)冰蓄冷空调系统的冷负荷是按一个蓄/释冷周期为负荷计算单元，应根据冷负荷的循环周期、电网峰谷规律等因素经过技术经济比较后确定，通常为 24h。

(3)空调区(即建筑物)设计日逐时冷负荷计算方法与常规空调系统相同。

(4)在方案设计或初步设计阶段，建议采用集中空调供冷区域的整体冷负荷计算法、平均法或系数法，《工业建筑供暖通风与空气调节设计规范》(GB 50019—2015)中条文说明第 7.5.2 条对逐时冷负荷进行估算。对于改造的工程，冰蓄冷空调系统的冷负荷建议采用冷负荷实测和理论计算相结合的方法得出。

冰蓄冷空调系统的冷负荷除应包含空调区(即建筑物)内的冷负荷外,还应包含以下各项:

(a)新风冷负荷;

(b)空气通过风机、风管的温升引起的冷负荷;

(c)冷水通过水泵、水管、水箱等设备的温升引起的冷负荷;

(d)空气处理过程产生的冷负荷;

(e)蓄冷装置的温升引起的冷负荷,一般可按当日蓄冷量的 1%～5%计入,但当蓄冰槽内置空气泵时,空气泵发热量应计入蓄冰槽的冷损失;

(f)间歇运行状态下,室内空气调节系统的初始降温冷负荷;

(g)当采用低温送风空气调节系统时,建筑物室内渗透空气所引起的潜热冷负荷。各项附加冷负荷应通过计算得出。当各项附加冷负荷的详细计算有困难时,可按空调区内的设计日逐时冷负荷的 7%～10%进行估算。

(5)根据空气调节区内的设计日逐时冷负荷加上相应的各项附加冷负荷或估算出冷负荷后,按一个蓄冷-释冷周期为时间段,绘制出冰蓄冷空调系统的冷负荷分布曲线图。

3)蓄冷介质和方式选择

用于冰蓄冷空调系统的蓄冷介质和蓄冷方式,应结合空调系统的末端需求、蓄冷装置的特性、运行模式及控制策略、工程现场条件、工程初投资以及运行费用等综合考虑,并结合蓄冷介质和蓄冷方式的各自特点选择确定。

应根据空调冷负荷特性和空调末端或要求蓄冷装置释冷的最低温度确定蓄冷装置的方式及类型,根据蓄冷系统的运行模式及控制策略确定蓄冷装置的容量。

4)冰蓄冷系统设计策略

冰蓄冷空调系统的设计应在技术经济合理的条件下,选择系统的运行策略、控制策略以及系统流程。

(1)运行策略。

冰蓄冷空调系统的运行策略如表 5.0.12-1 所示。

表 5.0.12-1　冰蓄冷空调系统的运行策略

内容	分类
蓄冷容量	全负荷蓄冷、部分负荷蓄冷("负荷均衡"蓄冷和"需求限定"蓄冷)
基载负荷的提供方式	双工况制冷机、基载制冷机
运行工况	制冷机蓄冷,制冷机单独供冷,蓄冷装置单独供冷,制冷机蓄冷并同时供冷机、制冷机与蓄冰装置联合供冷、待机
蓄冷-释冷周期	一般采用 24h 为一个蓄冷-释冷周期

(2)控制策略。

(a)制冷机与蓄冰装置的运行。

为有效降低其费用,设计中通常采用设计工况下的制冷机运行优先(简称冷机优先)

以及非设计工况下的蓄冰装置运行优先(简称释冷优先)的策略。

(b)蓄冷时间(或速率)的控制。

为降低运行费用,系统蓄冷时间(或速率)的确定一般以整个低谷电价时段作为制冷机蓄冷的工作时间。

(3)系统流程。

通常可按以下几方面进行划分和选择:

(a)制冷机与蓄冰装置的相互关系——依据选择的冰蓄冷方式和空调末端要求的进、出水温及温差,确定系统的串联或并联形式。

(b)制冷主机与蓄冰装置的位置关系——在串联形式中,依据选择的冰蓄冷方式的特性和系统运行的经济性,确定制冷机的上游或下游设置方式。

(c)水泵的设置——依据冷负荷容量大小和系统运行的经济性,确定各功能水泵的设置是单泵、双泵还是多泵等形式。

(d)蓄冷系统与空调末端系统的连接方式——依据系统的容量大小和空调末端的使用和连接特性,选择直接或间接两种连接方式。

(e)基载制冷机与蓄冷系统的连接方式——基载制冷机与蓄冷系统在空调水系统中可有串联或并联两种连接方式。

5)计算制冷机和蓄冰装置的容量

(1)制冷机型号及规格的选择。

冰蓄冷空调系统的制冷机型号、规格的选择,通常根据蓄冰时的最低温度、制冷机双工况时的性能系统、制冷机的容量范围确定制冷机类型,根据冰蓄冷空调系统的运行、控制策略和系统的冷负荷量确定制冷机容量。用于冰蓄冷空调系统的制冷机在蓄冷时的工作温度一般为-9～-3℃,可用于蓄冷的各种类型制冷机的特性见表5.0.12-2。

表5.0.12-2　冰蓄冷制冷机特性表

冷水机组	最低供冷温度/℃	制冷机性能系数(COP)		典型选用容量范围	
		空调工况	蓄冷工况	容量/kW	制冷量/RT
往复式	-12～-10	4.1～5.4	2.9～3.9	90～530	25～150
螺杆式	-12～-7	4.1～5.4	2.9～3.9	180～1800	50～500
离心式	-6	5～5.9	3.5～4.1	700～7000	200～2000
涡旋式	-9	3.1～4.1	1.2～1.3	70～210	20～60
吸收式	4.4	0.65～1.23	—	700～5600	200～1600

(2)全负荷蓄冷量计算。

蓄冰装置有效容量 Q_s (kW·h) 为

$$Q_s = \sum_{i=1}^{24} q_i = n_1 \times c_f \times q_c$$

蓄冰装置名义容量 Q_{so} (kW·h) 为

$$Q_{so} = \varepsilon \times Q_s$$

制冷机标定（空调工况下）制冷量 q_c（kW）为

$$q_c = \frac{\sum_{i=1}^{24} q_i}{n_1 \times c_f}$$

式中，q_i ——冰蓄冷空调系统的逐时冷负荷，kW；

$\quad\quad$ n_1 ——夜间制冷机在制冰下运行的小时数，h；

$\quad\quad$ c_f ——制冷机制冰时制冷能力的变化率，实际制冷量与标定制冷量的比值；

$\quad\quad$ ε ——蓄冰装置的实际放大系数。

(3) 部分负荷蓄冷量计算。

部分负荷蓄冷方式有"负荷均衡"蓄冷和"需求限定"蓄冷两种方式。

(a) "负荷均衡"蓄冷。

该蓄冰方式将使得冰蓄冷空调系统的制冷机容量和投资最少。蓄冰装置有效容量和名义容量计算方法与全负荷蓄冷量计算公式相同。

制冷机标定（空调工况下）制冷量 q_c（kW）为

$$q_c = \frac{\sum_{i=1}^{24} q_i}{n_2 + n_1 \times c_f}$$

式中，n_2 ——白天制冷机在空调工况下运行的小时数，h。

当白天制冷机在空调工况下运行时，如果计算得到的制冷机标定制冷量 q_c 大于该时段内的 n 个小时的逐时冷负荷 q_j，q_k，…，则应对白天制冷机在空调工况下运行的小时数 n_2 进行实际修正变为 n_2'。n_2 的实际修正值 n_2' 可按以下公式计算：

$$n_2' = (n_2 - n) + \frac{q_j + q_k + \cdots}{q_c}$$

(b) "需求限定"蓄冷。

"需求限定"特指用电需求，相比"负荷均衡"蓄冷方式，"需求限定"蓄冷方式制冷机利用率较低，蓄冷装置通常容量需求较大，系统初投资较高。适用于有分时间段或者按用电量严格限值用电，以及分时峰、谷电价差特别大的地区。其制冷机标定制冷量计算方式与"负荷均衡"蓄冷方式相同。

(4) 制冷机容量选择的要求。

(a) 在选择具体厂商的制冷机规格及容量时，宜在以上计算所得出的制冷机标定制冷量的基础上附加 5%～10%的富裕量。

(b) 当冰蓄冷空调系统的载冷剂为 25%～30%（质量比）的乙二醇水溶液时，因与水的密度、黏度以及比热不同，一般双工况制冷机的制冷量将比标定制冷量降低 2%～3%。

(c) 因为室外温度昼、夜通常有一定差别，所以双工况制冷机白天（空调工况）和夜间（蓄冰工况）可采用两种不同冷凝温度。当无具体的室外气象参数值时，进、出冷凝器的温度可取：白天为 32℃/37℃；夜间为 30℃/35℃。

(d) 一般按蓄冰工况选择制冷机的容量，但同时应满足空调工况下的运行容量。

6) 换热器的选择与计算

板式换热器台数的选择通常不宜少于 2 台，并且尽可能与冰蓄冷装置以及双工况制冷机的数量相匹配。

由于板式换热器的传热效率高、结构紧凑、承受压力高、端温差接近、初投资低、维修简便、减扩容方便、滞留液量少等优点，在蓄冷空调系统中，一般都采用板式换热器。

(1) 板式换热器的传热面积 $F(\mathrm{m^2})$。

$$F = \frac{Q}{\beta \times K \times \Delta t_{\mathrm{pj}}}$$

式中，Q——换热器的换热量，即总传热量，W；

β——传热面上的污垢修正系数，一般 β 取 0.7～1.0，当汽-水换热时，β 取 0.85～0.9；当水-水换热时，钢板换热器 β=0.7，铜换热器 β 取 0.75～0.8；

Δt_{pj}——传热介质与被传热介质的对数平均温度差，℃；

K——传热系数，$\mathrm{W/(m^2 \cdot ℃)}$，一般由生产厂商提供。

当载冷剂为 25%～30%(质量分数)的乙二醇水溶液时，由于密度、黏度及比热与水不同，板式换热器的传热系数通常将降低 10%左右。

(2) 对数平均温度差 Δt_{pj}。

$$\Delta t_{\mathrm{pj}} = \frac{\Delta t_{\mathrm{a}} - \Delta t_{\mathrm{b}}}{\ln \dfrac{\Delta t_{\mathrm{a}}}{\Delta t_{\mathrm{b}}}}$$

式中，Δt_{a}、Δt_{b}——传热介质与被传热介质间的最大、最小温度差，℃。

7) 循环泵的选择与计算

(1) 循环泵的设置原则。

冰蓄冷空调系统的供冷载冷剂(通常为乙二醇水溶液)侧，循环泵的设置与常规系统相差较大。循环泵的设置原则为：蓄冷系统(或负荷)较小时，采用合泵设置，即单泵系统；蓄冷系统(或负荷)较大时，采用分泵设置，即双泵或多泵系统。分泵设置时，运行能耗低(特别是在除制冷循环外的回路系统中，采用变频调速泵以后，节能更加明显)，但机房占地面积和初投资将有所增加。

对于间接连接的冷水侧和冷却水部分，通常与常规空调制冷系统无太大的差别，但在冰蓄冷空调系统中，由于采用了换热器间接连接，冷水侧部分可采用连续的变流量运行。

(2) 循环泵设计计算包含流量 $L(\mathrm{m^3/h})$、扬程 $H(\mathrm{m})$、功率 $N(\mathrm{kW})$。

(3) 循环泵的注意事项。

(a) 循环泵宜选用低比转速、机械密封的单级离心泵；一般选用端吸离心泵，但当流量大于 $500\mathrm{m^3/h}$ 时宜选用双吸离心泵。

(b) 通过制冷机的各种循环泵系统，一般单台流量采用制冷机要求的恒定值；通过蓄冰装置和用户侧的各种循环泵系统，宜选用变频调速泵，变流量运行。

(c) 循环泵应与制冷机(双工况)一对一匹配设置，通常供冷载冷剂侧建议设置备用泵。

(d)对于开式的冰蓄冷空调系统，循环泵应设置在蓄冰槽的底部，确保水泵所需要的临界气蚀余量。

(e)由于循环泵选取的流量和扬程是设计日最大小时冷负荷条件的计算值，并且通常又要兼顾多种工况中的最不利状况(即流量和系统的阻力都最大)，为使系统在低流量和低阻力工况下水泵的运行富余量不致过大，循环泵的流量和扬程的选取不建议采用常规空调制冷系统的裕量附加。

(f)对于采用单、双泵(或称为合泵)的蓄冷系统，由于循环泵是在蓄、释几种运行工况下最不利条件下选出的，初选后的循环泵应对有可能出现的其他运行状况进行工况校核，以免水泵工作超出正常的流量和扬程范围。

(g)针对循环泵的设置和选用，条件允许时应进行技术经济比较后确定。

8)溶液系统的膨胀及定压装置

(1)由于安全阀和电动阀存在泄漏的可能性，且日常维护量较大，在有相变且规模较大的冰蓄冷系统中，应尽可能采用膨胀水箱定压系统。

(2)系统补液装置设计时应设备用泵。

(3)隔膜式膨胀罐定压系统中安全阀的设计开启压力：补液泵停泵压力为 $30\sim60kPa$。

(4)隔膜式膨胀罐定压系统中电动阀的设计开启压力：补液泵停泵压力为 $20\sim40kPa$。无相变的冰蓄冷系统电动阀可选用开关型电动阀或电磁阀；在有相变的冰蓄冷系统中，由于系统溶液通常膨胀量大、连续且时间较集中，宜选用电动调节阀。

(5)隔膜式膨胀罐定压系统中安全阀和电动阀接出的回液管应接入载冷剂储液箱内。

(6)储液箱不应采用镀锌材料制作。对于有相变的冰蓄冷系统中的储液箱及管道，应进行保温。

3. 蓄冷空调设计要点

(1)当进行蓄冷空调系统设计时，宜进行全年逐时负荷计算和能耗分析。对于空调面积超过 $80000m^2$ 且蓄能量超过 $28000kW\cdot h$ 的采用蓄冷空调系统的项目，应采用动态负荷模拟计算软件进行全年逐时负荷计算，并应结合分时电价和蓄能-释能周期进行能耗和运行费用分析及全年移峰电量计算。

(2)蓄冷空调系统应利用较低的供冷温度，不应低温蓄冷高温利用。

(3)当建筑物改扩建增设蓄冷空调系统时，应根据设备荷载对放置部位的结构承载力进行校核。

(4)蓄冰装置的设计应符合下列规定：

(a)应保证在电网低谷时段内能完成全部预定蓄冷量的蓄存；

(b)蓄冰装置释冷速率应满足供冷需求，冷水温度宜稳定。

当蓄冰时段内有供冷需求时，应按下列规定采取措施：

(a)当供冷负荷小于蓄冷速率的15%时，可在蓄冷的同时取冷；

(b)当供冷负荷大于或等于蓄冷速率的15%时，宜另设制冷机供冷。

(5)当采用冰蓄冷系统时，应适当加大空调冷水的供回水温差，并应符合下列规定：

(a)当空调冷水直接进入建筑内各空调末端时，若采用冰盘管内融冰方式，空调系统的冷水供回水温差不应小于 6℃，供水温度不宜高于 6℃；若采用冰盘管外融冰方式，空调系统的冷水供回水温差不应小于 8℃，供水温度不宜高于 5℃。

(b)当建筑空调水系统由于分区而存在二次冷水的需求时，若采用冰盘管内融冰方式，空调系统的一次冷水供回水温差不应小于 5℃，供水温度不宜高于 6℃；若采用冰盘管外融冰方式，空调系统的一次冷水供回水温差不应小于 6℃，供水温度不宜高于 5℃。

(c)低温送风空调系统的冷水供水温度不宜高于 5℃。

(d)区域供冷空调系统的冷水供回水温差不应小于 9℃。

(6)冰蓄冷系统载冷剂的选择应符合下列规定：

(a)制冷机制冰时的蒸发温度应高于该浓度下溶液的凝固点，而溶液沸点应高于系统的最高温度；

(b)物理化学性能应稳定；

(c)比热应大，密度应小，黏度应低，导热应好；

(d)应无公害；

(e)价格应适中；

(f)载冷剂中应添加缓蚀剂和防泡沫剂。

(7)冰蓄冷系统，当设计蓄冷时段仍需供冷，且符合下列情况之一时，宜配置基载机组：

(a)基载冷负荷超过制冷主机单台空调工况制冷量的 20%时；

(b)基载冷负荷超过 350kW 时；

(c)基载冷负荷下的空调总冷量超过设计蓄冰冷量的 10%时。

(8)冰蓄冷系统载冷剂的选择及管路设计应符合现行行业标准《蓄能空调工程技术标准》(JGJ 158—2018)的有关规定。

(9)共晶盐材料蓄冷装置的选择应符合下列规定：

(a)蓄冷装置的蓄冷速率应保证在允许的时段内能充分蓄冷，制冷机工作温度的降低应控制在整个系统具有经济性的范围内；

(b)释冷速率与出水温度应满足空气调节系统的用冷要求；

(c)共晶盐相变材料应选用物理化学性能稳定，且相变潜热量大、无毒、价格适中的材料。

(10)水蓄冷/热系统设计应符合下列规定：

(a)蓄冷水温不宜低于 4℃，蓄冷水池的蓄水深度不宜低于 2m，水池容积不宜小于 100m³。

(b)当空调水系统最高点高于蓄冷(或蓄热)水池设计水面时，宜采用板式换热器间接供冷(热)；当高差大于 10m 时，应采用板式换热器间接供冷(热)。如果采用直接供冷(热)方式，水路设计应采用防止水倒灌的措施。

(c)开式系统应采取防止水倒灌的措施。

(d)蓄冷水池与消防水池合用时，其技术方案应经过当地消防部门的审批，并应采取切实可靠的措施保证消防供水的要求。

(e)具有蓄热功能的水池，严禁与消防水池合用。

(11)蓄能设备设计要求如下：

(a)单组盘管在其额定流量下的阻力不宜超过120kPa。

(b)自然分层蓄冷水槽的蓄冷温度不应低于4℃。

(c)自然分层蓄能水槽的设计水深宜大于2.5m。

(d)水流分布器孔口出口流速宜小于0.6m/s。

(e)设计水流分布器时应保证弗劳德数(Fr)小于2。

弗劳德数(Fr)为作用于流体的惯性力与浮力之比，可用下式计算：

$$Fr = \frac{G/L}{\left[g \cdot h_i^3 \cdot (\rho_i - \rho_a) / \rho_a \right]^{1/2}}$$

式中，G——通过分布器的最大流量，m^3/s；

　　　L——分布器有效长度，m；

　　　g——重力加速度，m/s^2(g=9.81m/s^2)；

　　　h_i——最小入口高度(分布器管底距池底的距离)，m；

　　　ρ_i——进水密度，kg/m^3；

　　　ρ_a——周围水的密度，kg/m^3。

(f)水流分布器出流的雷诺数(Re)建议取200～850；对于高度低于4m的水槽，Re宜小于200；对于高度超过12m的水槽，Re可取上限值。

Re为作用于流体的惯性力与黏性力之比，可用下式计算：

$$Re = \frac{v \cdot d}{\upsilon}$$

式中，υ——布水器孔口出流速度，m/s；

　　　d——布水器孔口直径，m；

　　　v——水的运动黏滞系数，m^2/s。

(g)当承压蓄热罐采用气体定压时，应采用氮气。

(h)当高温相变蓄冷装置应用于空调系统时，相变温度宜为5～8℃。

(i)承压高温蓄热的定压压力应高于蓄热介质最高蓄热温度所对应的汽化压力0.1MPa。

(j)高热容固体自蓄热设备的加热元件应采用干式辐射式加热方式，使用寿命应不少于3000h，并便于更换。

(12)蓄能用槽体应具有足够的强度和承压能力，可采用钢制、玻璃钢制或由其他有机聚合物制作，也可采用混凝土槽，或利用建筑筏基；槽体整体应无渗漏，不变形。

(13)蓄能设备与建筑基础之间应采取隔热措施。

(14)在完全冻结式蓄冰设备及外融冰设备中，宜配置加强换热的搅动装置。

(15)蓄冰封装容器内应预留一定的膨胀空间。

(16)自然分层蓄冷水槽的高径比宜小于1.6；加大高径比时，应由相关专业人员进行校核。

(17)开式水蓄冷、水蓄热设备应设置液位显示装置。

(18)自然分层水蓄冷、水蓄热设备应于垂直方向每间隔 10%设计水深且不大于 1m 等距设置测温装置。

(19)蓄热温度不高于 60℃的水蓄热装置可选用混凝土槽体或钢制罐体；蓄热温度高于 60℃的水蓄热装置应选用钢制罐体。常温蓄热的最高蓄热温度不应高于 95℃，蓄热槽体可为开式水槽或承压闭式罐体。高温蓄热的最高蓄热温度不应高于 150℃，蓄热罐体应为承压闭式罐体。

4. 蓄热系统设计方法及要点

1)电蓄热供暖的设计流程

(1)计算逐时热负荷。

电蓄热系统设计时进行逐时热负荷计算，在方案设计和初步设计阶段，可以按单位面积指标法进行估算，在深化设计阶段应采用相关的负荷计算软件求出设计日的日总负荷以及负荷时间分布曲线。

(2)选择蓄热模式。

考虑设备初投资和电容量等综合因素，一般宜采用分量蓄热模式；若当地难以保证白天的供热用电，应采用全量蓄热模式。根据系统形式或需要采用高温蓄热模式以增加单位容积的蓄热量。

(3)确定各组成部分的容量与规格。

(a)计算确定电热锅炉的功率 N。

(b)确定蓄热装置与计算蓄热量。

蓄热装置的形式有迷宫式、多槽式、隔膜式和温度分层式。

(c)选择换热器。

一般将蓄热系统与用热系统通过热交换器进行隔离，蓄热系统中一般采用板式换热器以提高系统的效率。板式换热器的换热量取供暖或空调尖峰热负荷，用户侧热水供回水温度根据系统需求选取，蓄热侧热水供回水温度根据蓄热温差 Δt 选择。

(d)选择循环水泵。

循环水泵应采用热水专用泵，选用时应特别注意水泵的工作温度。

2)蓄热系统的施工、运行

(1)蓄热装置一般宜采用钢制，形式可以因地制宜采用矩形或圆形，有卧式和立式。一般要求蓄热装置有一定的高度以利于温度分层。

(2)蓄热装置的保温应尽量减少热损失。因蓄热装置的表面积一般都较大，建议工程上可采用聚氨酯发泡保温。在室内、外的保温厚度分别可取 60mm 和 80mm，保温层外保护层采用铝板或彩钢板。

(3)电锅炉房的布置应满足锅炉房设计以及相关规范、规定等的要求。

(4)开式系统的蓄热温度应低于 95℃，以免发生汽化；对于蓄热温度高于沸点温度的高温蓄热装置，施工及运行应遵守相关压力容器的安全技术等规程、规定，其系统应考虑相应的保护措施。

(5)采暖系统宜单独设计蓄热装置，生活热水系统可采用整体式。

(6)大型蓄热系统最好采用负荷预测，进行优化控制以节约运行费用。

(7)一般宜采用蓄热与末端系统用热交换器隔开的形式。

(8)每个供暖空调季应监测和分析设备能效、系统综合效率、移峰电量、单位供能运行费用等指标，并应据此调整蓄能系统运行策略。

5.0.13 区域能源供应系统的设置应基于技术经济分析，结合当地能源状况、建筑规模、用途和功能、建设进度、使用特点、国家节能减排和环保政策，考虑所服务区域负荷的匹配性、一致性和供能经济性，进行合理设置，并应优先采用余热废热及可再生能源区域能源供应系统形式。

【条文说明扩展】

(一)技术原理

1. 区域能源供应系统的构成

建筑区域能源供应分为广义和狭义两种形式，前者指区域消耗的所有能源，包括工业用能和交通用能；后者指直接与建筑有关的能源，主要是指供给建筑群的电、热和冷，本指南研究对象为后者。区域能源供应技术是以满足区域内建筑供热、供冷需求为主，并辅以供电和提供生活热水的能源系统及其综合集成系统。这种区域可以是行政划分的城市和城区，也可以是一个居住小区或一个建筑群，还可以是特指的开发区、园区等。

建筑区域能源供应系统由能源供应站、管网和用户3个部分组成：

(1)能源供应站是向区域用户输出能源的各种冷热源设备、附属设备、仪表及其站房的总称；

(2)管网是由能源中心向用户输送和分配冷热介质的管线系统，包括一次管网和二次管网，其中一次管网是指由能源中心至换热站的管道系统，二次管网是指由换热站至用户末端设备的管道系统；

(3)用户是指区域内需要供能的建筑物。

2. 区域能源供应系统

建筑区域能源供应系统的冷热源主要包括5大类：常规冷热源系统、冷热电三联供系统(分布式能源供应系统)、蓄冷/热技术(夜间低谷电利用)、低位能源利用(土壤、地下水、地表水等)、可再生能源利用技术(风能、太阳能、生物质能等)。

1) 常规冷热源系统

常规冷热源系统主要指电动压缩式冷水机组+锅炉、燃气溴化锂吸收式冷(温)水机组等及其组合。

2) 冷热电三联供系统

冷热电三联供系统是指以燃气为一次能源用于发电，并利用发电余热制冷、制热，同时向用户输送电能、热(冷)的分布式能源供应系统。冷热电三联供系统由燃气供应系统、动力系统、供配电系统、余热利用系统和监控系统组成。

3) 蓄冷/热技术

蓄冷/热技术需要体积较大的蓄冷/热装置，因而在单体建筑中的应用受到限制。相对而言，区域供能的能源中心往往具备设置蓄冷/热装置的条件和空间。水蓄冷系统简单，制冷机可采用常规冷水机组，性能系数高，初投资增加较少，回收期较短，同时可以兼顾水蓄热，是区域能源供应能源中心蓄冷/热的主要形式。

4) 低位能源利用

低位能源主要指浅层土壤、地下水及地表水(包括江水、湖水、海水、工业废水、生活污水等)中的低位热能，这些能源虽不是真正意义的可再生能源，但具有储量大、周期变化、可再生等特点。

单体建筑往往受到机房面积和场地的限制，低位能源的利用难度较大。区域能源供应能源中心可以从整个区域的角度出发，为低位能源的利用提供极大便利。例如，建设在绿地附近的区域能源中心可充分利用绿地的地下空间埋管，采用地埋管地源热泵系统；靠近江、海、湖的建筑区域可综合考虑用户能源需求和江、海、湖的位置确定合适的能源中心位置，利用地表水地源热泵系统；靠近城市污水处理厂的区域，合理的能源中心的选址可利用污水源热泵系统，同时区域能源中心也为处理城市原生污水提供可能。

5) 可再生能源利用技术

可再生能源指风能、太阳能、水能、生物质能、地热能、海洋能等非化石能源。在区域能源供应系统中常用的可再生能源主要为太阳能和生物质能。

太阳能利用的形式主要有太阳能光热系统和太阳能光伏发电系统，太阳能的利用一方面需要布置大面积的集热器或光伏板，另一方面受天气影响很大，同时太阳能光伏发电系统的投资回收期较长，因此太阳能往往可作为常规能源的补充，不适合作为主要的冷热源形式。

生物质能是指利用自然界的植物、粪便以及城乡有机废物转换成的能源，通常包括用于发电或生产生物燃料的能源植物，用于生产纤维、化学品或者热量的动植物，以及通过燃烧作为燃料的生物可降解废弃物。生物质能具有产量大、可再生性、洁净性、普遍性、易取性、易燃性、二氧化碳"零"排放等特点。在区域能源供应中利用生物质能的形式主要有直燃发电、气化发电和混燃发电。生物质能发电需要在一定规模下才有明显的经济效益，因此区域能源供应具有应用生物质能发电的优势，同时还可以实现冷热电三联供。

（二）实施策略

1. 区域能源供应系统设计

（1）当新建或改造城市的一定区域内，具备下列条件可实施区域能源供应：

(a) 平均冷负荷或热负荷需求密度较高；

(b) 具有较长的供能时间；

(c) 有明确用户，用户需求一致性较高；

(d) 具备规划、建设区域供冷站及区域供冷管网的条件；

(e) 具备适当的能源动力条件及配套的政策、法规。

（2）区域能源供应规划的工作内容。

(a) 制定区域能源规划总则。

(b) 制定建筑主体节能规划。

(c) 制定能源供应系统规划。①制定分布式能源站及冷热电三联供规划；②制定区域供冷系统规划；③制定集中供热、生活热水系统规划；④制定蓄能技术的应用及规划。

(d) 制定可再生能源规划。①制定可再生能源利用的条件和目标；②制定可再生能源利用方案及技术经济性；③制定风力发电、垃圾资源化、太阳能利用的发展规划。

(e) 能源系统运营机制的研究及规划。①引进区域性能源服务运营公司的运营模式；②进行区域能源系统、区域供冷系统的开发建设及管理；③理顺区域能源生产、运营机构与现行电力公司的关系。

（3）应根据建设的不同阶段及用户的使用特点进行冷/热负荷分析，并确定同时使用系数和系统的总装机容量。

(a) 生活热水供应热负荷是全年性负荷，带有一定的季节变化特性。空调制冷负荷是季节性的，随着夏季室外温度的变化而改变。

(b) 同时使用系数为各类建筑叠加某时刻最大冷负荷占各类建筑计算日最大冷负荷之和的比例，如表 5.0.13-1 所示。

表 5.0.13-1　同时使用系数表

区域名称	同时使用系数	备注
大学园区	0.49～0.55	教室、实验室、图书馆、行政办公室、体育馆、宿舍、餐厅生活服务
商务区	0.7～0.77	商业中心、办公类建筑、文化建筑、酒店、医院
综合区	0.65～0.7	上述两类主要建筑及功能同时具有

(c)系统容量优化配置计算一般采用动态能耗模拟计算的方式，通过采用软件建立系统模型，完成主机、水泵等主要设备及系统的能耗计算，并根据能耗计算结果，结合燃气价格、电力价格、市政热力价格等因素完成经济计算。

(4)应考虑分期投入和建设的可能性，确定能源供应站的规模、数量及位置。

(a)区域能源站宜位于冷/热负荷中心，且可根据需要独立设置。

负荷中心是指在供能区域内，各用户的负荷最集中、通往各用户的供能管网最短的点。若将集中供能区域看成一个坐标系，则可以求出负荷中心，即

$$x = \frac{Q_1 x_1 + Q_2 x_2 + \cdots + Q_n x_n}{Q_1 + Q_2 + \cdots Q_n}$$

$$y = \frac{Q_1 y_1 + Q_2 y_2 + \cdots + Q_n y_n}{Q_1 + Q_2 + \cdots Q_n}$$

式中，x、y ——负荷中心点坐标，km；

x_1，x_2，$\cdots$，x_n——各用户 x 轴上的坐标，km；

y_1，y_2，$\cdots$，y_n——各用户 y 轴上的坐标，km；

Q_1，Q_2，$\cdots$，Q_n——各用户热负荷，GJ/h。

(b)供能半径应经技术经济比较，主要考虑因素如下：①管网的冷损失，温升控制在 $0.5 \sim 0.8 ℃$；②管网的投资，占总投资的比例不大于 10%～12%（旧城改造可提高此项的比例）；③冷水输送的能耗，占总能耗的比例不大于 15%。

(5)区域能源供应系统的形式受资源、环境、政策、用户要求等多种因素的影响和制约，因此应客观地、综合地、以可持续发展的思路对能源方案进行技术经济论证，同时结合当地能源状况、建筑的规模、用途和功能、建设进度、使用特点、国家节能减排和环保政策，并应符合下列规定：

(a)当区域内有完善的市政集中供热设施时，宜采用市政热力集中供热。

(b)若不具备完善的市政集中供热设施，应优先采用工业余热废热进行供热。

(c)若不具备完善的市政集中供热设施和工业余热废热，有适宜的城市污水、江河等天然地表水资源可供利用，宜采用地表水地源热泵系统；若有适宜的浅层地热能资源可供利用，宜采用地埋管地源热泵系统。

(d)在执行分时电价政策、峰谷电价差较大的地区，为减小装机容量、节省运行费用作用明显，宜采用蓄能系统。

(e)对于天然气供应充足的地区，当建筑的电力负荷、热负荷和冷负荷能较好匹配，经济性合理时，可采用燃气冷热电三联供系统。

(f)区域能源供应冷热源系统的经济性主要包括初投资和运行费用两个方面，对于经营性项目，经济性是非常关键的因素，较差的经济性会造成项目后期正常运营困难，甚至会导致项目失败。

运行经济性主要由冷热源的运行策略决定。首先，应分析不同冷热源在不同时段产生单位冷(热)量的能源费用，然后确定合理的冷热源配置比例，优先运行单位冷(热)量能源费用低的冷热源系统，使整个冷热源系统的年运行费用最低。在有分时电价的区域，考虑采用蓄能系统(一般水蓄能)，可以大大提高区域供能系统运行的经济性。

(6)为了保证区域能源供应的安全性,其冷热源系统需要采用两种以上能源的组合和互补,可考虑电力与燃气、电力与蒸汽、燃气与蒸汽、低品位能源与常规能源等的互补性,组成多种能源耦合的区域能源供应冷热源系统。

(a)若全部采用热泵机组(如地源热泵)则很难保证供热温度的稳定,需要配备适量的热水锅炉和溴化锂吸收式冷水机组。溴化锂吸收式冷水机组的热源蒸汽与热水应符合下列规定:①蒸汽压力不应小于30kPa;②热水温度不应低于80℃。

(b)以电动压缩式冷水机组为主的冷源系统,可配置一定比例的燃气型(或蒸汽型)溴化锂吸收式冷水机组作为补充或备用。

(c)以燃气型溴化锂吸收式冷水机组为主的冷源系统,可配置一定比例的电动压缩式冷水机组或燃气/蒸汽双能源冷水机组作为补充或备用。

(d)以蒸汽型溴化锂吸收式冷水机组为主的冷源系统,可配置一定比例的电动压缩式冷水机组或燃气/蒸汽双能源冷水机组作为补充或备用。

(e)以低品位能源利用为主的冷热源系统,应适当配置一定比例的电动压缩式冷水机组和热水锅炉作为补充或备用。

(f)采用区域供冷方式时,宜采用冰蓄冷系统、可再生能源等节能措施。空调冷水供回水温差应符合下列规定:①采用电动压缩式冷水机组供冷时,不宜小于7℃;②采用冰蓄冷系统时,不应小于9℃。

各设备同冷热源标准工况下供回水温度如表 5.0.13-2 所示。

表 5.0.13-2　同冷热源标准工况下供回水温度　　　　　　(单位:℃)

	供冷		供热	
	供水温度	回水温度	供水温度	回水温度
电动压缩式冷水机组	7	12		
溴化锂机组	7	12	60	55.8
地源热泵	7	12	40	45
锅炉			70	95
水蓄冷	4~6	10~16	90	55

(g)采用冷热电三联供时,同时应设置冷热能辅助供应设备,可采用吸收式冷(温)水机组、电动压缩式冷水机组、热泵、锅炉、蓄冷/热装置等。

当负荷以空调制冷、制热负荷为主时,宜采用发电机组与吸收式冷(温)水机组直接对接的系统组成形式;当热负荷以蒸汽或热水负荷为主时,宜采用余热锅炉将发电余热转化为蒸汽或热水满足用户热负荷需求,同时利用蒸汽或热水通过吸收式制冷满足空调负荷需求。

(7)需根据供水温度要求合理分配不同冷热源的供冷比例。

供冷时,系统的回水温度与冷热源标准工况的回水温度相差不大,只要根据供水温度的要求合理分配不同冷热源的供冷比例,就不会产生问题。供热时,42.5℃的回水温度对常规的地源(水源)热泵系统来说往往接近其出水温度,会产生非常不利的影响,甚至会引起停机,因为地源热泵制热运行的热水进出水温度通常为38℃或43℃。因此,在包含地源(水源)热泵系统的供热系统中应采用特制的热泵机组,以保证地源(水源)热泵系统正常运行。

2. 能源供应站设计

(1)区域供冷站可建于供冷区域某一建筑物内,也可作为一座独立建筑建设,但由于区域供冷的供冷站规模较大,需考虑平面布置、层高、设备运输安装、室外冷却塔的布置等;

(2)能源供应站主要功能用房有供能工艺设备用房、变配电设备用房、蓄能装置所需空间、冷却设备所需空间、控制用房等。

(3)区域内若有多个能源供应站,主要制冷设备宜根据用户的发展分段安装。

3. 供能管网设计

1)环状管网与枝状管网设计

可根据区域供冷负荷的变化,选择系统环状管网或枝状管网运行。采用何种管网布置方案,应配合用户的发展、建设、投入使用的计划,也应配合区域供冷系统的建设计划。环状管网方案的主要优点是总体初投资较少,投资风险小,而且建设资金的投入与实际用冷量可以有较好的配合,可提高系统的可靠性,其缺点是管网的投资略有增加,管网输送水泵的选型较复杂,水泵数量有所增加。对于区域供冷范围及规模较大的项目,应比较不同方案的水泵选型及运行模式后确定。由于设计、运行简单方便,一般采用枝状管网设计较多。

2)管网的规划

管网的规划应以尽量减少管网长度为目标,主干管要尽量穿越冷负荷较集中的区域,个别距离较远的建筑或有特殊使用要求的建筑不宜规划接入区域供冷系统。

3)管网的敷设

管网的敷设一般有直埋、架空、区域综合管沟三种敷设方式。直埋敷设施工方便,投资较低,一般为首选方案。

区域供冷管道宜采用直埋敷设,并应降低水力输送能耗,宜采用多级泵、大温差小流量、变流量运行控制的有效措施。架空敷设用于工业企业内或有特定情况的城市区域供冷系统,其主要的缺点是维护、检修不方便。沿市政道路边缘敷设,避免在主要道路中间或路面下敷设。

4)管网流量与水力平衡

(1)负荷侧的共用输配管网和用户管道应按变流量系统设计。在计算流量时应确定各支路的同时使用系数及流量,再逐步确定支管和主干管的流量,各段管道的设计流量应按其所负担的建筑或区域的最大逐时负荷确定。支路的同时使用系数应为 0.45~0.8,视不同情况而定。

(2)应进行管网的水力工况分析及水力平衡计算，并通过经济技术比较确定管网的计算比摩阻。管网设计的最大水流速不宜超过 2.9m/s。当各环路的水力不平衡率超过 15%时，应采取相应的水力平衡措施。

5)管网的保温

在管网的直埋敷设方式中有保温或不保温两种方式。通常管道宜采用带有保温及防水保护层的成品管材，设计沿程冷损失应小于设计输送总冷/热量的 5%。无保温直埋方式，在干燥、多雨、炎热等多种气候的地区均有成功的大型区域供冷的工程实例，如美国芝加哥中心区、奥斯汀市的区域供冷系统，马来西亚吉隆坡双塔区域供冷系统。保温与不保温直埋敷设两者的造价相差 10%～20%。无保温直埋敷设的温升计算与土壤特性、埋深、地下水位、当地气候等因素有关，设计时应根据具体地区的情况确定。

保温直埋管网温升及冷损耗公式为

水管温升：$\Delta t_\mathrm{g} = \dfrac{l \times (t_\mathrm{w} - t_1)}{G \times R \times c}$ （℃/m）

管道冷损耗：$Q = c \times G \times \Delta t_\mathrm{g}$

式中，l——冷水管道长度，m；

　　　G——冷水管道内流过水量，kg/h；

　　　t_w——保温层外空气温度，℃，取地下土壤温度为 24℃；

　　　t_1——进入管道内介质温度，℃，取冷冻水供回水温度为 1.1℃、14℃；

　　　c——水的比热，kJ/(kg·℃)；

　　　R——水管热阻，(m²·℃)/W。

6)管网的检修与冲洗

管网的设计中应考虑各种意外产生的管网的破坏，同时应方便维修，并且尽量减少损失和对用户的影响，在规划及设计中应结合地势及周围市政设施进行考虑，设补水、排水点。一般在设计中应考虑如下装置：

(1)支管设阀门及维修井；

(2)结合用户入口装置设阀门检修井；

(3)主干管段一般可隔 200m 左右设阀门及检修井；

(4)结合地势或坡向设放气井、泄水井。

区域供冷供热系统因供能范围较大，且供冷时温差较小、输配能耗较高，所以在运行工况下，冷热水输配能耗占总能耗的比例不宜大于 15%。

4．用户设计

用户入口应设有冷量计量装置和控制调节装置，并宜分段设置用于检修的阀门井。

用户入口装置的连接方式有以下三种：

(1)间接连接，即用换热器将管网与用户隔开；

(2)直接连接；

(3)直接连接并设有循环水泵。

当区域能源供应系统管网与建筑单体的空调水系统规模较大时，宜采用用户设置换热器间接供能的方式，间接连接系统一次水供水温度宜取 115~130℃，设计回水温度宜取 50~80℃，二次水设计供水温度不宜大于 90℃；规模较小时，可根据水温、系统压力和管理等因素，采用用户设置换热器间接供能或采用直接串联的多级泵系统。

5.0.14 室内环境状态监测系统的设置，应满足如下要求：

1 监测系统宜监测与人体热舒适有关的环境参数，包括空气温度、相对湿度和风速以及常见的室内污染物浓度。

2 宜根据需求增设灯光照度、噪声等环境参数。

3 每台传感器监测空间的面积不应超过 $500m^2$；对于开放办公区，传感器监控范围至少覆盖80%人员的使用区域。

4 传感器安装应满足下列要求：

(1)在被监控空间处于中间部位的墙面上。

(2)安装高度距地面为 900~1800mm，距可开启窗户至少5m及以上；当距离无法保证时，从内窗开始测量，要求传感器与可开启窗户的距离不得小于被监控空间宽度的一半。

(3)传感器距空气过滤和新风设备至少5m及以上；当距离无法保证时，要求传感器安装尽量靠近回风口，远离出风口。

【条文说明扩展】

(一)技术原理

监测系统的监测对象包括与人体热舒适有关的环境参数，包括空气温度、相对湿度和风速以及常见的室内污染物浓度，包括 PM2.5、PM10、甲醛、总挥发性有机化合物(total volatile organic compounds，TVOC)、CO_2、CO。根据建筑功能要求，还可包括灯光照度、噪声等环境参数。

传感器技术被广泛应用于室内环境监测系统，具有灵敏度高、稳定性好、结构简单等优势。室内环境监控设备应安装在要求持续监控的常用空间，监控结果的准确性对判定室内环境影响人的健康程度至关重要，也是指导空调系统运行和维护的重要因素。基于此，需对所安装的传感器分布、安装等重点规定。

(二)实施策略

所使用的传感器生产厂家应具有专业认证资质，传感器质量参数应符合要求，如室内

温湿度和 CO_2 浓度传感器应符合的技术参数如表 5.0.14-1 所示。

表 5.0.14-1　室内温湿度及 CO_2 浓度传感器技术需求

技术指标	基本要求
外观性能	外形设计满足隐蔽式安装、黏接部位牢固、密闭良好
工艺材质	材质不可燃、具有一定防潮、除尘处理工艺
绝缘性能	采用外接市电供电时，对地绝缘电阻≥5MΩ
防护性能	外壳由抗变形、抗腐蚀、抗老化环保材料制成，防护性能符合《外壳防护等级(IP 代码)》(GB/T 4208—2017)标准规定
电子元件质量	符合行业相关标准的规定
功耗	800(mA·h)/年
工作环境	温度为 0~45℃，湿度为 20%~90%
通信性能	无线通信数据传输误码率≤10^{-6}，数据传输频率≥1 次/5s
通信功能	以无线的数据传输方式向网关自动传输，传输所需时长≤1ms，无遮挡的有效传输距离≥90m
组网方式	自组网，设备入网操作简单
传感器精度	温度≤0.5℃，湿度为 20%~90%
电源要求	市电：单相交流电为 AC220V，频率为 50Hz；电池：容量不低于 800mA·h 的 CR2 锂电池；防止因采用干电池造成漏液污染
安全性	当采用市电供电时，接电结构设计应确保不引起人身电击危险
稳定性	平均无故障工作时间>2000h；采用电池供电时，电池更换频率≤2 次/年
保修期	1 年
设计寿命	3 年

1. 传感器布局

　　室内环境监控系统的前端传感器负责现场各类监控信息的实时采集，传感器的布局直接影响室内环境参数采集、分析、控制、决策的有效性。

　　按空间功能划分选取具有代表性的空间，且同一性质的空间只选取一间安装传感器。例如，可按独立办公室、开放办公区、会议室、复印室等选取空间类型。需要注意的是，应选取任何人员、任何时间使用超过 1h 及以上的常用空间，才具有代表性。建筑内的车库因尾气有害，需要安装 CO 传感器，应列入常用空间。由于建筑中空间功能使用具有复杂性、多样性和独特性，还需视不同建筑的具体情况，确认需要纳入监控的空间类型。

　　按监控区域面积划分，每台传感器监控空间的面积不能超过 500m²。对于开放办公区，传感器监控范围至少覆盖 80%人员的使用区域。

　　按传感器类型划分，独立型传感器也称为单一功能型传感器属于最常见的传感器，如单独监测 PM2.5、TVOC、CO_2、CO 等传感器。集成型传感器是将两种及以上监测功能的传感器集成为一套装置。例如，在一栋安装集中空调、新风系统的建筑中，室外空气经新风机处理后在进入室内风管前，必须安装一套由 PM2.5、TVOC、CO_2 三者集成的传感器。

2. 安装位置

前端传感器的安装必须满足下列要求：①传感器应安装在被监控空间处于中间部位的墙面上；②为了保证传感器处在人员呼吸的区域，要求距地面高度为900～1800mm；③传感器距可开启窗户至少5m及以上，当距离无法保证时，从内窗开始测量，要求传感器与可开启窗户的距离不得小于被监控空间宽度的一半；④传感器距空气过滤和新风设备至少5m及以上，当距离无法保证时，要求传感器安装尽量靠近回风口，远离出风口。

> **5.0.15** 地下车库一个防火分区至少设置一个CO监测点；监测装置应安装在无冲击、无振动、无强电磁场干扰的场所，安装高度距车库顶板0.3～0.6m，且周围留有不小于0.3m的净空。

【条文说明扩展】

（一）技术原理

1. CO监控联动通风系统定义

CO监控联动通风系统是一种安装在地下车库可以自动监测CO含量，并在含量超标时自动启动排风功能，防止CO浓度过高危害人的安全的智能控制系统。

2. CO监控联动通风系统工作原理

(1)有毒气体超标。地下车库内随车流量增大，所造成的主要排放污染物CO浓度也不断增大，对人体造成伤害。

(2)报警。CO浓度探测器监测所在防烟分区的CO浓度值：CO最高允许浓度应不大于30mg/m³（《民用建筑供暖通风与空气调节设计规范 附条文说明[另册]》（GB 50736—2012））。当CO浓度值超过警戒值时，CO浓度探测器将信号传递给CO浓度控制器(箱)。

(3)启动风机。CO浓度控制器(箱)联动风机配电箱内置开关量启停模块，打开排烟风机，排出车库内超标的有毒气体，CO浓度值迅速下降至安全范围。

(4)节能。CO浓度值回归安全值，由CO浓度控制器(箱)联动风机配电箱内置开关量启停模块，关闭排烟风机，避免风机长时间运行，节约能源。

(5)实时监控。CO浓度监控器放置于消控室，可以实时查看系统内全部CO浓度探测器和CO浓度控制器(箱)的工作状态和报警信息，并打印纸质报告，监控器箱体指示灯指示运行、通信、报警、故障、消音等。

（二）实施策略

1. 具体实施举措

设计人员在设计新建、扩建、改建的机动车车库时的具体实施措施如下：

（1）地下车库区域设置 CO 浓度探测器，控制车库通风系统的运行。

（2）设定一个高百万分比浓度（parts per million，ppm）值，当 CO 浓度探测器测得的 CO 浓度达到高 ppm 值时，气体报警控制器输出一个 AC220V 常开继电器触点，通过中间继电器开启排风机。

（3）设定一个低 ppm 值，排风机运行一段时间后，当 CO 浓度探测器测得的 CO 浓度达到低 ppm 值时，控制器原常开触点断开，通过中间继电器和时间继电器延时 5min 停止排风机运行。

（4）联动控制：在风机动力箱内预留可编程逻辑控制器（programmable logic controller，PLC）控制接点（运行状态、故障状态、手/自动状态、启停控制），将 CO 浓度探测器和风机控制点接入 PLC。

图 5.0.15-1 为 CO 联动通风系统电气系统框图，图 5.0.15-2 为 CO 气体浓度监测系统框图。

图 5.0.15-1　CO 联动通风系统电气系统框图

RVVP 指一种软导体 PVC 绝缘线外加屏蔽层和 PVC 护套的多芯软导线；3×1.0 指线径，是 3 根标称截面为 1.0mm² 软芯线装在一个 PVC 护套里面的；SC15 指敷设方式为穿 15 钢管敷设；×8 指需要 8 个 CO 浓度探测器；KX 指气体报警控制器自带干接点，用于控制继电器的线圈

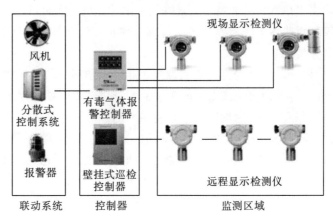

图 5.0.15-2　CO 气体浓度监测系统框图

2. 地下车库CO浓度探测器安装要求

目前，地下车库CO浓度探测器的设置尚无国家规范，其设置主要根据《石油化工可燃气体和有毒气体检测报警设计标准》(GB/T 50493—2019)中的规定，有毒气体检测器距释放源不宜大于1m。考虑到地下车库不同于此规定所针对的高危化工区域，因此CO浓度探测器的安装可按以下要求：

(1)CO气体比空气轻，车库CO浓度探测器安装高度距楼顶为0.3～0.6m；

(2)CO浓度探测器宜安装在无冲击、无振动、无强电磁场干扰的场所，且周围留有不小于0.3m的净空；

(3)根据地下车库的大小，选择合适的数量，一般建议50～150m² 安装一个CO浓度探测器，也可根据实际情况酌情来定；

(4)CO浓度探测器的安装与接线按制造厂规定的要求进行，并应符合防爆仪表安装接线的有关规定。

5.0.16　太阳能光热系统的应用应根据应用地的太阳辐射量、太阳全年运行轨迹，结合集热器的性能，计算分析全年逐月产热，确定系统应用形式、安装形式和可利用量，并分析系统在寿命期内逐年的产热量。

【条文说明扩展】

(一)技术原理

太阳能热水器把太阳光能转化为热能，将水从低温度加热到高温度，以满足人们在生活、生产中对热水的使用需求。太阳能热水器按结构形式分为真空管式太阳能热水器和平板式太阳能热水器。真空管式太阳能热水器为多数，占据国内95%的市场份额。真空管式家用太阳能热水器由集热管、储水箱及支架等相关附件组成，把太阳能转换成热能主要依靠集热管。集热管利用热水上浮冷水下沉的原理，使水产生微循环而达到所需热水。

太阳能热水器分类如下：

(1)按集热部分划分，可分为真空玻璃管太阳能热水器和金属平板太阳能热水器。

(2)按结构划分，可分为普通式太阳能热水器和分体式太阳能热水器。

(3)按水箱受压划分，可分为承压式太阳能热水器和非承压式太阳能热水器。

(4)按其水流方向划分，可分为循环式、直流式太阳能热水器和整体式太阳能热水器。

(5)按接入方式划分，可分为闷晒式、平板式、真空管式、热管式、分体式(壁挂式)(按承压能力又可分为承压式和非承压式)、嵌入式太阳能热水器。

(6)根据真空管的数量、外径、长度和水箱容积大小，平板型集热器，可以分为横管、竖管两大类。此外，还可以根据水箱规格等因素进行分类。

(二)实施策略

1. 太阳能保证率的评价

太阳能保证率的评价应按下列规定进行:

短期测试单日或长期测试期间的太阳能保证率应按式(5.0.16-1)计算,即

$$f = Q_{j} / Q_{z} \times 100\% \tag{5.0.16-1}$$

式中, f ——太阳能保证率,%;

Q_{j} ——太阳能集热系统得热量,MJ;

Q_{z} ——系统能耗,MJ。

采用长期测试时,设计使用期内的太阳能保证率应取长期测试期间的太阳能保证率。

对于短期测试,设计使用期内的太阳能保证率应按式(5.0.16-2)计算:

$$f = \frac{x_{1}f_{1} + x_{2}f_{2} + x_{3}f_{3} + x_{4}f_{4}}{x_{1} + x_{2} + x_{3} + x_{4}} \tag{5.0.16-2}$$

式中, f ——太阳能保证率,%;

f_{1}、f_{2}、f_{3}、f_{4} ——由《可再生能源建筑应用工程评价标准》(GB/T 50801—2013) 第 4.2.3 条第 4 款确定的各太阳辐照量下的单日太阳能保证率,%;

x_{1}、x_{2}、x_{3}、x_{4} ——由《可再生能源建筑应用工程评价标准》(GB/T 50801—2013) 第4.2.3条第4款确定的各太阳辐照量在当地气象条件下按供热水、采暖或空调时期统计得出的天数。没有气象数据时,对于全年使用的太阳能热水系统, x_{1}、x_{2}、x_{3}、x_{4} 可按该标准附录C取值。

2. 集热系统效率的评价

集热系统效率的评价应按下列规定进行:

短期测试单日或长期测试期间集热系统效率应按《可再生能源建筑应用工程评价标准》(GB/T 50801—2013)第 4.2.5 条的规定确定。

采用长期测试时,设计使用期内的集热系统效率应取长期测试期间的集热系统效率。

对于短期测试,设计使用期内的集热系统效率应按下式计算:

$$\eta = \frac{x_{1}\eta_{1} + x_{2}\eta_{2} + x_{3}\eta_{3} + x_{4}\eta_{4}}{x_{1} + x_{2} + x_{3} + x_{4}} \tag{5.0.16-3}$$

式中, η ——集热系统效率,%;

η_{1}、η_{2}、η_{3}、η_{4} ——各太阳辐射量下的单日集热系统效率,%,根据《可再生能源建筑应用工程评价标准》(GB/T 50801—2013)第 4.2.5 条得出;

x_1、x_2、x_3、x_4——由《可再生能源建筑应用工程评价标准》(GB/T 50801—2013)
第4.2.3条第4款确定的各太阳辐照量在当地气象条件下按供热
水、采暖或空调时期统计得出的天数。没有气象数据时,对于
全年使用的太阳能热水系统,x_1、x_2、x_3、x_4可按该标准附录C
取值。

贮热水箱热损因数、供热水温度和室内温度应分别按《可再生能源建筑应用工程评价
标准》(GB/T 50801—2013)第4.2.10、4.2.11、4.2.12条规定的测试结果进行评价。

3. 太阳能制冷性能系数

太阳能制冷性能系数应按下式计算:

$$COP_r = \eta \times (Q_1 / Q_r) \tag{5.0.16-4}$$

式中,COP_r——太阳能制冷性能系数;

η——集热系统效率,%;

Q_1——制冷机组制冷量,kW;

Q_r——制冷机组耗热量,kW。

4. 太阳能集热器的年平均集热效率

太阳能集热器的年平均集热效率应根据集热器产品的瞬时效率方程(瞬时效率曲线)
的实际测试结果按下式进行计算:

$$\eta_{cd} = \eta_0 - U(t_i - t_a) / G \tag{5.0.16-5}$$

式中,η_{cd}——基于集热器总面积的集热器效率,%;

η_0——基于集热器总面积的瞬时效率曲线截距,%;

U——基于集热器总面积的瞬时效率曲线斜率,$W/(m^2 \cdot ℃)$;

t_i——集热器工质进口温度,℃;

t_a——环境空气温度,℃;

G——总太阳辐照度,W/m^2;

$(t_i - t_a) / G$——归一化温差,$(℃ \cdot m^2)/W$。

在计算太阳能集热器的年平均集热效率时,归一化温差计算的参数选择应符合下列
规定。

(1)年平均集热器工质进口温度应按式(5.0.16-6)计算:

$$t_i = t_0 / 3 + 2t_{end} / 3 \tag{5.0.16-6}$$

式中,t_i——年平均集热器工质进口温度,℃;

t_0——系统设计进水温度(贮热水箱初始温度),℃;

t_{end}——系统设计用水温度(贮热水箱终止温度),℃。

(2)年平均环境空气温度应按《民用建筑供暖通风与空气调节用气象参数》(DB11/T
1643—2019)选取,t_a应取当地的年平均环境空气温度。

(3)年平均总太阳辐照度应按下式计算:

$$G = J_T / (S_y \times 3600) \tag{5.0.16-7}$$

式中，G——年平均总太阳辐照度，W/m^2；

　　　　J_T——当地的年平均日太阳辐照量，$J/(m^2 \cdot d)$；

　　　　S_y——当地的年平均日照小时数，h。

> **5.0.17** 为实现部分负荷状态下空调系统的节能运行，系统应满足下列要求：
>
> 　　**1** 集中冷热源系统应进行全年负荷分配分析，根据负荷分布确定机组台数、装机容量和机型；
>
> 　　**2** 集中冷热源系统设置与负荷分布相匹配的输配系统，应确定输配设备变流量运行的台数、容量和控制方式；
>
> 　　**3** 对于区域能源供应系统，应按建设进度匹配与控制分析。

【条文说明扩展】

(一) 技术原理

　　(1) 多数空调系统都是按照最不利情况(满负荷)进行系统设计和设备选型的，而建筑在绝大部分时间内是处于部分负荷状况的，或者同一时间仅有一部分空间处于使用状态。针对部分负荷、部分空间使用条件的情况，系统设计中应考虑合理的系统分区、水泵变频、变风量、变水量等节能措施，保证在建筑物处于部分冷/热负荷时和仅部分建筑使用时，能根据实际需要提供恰当的能源供给，同时不降低能源转换效率，并能够指导系统在实际运行中实现节能高效运行。

　　(2) 常见的定流量(变流量)一次冷水系统和一次(定流量)/二次(变流量)冷水系统可分别用图 5.0.17-1 和图 5.0.17-2 表示。两个流程图虽然有所不同，但在部分负荷工况下的运行机理是相同的。

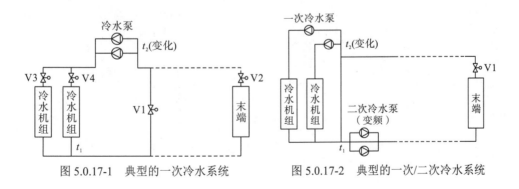

图 5.0.17-1　典型的一次冷水系统　　　　图 5.0.17-2　典型的一次/二次冷水系统

　　负荷变化时，由于末端两通阀(或三通阀，此时则不需要压差控制阀)的作用，冷水回水温度 t_2(可用式(5.0.17-1)计算)发生变化。

$$t_2 = t_1 + \frac{Q}{c\sum m} \tag{5.0.17-1}$$

式中，t_2——冷水回水温度，℃；

$\quad t_1$——冷水供水温度，℃；

$\quad Q$——系统冷量，kW；

$\quad c$——水的比热容，kJ/(kg·℃)；

$\quad \sum m$——系统水流量，kg/s。

常规系统的冷水供水温度一般为定值，即 t_1=7℃，在运行过程中保持恒定，理论上当系统负荷低于 50% 时，可以关闭 1 台主机及相应的冷水泵、冷却水泵和冷却塔。但实际上，当负荷降低时，室外的湿球温度也降低，导致进入机组的冷却水温度降低，这种工况下机组的制冷能力增加，能效比提高，因此机组启停切换点可以比 50% 略高，实际值视机组性能而定。假设冷却水温度也恒定，故仍将切换点定为 50%。

当冷水机组运行台数不同时，冷水回水温度与系统负荷比的关系如图 5.0.17-3 所示。图中虚线表示当两台冷水机组运行时，冷水回水温度与系统负荷比的关系；实线表示当一台冷水机组运行时，冷水回水温度与系统负荷比的关系。随着负荷的减小，冷水回水温度（进入冷水机组的水温）逐渐降低，当系统负荷比（系统实际冷量/系统设计冷量）为 50% 时，如果两台机组运行，则冷水回水温度为 9.5℃，如图中虚线所示；如果关闭一台机组（包括相应的水泵、冷却塔），由于流量减为一半，则冷水供回水温差又重新变成 5℃，如图中实线所示，此时冷水机组在设计工况（满负荷）下运行。在式 (5.0.17-1) 中，系统冷量的变化是因，而冷水回水温度的变化是果，但对冷水机组来说，机组的冷量与冷水回水温度的关系刚好相反，它们之间的关系可以用式 (5.0.17-2) 表示：

$$Q = cm(t_2 - t_1) \tag{5.0.17-2}$$

式中，m——机组的水流量，kg/s。

机组负荷比（机组冷量/机组设计冷量）与冷水回水温度 t_2 之间的关系可以用图 5.0.17-4 表示。

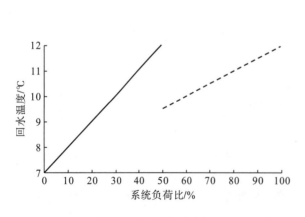

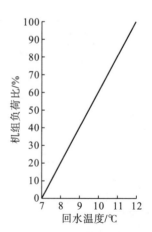

图 5.0.17-3 冷水回水温度与系统负荷比的关系　　图 5.0.17-4 机组负荷比与冷水回水温度的关系

(二) 实施策略

(1) 设计部门一般按设计负荷选择较大容量的设备,而设备经常在低于设计负荷工况下运行,工作效率低。为了解决这个问题,应对全年负荷进行统计和分析,作出全年负荷的时间频率图。根据各种比例的负荷全年出现的累计小时数,可以选择多台不同容量的设备,运行时进行合理控制和匹配,使设备多在高效区运行,节省能耗。

(2) 应采取措施降低部分负荷、部分空间使用下的供暖、空调系统能耗,并应符合下列规定:

(a) 应区分房间的朝向,细分供暖、空调区域,并应对系统进行分区控制;空气调节内、外区应根据室内进深、分隔、朝向、楼层以及围护结构特点等因素划分。内、外区宜分别设置空气调节系统。

(b) 合理选配空调冷、热源机组台数与容量,制定实施根据负荷变化调节制冷(热)量的控制策略,且空调冷源的综合部分负荷性能系数(integrated part load value,IPLV)应符合现行国家标准《公共建筑节能设计标准》(GB 50189—2015)的规定。

(3) 部分负荷工况下,单台冷水机组运行时存在最优负荷区间,冷水机组运行在最优负荷区间内可保持高性能水平运行。单台冷水机不存在运行策略的问题,如果空调系统中有2台及2台以上的冷水机组,那么每台冷水机的启停及不同冷水机之间的匹配运行会存在多种工况。冷水机组的运行策略不同,相应地其运行能耗也不同。

为满足不同负荷区间需求,大型公用建筑大部分都采用多台负荷非均匀匹配的冷水机组并联运行。分析变工况条件下多台冷水机组非均匀负荷匹配控制策略主要有逐台启动法与平均负载法。

(a) 逐台启动法:当系统负荷小时,先开启小型冷水机组,冷水机组通过改变压缩机的功率以达到调节冷量的目的,最终使得冷水机的输出冷量与末端负荷相匹配。当系统负荷超过小型机组承载范围时,开启大型机组,并关闭小型机组。当负荷超出大型机组承载范围时,有两种运行方案,一种方案是大型机组满载运行,小型机组启动并承担剩余负荷,直至满载;另一种方案是小型机组启动并满载运行,大型机组承担剩余负荷,直至满载。

(b) 平均负载法:根据负荷大小决定冷水机的开启顺序。当系统负荷较小时,开启 1 台冷水机组,冷水机组通过改变压缩机的功率以达到调节冷量的目的,最终使得冷水机的输出冷量与末端负荷相匹配。当系统负荷超过 1 台冷水机组的最大制冷量时,开启第 2 台冷水机组,并使 2 台冷水机组按照相同的负载率分摊系统负荷。

(4) 当离心式冷水机组的部分负荷率过低时会导致"喘振"现象发生,影响冷水机组的运行,严重时甚至会损坏机组,因此当可能出现部分负荷率过低的情况时应关闭冷水机组。由于逐台启动法存在冷水机组部分负荷率过低的情况,影响冷水机组运行策略的施行,本指南采用基于平均负载法的冷水机组并联运行控制策略。

策略一:小冷水机先启动,运行直至满载。满载后开启大冷水机,并平摊负荷。

策略二:小冷水机先启动,运行直至满载。超出小冷水机承载范围后关闭小冷水机,开启大冷水机。超出大冷水机承载范围后再次开启小冷水机,并平摊负荷。

策略三：小冷水机先启动，运行直至 80%负载率。超出后开启大冷水机，并平摊负荷。

(5)对 2 台或 2 台以上冷水机组的系统而言，无论其制冷量是否相同或者是否采用一次冷水变流量系统，在部分负荷时，如果不对机组的冷水出水温度进行重设，机组的冷量必定是按相同比例分配，而无法实现机组在不同的负荷比例点运行。要提高整个系统的总体运行效率，可以考虑在某些工况点改变出水温度(但必须保证系统的供水温度一致，意味着有的机组要提高出水温度，有的机组要降低出水温度)，而且必须经过准确的能耗模拟计算，比较的时候需注意要在相同的工况下进行，否则可能会得出错误的结论。该模式对系统控制和操作提出了更高的要求，同时也需要考虑其他辅助设备(如冷水泵、冷却水泵和冷却塔)对系统能耗的影响。

(6)可采用仿真软件对建筑空调冷冻水系统冷水机组的不同运行策略进行仿真，对仿真结果进行对比分析，得出冷水机组全年优化运行策略，以降低运行能耗。

(7)定温差和定流量运行条件下冷水机组控制策略不随冷冻水出水温度改变而改变；在实际工程中进行冷水机组选型搭配时，增加冷水机组并联运行台数、降低冷水机组容量搭配离散度的非均匀负荷匹配方式可为提高冷水机组群总体运行性能创造条件。

(8)采用分集水器压差变频控制对冷冻水泵进行变频调节。分集水器压差变频控制原理如图 5.0.17-5 所示，PLC 智能节能控制系统根据测量的分集水器之间的压差对冷冻水泵的频率进行调节，将压差维持在设定值。当冷冻水泵的频率达到最小运行频率时，水泵以最小频率运行，压差不做控制。具体来说，当末端送风温度高于设定温度值时，末端盘管回水管上的二通控制阀阀门开度增大，在水泵不变速条件下，环路的压差会减小。此时，水泵的控制器感知压力变化与设定值比较产生输出信号，增大冷冻水泵运行频率，加大流量与扬程，环路的压差升高，从而保证末端有足够的水量可取。同样，当送风温度低于设定温度值时，末端盘管回水管上的二通控制阀阀门开度减小，在水泵不变速条件下，环路的压差会增大。此时，水泵的控制器感知压力变化与设定值比较产生输出信号改变变频器的频率，从而减小冷冻水泵运行频率，减少流量与扬程，环路的压差自然减小，达到预设的设定值。系统流量减小，水泵频率降低，电机功耗降低，从而达到节能的目的。

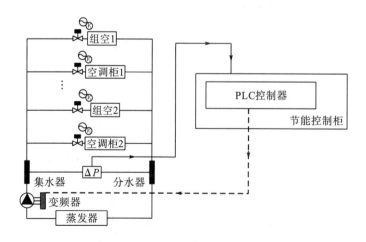

图 5.0.17-5 分集水器压差变频控制原理图

　　采用最小流量旁通控制方法，其控制原理图如图 5.0.17-6 所示。PLC 控制柜通过读取冷冻水干管流量计传来的流量信号与最小流量设定值进行比较，当系统流量接近设定的最小流量时，旁通阀门控制器计算得到一个阀门开度值，传输给阀门开度执行器，调节旁通阀门的开度，维持系统流量在最小流量设定值。当系统流量高于最小流量设定值时，旁通阀门的开度保持关闭状态。最小流量设定值一般不能低于蒸发器额定流量的 50%，出于安全运行考虑，按照蒸发器额定流量的 55% 选取较为合理。

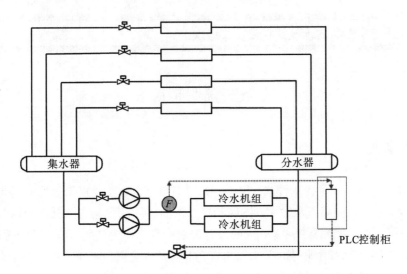

图 5.0.17-6　最小流量旁通控制原理图

6 给水排水

6.0.1　采用节水器具的水效等级应在二级以上。

【条文说明扩展】

(一)技术原理

节水器具是指在满足使用要求、用水舒适性条件下,单次使用水量比同类常规产品能减少流量或用水量,提高用水效率,体现节水技术的器件、用具。其在较长时间内免维修,不发生跑、冒、滴、漏的浪费现象,同时设计先进合理,制造精良,可以减少无用耗水量,与传统的卫生器具相比有明显的节水效果。节水器具是建筑节水技术中重要的载体,也是提高水资源利用效率的重要环节。

1. 节水器具分类

建筑节水器具按用途主要分为节水型水嘴(水龙头)、节水型便器、节水型便器系统、节水型冲洗阀(自动感应冲洗装置)、节水型淋浴器、节水型洗衣机等。

(1)节水型水嘴(水龙头)是指具有手动或自动启闭和控制出水口水流量功能,使用中能实现节水效果的阀类产品;

(2)节水型便器是指在保证卫生要求、使用功能和排水管道输送能力的条件下,不泄漏,一次冲洗水量不大于 6L 水的便器;

(3)节水型便器系统是由便器和与其配套使用的水箱及配件、管材、管件、接口和安装施工技术组成,每次冲洗周期的用水量不大于 6L,即能将污物冲离便器存水弯,排入重力排放系统的产品体系;

(4)节水型冲洗阀(自动感应冲洗装置)是指具有延时冲洗、自动关闭和流量控制功能的便器用阀类产品;

(5)节水型淋浴器是指采用接触或非接触控制方式启闭,并有水温调节和流量限制功能的淋浴器产品;

(6)节水型洗衣机是指以水为介质,能根据衣物量、脏净程度自动或手动调整用水量,满足洗净功能且耗水量低的洗衣机产品。

2. 常用节水器具

1) 节水型水嘴(水龙头)

(1) 陶瓷片密封水嘴。

陶瓷片密封水嘴是以陶瓷片为密封元件,利用陶瓷片的相对运动实现通水,关断及调节出水口流量和温度的一种终端装置,主要安装在建筑物内的冷、热水供水管路末端、工作压力(静压)不大于1MPa、介质温度为4~90℃的水嘴。

水嘴的流量均匀性不应大于 0.033L/s,流量、阀体强度、密封性能要求分别如表 6.0.1-1、表 6.0.1-2、表 6.0.1-3 所示。

表 6.0.1-1　节水型陶瓷片密封水嘴流量要求

产品类型	测试条件	流量范围/(L/min)
面盆、净身器、洗涤器水嘴	动压(0.1±0.02)MPa,带附件	2.0~7.5
淋浴水嘴	动压(0.3±0.02)MPa,不带附件	12.0~15.0

表 6.0.1-2　节水型陶瓷片密封水嘴阀体强度技术要求

检测部位	出水口状态	试验压力/MPa	保持时间/s	技术要求
进水部位(阀座下方)	打开	2.5±0.05	60±5	无变形、无渗漏
进水部位(阀座下方)	关闭	0.4±0.02	60±5	无渗漏

表 6.0.1-3　节水型陶瓷片密封水嘴的密封性能要求

检测部位		阀芯及转换开关位置	出水口状态	用冷水进行试验			用空气在水中进行试验		
				试验条件		技术要求	试验条件		技术要求
				压力/MPa	时间/s		压力/MPa	时间/s	
连接件		用1.5N·m关闭	开	1.6±0.05、0.05±0.01	60±5	无渗漏	0.6±0.02、0.02±0.001	20±2	无气泡
阀芯			开	1.6±0.05	60±5		0.6±0.02	20±2	
冷、热水隔墙			开	0.4±0.02	60±5		0.2±0.01	20±2	
手动转换开关	转换开关在淋浴位	浴盆位关闭	堵住淋浴出水口,打开浴盆出水口	0.4±0.02	60±5	浴盆出水口无渗漏	0.2±0.01	20±2	浴盆出水口无气泡
	转换开关在浴盆位	淋浴位关闭	堵住浴盆出水口,打开淋浴出水口	0.4±0.02	60±5	淋浴出水口无渗漏	0.2±0.01	20±2	淋浴出水口无气泡
自动复位转换开关	转换开关在浴盆位1	淋浴位关闭	两出水口打开	0.4±0.02(动压)	60±5	淋浴出水口无渗漏	—	—	—
	转换开关在淋浴位2	浴盆位关闭			60±5	浴盆出水口无渗漏	—	—	—
	转换开关在淋浴位3	浴盆位关闭		0.05±0.01(动压)	60±5	浴盆出水口无渗漏	—	—	—
	转换开关在浴盆位4	淋浴位关闭		—	60±5	淋浴出水口无渗漏	—	—	—

注: 表中凡未特别标注的压力均指静态压力,用冷水进行试验和用空气在水中进行试验是等效的。

(2)感应式水龙头。

感应式水龙头主要通过红外线反射原理,当手放在水龙头的红外线区域内,红外线发射管发出的红外线由于人体手的遮挡反射到红外线接收管,通过集成线路内的微计算机处理后的信号发送给脉冲电磁阀,电磁阀接收信号后按指定的指令打开阀芯来控制水龙头出水;可有效避免细菌交叉感染,适用于人群密集的场所。

(3)节流水龙头。

节流水龙头是指加有"节水阀芯"(俗称皮钱)、"节流塞""节流短管"的普通水龙头,可以减少因水龙头流量过大时人们无意识浪费的水量,据统计可节水约30%。

(4)延时自闭水嘴(水龙头)。

延时自闭水龙头是主要利用油压方式和内部的弹簧与阻尼套件,让出水在一定时间内停止的水龙头,具有水龙头出水几秒后自动关闭的功能(即延时自闭功能),克服了普通水龙头长流水、关不严、大流量用水的浪费现象,起到了"人走水停"和合理用水的节水作用。

节水型延时自闭水嘴开启一次的给水量不应大于1L/s,开启一次给水时间为4~6s,其密封性能、阀体强度要求分别如表6.0.1-4、表6.0.1-5所示。

表 6.0.1-4　延时自闭水嘴密封性能要求

检测部位	静态水压/MPa	保持时间/s	技术要求
阀体密闭面	1.6±0.05	60±5	阀体密闭面无渗漏
	0.6±0.02	20±5	
上密封	0.3±0.02	60±5	各连接部位无渗漏
连接件	0.05±0.02	60±5	各密封连接部位无渗漏

表 6.0.1-5　延时自闭水嘴阀体强度技术要求

检测部位	出水口状态	静态压力/MPa	保持时间/s	技术要求
进水部位(阀座下方)	打开	2.5±0.05	60±5	无变形、无渗漏
进水部位(阀座下方)	关闭	0.4±0.02	60±5	无渗漏

(5)手压、脚踏、肘动式水龙头。

手压、脚踏式水龙头的开启借助于手压、脚踏动作及相应传动等机械性作用,释手或松脚即自行关闭。节水效果良好,适用于公共场所。

肘动式水龙头靠肘部动作启闭,避免皮肤直接接触,有效防止细菌的交叉感染,卫生、方便。

2)节水型便器

(1)蹲便器。

节水型蹲便器名义用水量应符合表6.0.1-6的规定,实际用水量不得大于名义用水量;

双冲式蹲便器的半冲平均用水量不得大于全冲水用水量最大限定值的 70%。

节水型双冲式蹲便器全冲水用水量最大限定值不得大于 7.0L；高效节水型双冲式蹲便器全冲水用水量最大限定值不得大于 6.0L。

表 6.0.1-6　节水型蹲便器名义用水量

分类	用水量/L
节水型蹲便器	≤6.0
高效节水型蹲便器	≤5.0

（2）坐便器。

坐便器名义用水量应符合表 6.0.1-7 的规定，实际用水量不得大于名义用水量。

双冲式坐便器的半冲平均用水量不得大于全冲水用水量最大限定值的 70%。

节水型双冲式坐便器的全冲水用水量最大限定值不得大于 6.0L；高效节水型双冲式坐便器全冲水用水量最大限定值不得大于 5.0L。

表 6.0.1-7　坐便器名义用水量

分类	用水量/L
节水型坐便器	≤5.0
高效节水型坐便器	≤4.0

（3）小便器。

节水型小便器的平均用水量应不大于 3.0L，高效节水型小便器平均用水量应不大于 1.9L。

便器用水量试验静压力应符合表 6.0.1-8 的规定。

表 6.0.1-8　便器用水量试验静压力

便器类型	坐便器、蹲便器		小便器
冲水装置类型	重力式/MPa	压力式/MPa	压力式/MPa
试验压力	0.14	0.24	0.17
	0.35		
	0.55		

节水型便器除满足水量技术要求外，还应满足水封回复功能、洗净功能等，具体详见《节水型卫生洁具》（GB/T 31436—2015）的要求。

（4）免冲式小便器。

免冲式小便器，即便后不用冲水的小便器，主要有油封技术、薄膜气相吸合封堵技术、板式下水封堵技术或者单向阀技术，能够有效将尿液和大气隔开，达到了不用水冲洗而且防臭、不结垢、卫生的目标。

3）节水型机械式压力冲洗阀

节水型机械式压力冲洗阀冲洗水量应符合表 6.0.1-9 的要求,冲洗水量可调节的产品应有明确说明水量调节的范围。

表 6.0.1-9　节水型机械式压力冲洗阀冲洗水量

产品类型	冲洗水量/L	
	节水型	高效节水型
坐便器冲洗阀	≤5.0	≤4.0
蹲便器冲洗阀	≤6.0	≤5.0
小便器冲洗阀	≤3.0	≤1.9

4）非接触式给水器具

近年来,随着技术的进步,非接触式给水器具飞速发展,技术含量高于传统的给水器具。节水型非接触式给水器具的使用性能技术要求见表 6.0.1-10,冲洗水量可调节的产品应有明确说明水量调节的范围。

表 6.0.1-10　节水型非接触式给水器具使用性能技术要求

序号	项目	技术要求				
		水嘴	淋浴器	小便器冲洗阀	坐便器冲洗阀	蹲便器冲洗阀
1	节水型用水量/L	—	—	≤3.0	≤5.0	≤6.0
	高效节水型用水量/L	—	—	≤1.9	≤4.0	≤5.0
2	流量	动压(0.10±0.01)MPa:2.0～7.5L/min	动压(0.30±0.02)MPa:12.0～15.0L/min	动压(0.10±0.01)MPa 最大瞬时流量:DN25 或以上时,≥72L/min;DN20 时,≥7.2L/min		
3	控制距离误差/%	±15				
4	开启时间/s	≤1	≤1	—	—	—
5	关断时间/s	≤2	≤2	—	—	—
6	密封性能	在静压(0.05±0.01)MPa 和(0.06±0.02)MPa 下保持 30s,出水口处无渗漏				
7	强度性能	在静压(0.05±0.02)MPa 下保持 30s,阀体及各连接处无渗漏、冒汗等现象,阀体应无敲损或明显变形				

注:冲水用水量不大于 1L 的冲洗阀无此要求。

非接触式水嘴、淋浴器、小便器冲洗阀、坐便器冲洗阀、蹲便器冲洗阀除满足表 6.0.1-10 技术要求外,还应符合《卫生洁具　便器用压力冲水装置》(GB/T 26750—2011)相关规定。

5) 节水型淋浴器

节水型淋浴用花洒的流量应符合表 6.0.1-11 的要求。平均喷射角应为 $0°≤α≤8°$；喷洒均匀度要求在直径 120mm 范围内，接受的水量不大于总水量的 70% 且不小于 40%，在直径 420mm 范围内，接受的水量不小于总水量的 95%。

表 6.0.1-11　节水型沐浴用花洒流量要求　　　　　　　（单位：L/s）

流量等级	动压 0.10MPa 时	动压 0.30MPa 时
I 级	$Q_2≤0.10$	$Q_2≤0.12$
II 级	$Q_2≤0.12$	$Q_2≤0.15$
III 级	$Q_2≤0.15$	$Q_2≤0.20$

6) 节水型公共洗碗机

近年来，洗碗机的普及率不断快速上升，对商用洗碗机在大容量、适应多种餐具和洗涤剂、提高洗净性能、节能与环保等方面进行研究，商用洗碗机通过改变分水洗净方式、调整分水的分支数、喷射方式和洗净喷嘴的设定，既保证洗净，又保证节水效果。

（二）实施策略

大力推广使用节水器具是实现建筑节水的重要手段与途径，绿色建筑鼓励选用更高节水性能的节水器具。目前，我国已对大部分用水器具的用水效率制定了标准，如现行国家标准《水嘴水效限定值及水效等级》（GB 25501—2019）、《坐便器水效限定值及水效等级》（GB 25502—2017）、《小便器水效限定值及水效等级》（GB 28377—2019）、《淋浴器水效限定值及水效等级》（GB 28378—2019）、《便器冲洗阀水效限定值及水效等级》（GB 28379—2022）、《蹲便器水效限定值及水效等级》（GB 30717—2019）等。

在设计文件中要注明对卫生器具的节水要求和相应的参数或标准，当存在不同用水效率等级的卫生器具时，按满足最低等级的要求得分。

卫生器具有水效相关标准的应全部采用，方可认定达标，没有的可暂时不参评。

卫生器具的用水效率等级如下。

1. 水嘴水效等级

根据国家标准《水嘴水效限定值及水效等级》（GB 25501—2019）规定，在 $(0.1±0.01)$MPa 动压下，水嘴流量依据表 6.0.1-12 判定水嘴的水效等级，多档水嘴的大档水效等级不应低于 3 级，表 6.0.1-12 中水嘴水效限定值为水效等级 3 级中规定的流量，水嘴节水评价者为水效等级 2 级中规定的流量。

表 6.0.1-12　水嘴水效等级指标　　　　　　　　　　　（单位：L/min）

类比	流量		
	1 级	2 级	3 级
洗面器水嘴、厨房水嘴、妇洗器水嘴	≤4.5	≤6.0	≤7.5
普通洗涤水嘴	≤6.0	≤7.5	≤9.0

2. 坐便器水效等级

根据国家标准《坐便器水效限定值及水效等级》（GB 25502—2017）规定，各等级坐便器的用水量应符合表 6.0.1-13 的规定，单冲式坐便器的用水量是指其平均用水量，双冲式坐便器的用水量包括平均用水量和全冲最大用水量。

表 6.0.1-13　坐便器水效等级指标　　　　　　　　　　　（单位：L）

坐便器水效等级	1 级	2 级	3 级
坐便器平均用水量	≤4.0	≤5.0	≤6.4
双冲式坐便器全冲用水量	≤5.0	≤6.0	≤8.0

注：每个水效等级中双冲式坐便器的半冲平均用水量不大于其全冲用水量最大限定值的 70%。

3. 小便器水效等级

根据国家标准《小便器水效限定值及水效等级》（GB 28377—2019）规定，小便器水效等级分为 3 级，各等级小便器的平均用水量应符合表 6.0.1-14 的规定。

表 6.0.1-14　小便器水效等级指标　　　　　　　　　　　（单位：L）

小便器水效等级	1 级	2 级	3 级
小便器平均用水量	≤0.5	≤1.5	≤2.5

4. 淋浴器水效等级

根据国家标准《淋浴器水效限定值及水效等级》（GB 28378—2019）规定，淋浴器水效等级分为 3 级，在 (0.1 ± 0.01) MPa 动压下，各等级淋浴器的流量应符合表 6.0.1-15 的规定。

表 6.0.1-15　淋浴器水效等级指标　　　　　　　　　　　（单位：L/min）

类型	流量		
	1 级	2 级	3 级
手持式花洒	≤4.5	≤6.0	≤7.5
固定式花洒			≤9.0

5. 便器冲洗阀水效等级

根据国家标准《便器冲洗阀水效限定值及水效等级》（GB 28379—2022）规定，按照表 6.0.1-16 判定便器冲洗阀的水效等级。

表 6.0.1-16　便器冲洗阀水效等级指标　　　　　　　　　（单位：L）

水效等级	1 级	2 级	3 级
单冲式蹲便器冲洗阀平均用水量	≤5.0	≤6.0	≤8.0
双冲式蹲便器冲洗阀平均用水量	≤4.8	≤5.6	≤6.4
双冲式蹲便器冲洗阀全冲用水量	≤6.0	≤7.0	≤8.0
小便器冲洗阀平均用水量	≤0.5	≤1.5	≤2.5

注：每个水效等级中冲式蹲便冲洗阀的半冲平均用水量应不大于其全冲用水量最大限定值的70%。

6. 蹲便器水效等级

根据国家标准《蹲便器水效限定值及水效等级》（GB 30717—2019）规定，按照表 6.0.1-17 判定蹲便器的水效等级。

表 6.0.1-17　蹲便器水效等级指标　　　　　　　　　（单位：L）

蹲便器水效等级		1 级	2 级	3 级
蹲便器平均用水量	单冲式	≤5.0	≤6.0	≤8.0
	双冲式	≤4.8	≤5.6	≤6.4
双冲式蹲便器全冲用水量		≤6.0	≤7.0	≤8.0

6.0.2　二次供水系统的选择应结合用户用水需求及城镇给水管网供水能力确定，市政条件许可并取得当地供水部门批准的地区，宜采用全变频控制的叠压供水设备。

【条文说明扩展】

1. 高层建筑二次供水系统的节水节能选择

本条对二次供水系统的选择方法进行了明确，二次供水系统是建筑给水系统节水、节能的重要组成部分，伴随国内高层建筑的日益增多，其用水量及耗电量的比值日益增大。二次供水系统的节水、节能的重要性日益凸显。二次供水系统的选择应满足安全使用和节能、节水等的要求，应与城镇给水管网的供水能力和用户的用水需求相匹配。

二次供水系统采用分区供水系统，对多层建筑及高层建筑的地区应充分利用城镇给水管网的水压直接供水。当城镇给水管网的水压和(或)水量不足时，应根据卫生安全、节水节能的原则选择贮水调节和加压供水方式。给水系统的竖向分区应根据建筑物用途、层数、使用要求、材料设备性能、维护管理、节约供水、能耗等因素综合确定。分区供水的目的不仅是为了防止损坏给水配件，同时可避免过高的供水压力造成用水不必要的浪费。

分区压力控制要求如下：

(1)当生活给水系统分区供水时，各分区的静水压力不宜大于 0.45MPa，当设有集中热水系统时，为减少热水分区、热交换器设备数量，分区静水压不宜大于 0.55MPa；

(2)生活给水系统用水点处供水压力不宜大于 0.2MPa，当用水点卫生设备对供水压力有特殊要求时，应满足卫生设备给水压力要求，一般不大于 0.35MPa。

2. 供水系统设备

1)水泵与节水性能要求

二次供水系统的主要耗能设备是给水增压泵，水泵与节水有关的主要性能要求如下：

(1)对水泵流量扬程性能的要求。

给水增压泵宜选择满足 ISO 标准制定和推行的标准化水泵，根据《民用建筑节水设计标准》(GB 50555—2010)要求，加压水泵的 $Q\text{-}H$ 特性曲线应为随流量的增大，扬程逐渐下降的曲线。

(2)对水泵变频性能的要求。

对于长时间运行且水量需求变化较大的供水场所，宜采用变频水泵，采用微计算机控制技术，将变频调速器与水泵电机相结合，实现水泵机电一体化，保证每台水泵均能变频运行，从而保证水泵在不同流量工况下出水压力的稳定。

2)全变频控制的叠压供水设备

(1)全变频供水设备。

传统变频给水泵组，每套变频泵组共用一套变频器，变频控制效果不佳，泵组出水口压力不稳定，影响用水舒适性和节水性能。

全变频供水设备采用一对一变频技术，水泵泵组的供水能力与用水点的实际需求匹配度高，出水流量、压力更加恒定，舒适性高，节水节能效果好。

(2)叠压(无负压)供水设备。

叠压(无负压)供水是指利用城镇供水管网压力直接增压或者变频增压的二次供水方式，包含罐式叠压(无负压)供水设备及箱式叠压(无负压)供水设备。由于叠压(无负压)供水设备的应用涉及区域管网供水、供电和规模等条件，叠压(无负压)供水设备的使用需取得当地供水行政主管部门的批准。

(3)全变频智能叠压(无负压)供水设备。

全变频智能叠压(无负压)供水设备是传统叠压(无负压)供水技术与全变频智能供水设备相结合的产物，不但吸收了全变频智能供水设备的优点，而且从市政管网直接抽水，取消生活水池，减少水池二次污染和清洗水池时造成的水资源浪费，充分利用市政管网压力，降低水泵扬程，更能达到节能节水的目的。在市政条件许可并取得当地供水部门批准的地区，采用全变频智能叠压(无负压)供水设备是建筑二次供水系统选择的优选方向。

6.0.3 用水远传计量系统的设置应符合水平衡测试要求。

【条文说明扩展】

用水计量是建筑节水的基础，是发现管网漏损的有效手段，也是计划用水、科学用水、合理用水、科学节水的重要措施。《绿色建筑评价标准》(GB/T 50378—2019)要求建筑设置分类、分级自动远传计量系统。

建筑水平衡测试是以评价建筑为考核分析对象，通过健全用水三级计量仪表全面系统地对建筑内各用水系统或者用水单元进行水量测定，记录各种用水系统的水量数值，根据水平衡关系分析其用水的合理程度，即在一定的规定时段内，测定评价建筑各单元的运行水量，计算其所占份额，用统计表和平衡图表达用水单元系统各水量之间的平衡关系，并据此分析用水的合理性，制定科学用水方案。因此，水平衡测试能如实地反映建筑用水过程中各水量及其相互关系，从而达到科学管理、合理用水、充分节水，促使用水达到更高的利用效率，获得更好的效益。

水平衡测试通过的计量率评价指标体现可按式(6.0.3-1)和式(6.0.3-2)计算：

$$二级表计量率 = \frac{二级表水量之和}{一级表水量} \times 100\% \tag{6.0.3-1}$$

$$三级表计量率 = \frac{三级表水量之和}{二级表水量} \times 100\% \tag{6.0.3-2}$$

远传水表可以将实时的水量数据上传给管理系统，采用远传计量系统对各类用水进行计量，可准确掌握项目用水现状，如给水管网分布情况，各类用水设备、设施、仪器、仪表分布及运转状态，用水总量和各用水单元之间的定量关系，判断管路是否存在漏损现象，找出薄弱环节和节水潜力，制定出切实可行的节水管理措施和规划。

设计、施工及运维阶段按照三级计量要求，分设远传计量水表，满足远传计量水表的全覆盖。

6.0.4 集中热水供应系统应根据建筑功能需求，合理采取有效措施减少热水系统无效冷水量。

【条文说明扩展】

(1)大多数集中热水供应系统存在的浪费现象体现在用水点开启热水后，不能及时获得满足使用温度的热水，而是放掉部分冷水之后才能正常使用。这部分冷水未产生应有的效益，因此称为无效冷水。无效冷水管道内的总贮水体积为该建筑的理论无效冷水量。

$$V = \sum \frac{\pi}{4} d_i^2 L_i \qquad (6.0.4-1)$$

式中，V——理论无效冷水量，m^3；

      d_i——热水管公称直径；

      L_i——对应管径管道长度，m。

(2) 对于集中热水供应系统，应采取有效措施减少热水系统无效冷水量，节约用水。采用的主要技术措施如下。

(a) 生活热水供应系统应有保证用水点处冷、热水供水压力稳定、平衡的措施，并应符合下列规定：①冷、热水供应系统分区应一致；②闭式生活热水供应系统的各区水加热器、贮热水罐的进水均应由同区的给水系统设专用供水管供应；③由热水箱和热水加压供水泵联合供水的热水供应系统，热水系统加压供水泵的供水压力应与相应给水系统的加压供水泵供水压力相协调；④当卫生设备设有冷、热水混合器或混合龙头时，用水点处冷、热水供水压力差不宜大于 0.02MPa；⑤当冷、热水系统分区一致有困难时，宜采用配水支管设可调式减压阀减压、设置恒温控制阀等措施；⑥在用水点处宜设带调节压差功能的混合器、混合阀。

(b) 生活热水供应系统应设置热水循环系统。①集中热水供应系统应采用机械循环，保证干管、立管或干管、立管和支管中的热水循环；②对于设有 3 个或 3 个以上卫生间的酒店式公寓、住宅、别墅共用水加热设备的局部热水供应系统，应设回水配件自然循环或设循环泵机械循环；③对于全日集中供应热水的循环系统，应保证配水点出水温度达到 46℃的时间，对于住宅不得大于 15s，医院和旅馆等公共建筑不得大于 10s；④当设置热水循环管路确有困难时可采用设置自调控电伴热保温等措施。

(c) 生活热水循环管道的布置应保证循环效果，并应符合下列规定：①单体建筑的循环管道宜采用同程布置，当采用异程布置时，热水回水干管、立管应采用导流循环管件连接、在回水立管上设温度控制或流量控制的循环配件；②当热水配水支管布置较长时宜设支管循环，或采取支管自调控电伴热保温措施；③当采用减压阀分区供水时，应保证各分区的热水循环；④小区集中热水供应系统应设热水回水总干管和总循环水泵，单体建筑连接小区总回水管的回水管处宜设分循环水泵、流量控制或温度控制等循环配件；⑤当采用热水贮水箱经热水加压泵供水的集中热水供应系统时，循环泵可与热水加压泵合用，采用调速泵组供水和循环。回水干管设温控阀和流量控制阀控制回水流量。

(d) 完善热水系统的保温措施。

完善热水管道系统及热水制热、贮热设备的保温措施，提高热水的使用效率，将在很大程度上减少无效冷水量的产生，因此在热水系统的安装过程中要严格按照规范要求，选用耐冻耐高温的保温材料，如加聚氨酯、酚醛、复合硅酸镁等保温材料，确保热水系统保温效果达到规定要求。

6.0.5 应通过对地形条件、土壤资料、气象资料、水源、植物品种等的分析，合理确定节水灌溉措施，并应满足下列要求：

1 绿化灌溉水源应合理利用雨水、再生水源等非传统水源；

2 绿化浇洒应采用高效节水灌溉方式，采用再生水灌溉时，禁止采用喷灌方式；

3 节水灌溉应进行合理规划分区，灌溉分区可按面积、灌水器类型、种植土壤条件、植物类别、供水压力水源流量、灌水流量、轮灌阻力等划分；

4 节水灌溉系统的性能参数应满足相关形式的灌溉保证率、设计植物耗水强度、设计喷灌强度、灌水均匀系数、土壤含水量等要求，系统设置应满足相关管道布置与敷设、喷头选择与组合、运行控制方式等的规定。

【条文说明扩展】

（一）技术原理

节水灌溉技术是根据植物蓄水规律和当地的供水条件，高效利用降水、再生水等灌溉水源，以取得灌溉工程经济效益、社会效益和环境效益的综合措施。

节水灌溉是指以较少的灌溉水量取得比较好的灌溉效果。节水灌溉有喷灌、微灌、地下灌溉、滴灌和渠道防渗等方式。

采用再生水灌溉时，因水中微生物在空气中极易传播，应避免采用喷灌方式。

1. 喷灌

(1)喷灌是借助水泵和管道系统或者利用自然水源的落差，把具有一定压力的水喷到空中，然后散成小水滴或者形成弥雾降落到植物上和地面上的灌溉方式。

(2)喷灌可以控制喷水量和均匀性，还可以避免产生地面径流和深层渗漏损失，这样可以提高水的利用率，一般比漫灌节省水量30%～50%，还可以降低灌水的成本。

(3)喷灌可以实现机械化、自动化，还可以输入植物生长需要的养分，这样可以节省大量的劳动力。

(4)喷灌还方便严格控制土壤的水分，可以使土壤湿度维持在作物生长比较适宜的范围。喷灌时可以冲洗掉植物茎叶上的尘土，这样有利于植物进行呼吸作用和光合作用。

(5)喷灌对各种地形的适应性比较强，它不需要像地面灌溉那样整平土地，在坡地和起伏不平的地面都可以进行喷灌，特别是土层比较薄、透水性强的沙质土比较适合采用喷灌。

2. 微灌

(1)微灌是按照作物的需求，通过管道系统与安装在末级管道上的灌水器，把水和植物生长需要的养分以比较小的流量，比较均匀、准确地直接输送到植物根部附近土壤的一种灌水方法。

(2) 微灌按照作物需水的要求适时适量地灌水，而且只湿润作物根部附近的土壤，这样显著减少了灌溉水的损失。

(3) 微灌是管网供水，它操作起来比较方便、劳动效率高，而且还方便自动控制，因此可以明显地节省劳动力。同时，微灌是局部灌溉，这样大部分的土壤地表会保持干燥，就减少了杂草的生长，也就减少了除草的成本和劳动力。

(4) 微灌系统可以做到有效控制每个灌水器的出水流量，因此灌水的均匀度高，一般可以达到 85%以上。

3. 地下灌溉

(1) 地下灌溉也叫渗灌，它是把灌溉水引入地下，然后湿润植物根部区域土壤的灌溉。该灌溉方法一般适用于上层土壤有良好毛细管特性，而下层土壤透水性比较弱的地区，但是不适用于土壤盐碱化的地区。

(2) 地下灌溉不会破坏土壤的结构，上层土壤可以保持良好的通气状态，还可以均匀输送水分和养分，给植物提供稳定的生长环境。

(3) 地下灌溉的地表含水率比较低，而且蒸发很少，输水基本没有损失，这样可以提高水的利用率，该方法比喷灌节水 50%～70%。

(4) 地下灌溉可以把地表下 5～10cm 厚的土壤控制在干燥环境下，这样可以减少病虫害、杂草的蘖生，还可以减少除虫药剂的费用。

4. 滴灌

(1) 滴灌是按照植物需水要求，通过管道系统与安装在毛管上的灌水器，把水和植物需要的养分一滴一滴均匀缓慢地滴入植物根部土壤中的灌水方法。

(2) 在滴灌时水不在空中运动，这样就不会打湿叶面，也没有有效湿润面积以外的土壤表面蒸发，因此直接蒸发的水量比较少，而且容易控制水量，不会产生地面径流和土壤深层渗漏。

(3) 滴灌在植株间没有供应充足的水分，这样不容易生长杂草，可以减轻杂草和作物争夺养分的干扰，从而减少除草成本和劳动力。

(4) 滴灌还能让植物根区保持适宜的供水状态和供肥状态，一般比喷灌节省水 35%～75%。

5. 渠道防渗

(1) 渠道防渗是减少渠道输水渗漏损失的工程措施，可以节约灌溉的用水量，而且还可以降低地下水位，防止土壤次生盐碱化。

(2) 渠道防渗可以防止渠道的冲淤和坍塌，还可以加快流速提高输水的能力。

(二)实施策略

1. 基础资料收集

(1)地形条件：地理位置、地形地貌形状、地面坡度、标高、景观小品及遮挡阳光物体。

(2)土壤资料：收集土壤类型(砂土、壤土或黏土)、土层厚度、容重、入渗率、持水等资料，为确定种植物灌溉强度、选择灌水器提供必要依据。

(3)气象资料：收集当地日照、气温、降雨量、蒸发量、温度、风速、风向等影响需水量的参数，为确定灌溉需水量、灌溉制度提供必要依据。

(4)水源资料：收集水源类型、位置可供水量、流量、水位或水压、水质等资料，为水源的供水制度提供依据。

2. 节水灌溉水源设计

(1)节水绿化灌溉水源应先利用雨水和水质达标的中水、再生水源等非传统水源，其次利用经处理达标后的河流水、湖泊水、水库水，最后利用城镇自来水。

(2)节水绿化灌溉水质需满足《农田灌溉水质标准》(GB 5084—2021)的规定。利用非传统水源作为灌溉水源时，水质需符合《城市污水再生利用 景观环境用水水质》(GB/T 18921—2019)、《城市污水再生利用 城市杂用水水质》(GB/T 18920—2020)和《城市污水再生利用 绿地灌溉水质》(GB/T 25499—2010)等相关标准的规定。

(3)利用河流水、湖泊水、水库水等水源时，应符合喷灌、微灌灌水器对灌溉水的水质要求。对含固体悬浮杂质的水源，应根据悬浮物的特点采取相应的净化过滤措施，防止杂物堵塞管道或喷头。

(4)绿化工程等利用城镇自来水作为水源时，节水灌溉系统不应影响市政管网对用户水的正常供应，应设置如空气隔断、真空破坏器(吸气阀)、倒流防止器等防污染、防回流的安全技术措施。

3. 节水灌溉的规划与分区

(1)绿化灌溉系统应进行合理规划分区，灌溉分区可按面积、灌水器类型、地质条件、植物类别、供水压力水源流量、灌水流量、轮灌阻力等进行分区，但应符合以下原则：

(a)按灌溉面积分区时，每个灌溉区宜按 500m 划分范围；

(b)灌溉灌水器类型不同应进行分区，同一个灌溉区内不应出现不同类型的灌水器；

(c)可按坡度、土壤性质进行灌溉分区，当绿地地形坡度超过 15°，且最低地面与最高地面的高度差超过 6m 时，应进行分区；

(d)绿化地块植被植物的类型(草、花卉、地被、灌木、乔木等)不同时，即不同需水要求的植物不宜划分在同一个轮灌区；

(e)对于同一灌溉系统，当最有利喷头的工作压力超过其额定工作压力 0.1MPa 时，应进行压力分区。

(2)节水绿化灌溉系统的每个灌溉分区的配水干管均应设置稳流或稳压控制装置。

4. 节水灌溉基本参数

(1)建筑绿地的植物一般由花、草、灌木、乔木等单层或复合层次组成。为保证植物正常生长，保持景观效果，应采用较高的设计灌溉保证率，且不应低于85%。

(2)设计植物耗水强度应由试验确定。当无实测资料时，可根据气象资料计算确定，或参照表6.0.5-1确定。

表 6.0.5-1　植物设计耗水强度参考值　　　　　　　　　　(单位：mm/d)

植物类别	喷灌	微灌			
		涌泉灌	微喷灌	滴灌	小管出流灌
乔木	—	3～6	3～6	2～4	2～5
灌木	4～7	4～7	4～7	3～5	3～6
花卉	3～8	3～8	3～8	2～6	2～6
冷季型草	5～8	—	5～8	—	—

(3)不同植物的雾化指标、土壤设计湿润层厚度和湿润比、灌溉水利用系数可根据《喷灌工程技术规范》(GB/T 50085—2007)第4.1.3条和4.2.7条计算确定。

(4)喷灌系统的设计喷灌强度不得大于土壤的允许喷灌强度，土壤的允许喷灌强度应根据地面坡度折减，可按表6.0.5-2确定。

表 6.0.5-2　不同土壤特性的最大允许喷灌强度　　　　　　　(单位：mm/h)

土壤特性	地面坡度及折减百分数				
	坡度<5%不折减	坡度为5%～8% 折减20%	坡度为9%～12% 折减40%	坡度为12%～ 20%折减60%	坡度>20%折减 75%
砂土	20	16	12	8	5
砂壤土	15	12	9	6	3.75
壤土	12	9.6	7.2	4.8	3
壤黏土	10	8	6	4	2.5
黏土	8	6.4	4.8	3.2	2

(5)喷灌系统的喷灌均匀系数应根据喷灌机的水力性能、布置方式、工作压力等因素综合确定，并符合下列规定：

(a)定喷式喷灌系统喷灌均匀系数不应小于0.75；

(b)行喷式喷灌系统喷灌均匀系数不应小于0.85。

(6)微灌系统的喷灌均匀系数不应低于0.8。

(7)不同土壤特性的含水量需符合表6.0.5-3的要求。

表 6.0.5-3　不同土壤特性的含水量（体积比）参考值

序号	土壤特性	容量/(g/cm³)	适宜土壤含水量/%	
			上限 (β_{max})	下限 (β_{min})
1	砂土	1.45～1.60	26～32	13～16
2	砂壤土	1.60～1.54	32～42	16～21
3	壤土	1.40～1.55	30～35	15～18
4	壤黏土	1.35～1.44	32～42	16～21
5	黏土	1.30～1.45	40～50	20～25

5. 灌溉制度计算

1）灌水定额

$$m_d = 0.1 \times Z \times P \times (\beta_{max} - \beta_{min}) / \eta$$

式中，m_d——设计一次灌溉用水量，mm；

　　　Z——土壤设计湿润层厚度，m；

　　　P——土壤设计湿润比，%；

　　　β_{max}——体积比计算的适宜土壤含水量上限，%；

　　　β_{min}——体积比计算的适宜土壤含水量下限，%；

　　　η——灌溉水利用系数。

2）灌水周期

$$T = (m_d / E_d) \times \eta$$

式中，T——设计灌水时间间隔（灌水周期），d；

　　　E_d——设计耗水强度，mm/d。

3）微灌一次灌水时间

$$t = (m_d \times S_e \times S_1) / q_d$$

式中，t——微灌一次灌水时间，h；

　　　S_e——灌水器间距，m；

　　　S_1——毛管（灌水器配水管道）间距，m；

　　　q_d——灌水器设计流量，L/h。

4）喷灌一次灌水延续时间

$$T_1 = m_d / I_d = (m_d \times a \times b) / q_p$$

式中，T_1——微灌一次灌水延续时间，h；

　　　I_d——设计喷灌强度，mm/h；

　　　a——喷头布置间距，m；

　　　b——支管布置间距，m；

　　　q_p——喷头设计流量，L/h。

5) 灌溉定额

$$M_{\mathrm{d}} = \sum m_{\mathrm{d}} \frac{\sum_{j=1}^{12}(E_{\mathrm{d}} - S_{\mathrm{d}} - P_{\mathrm{d}} \times \sigma_{\mathrm{d}})}{\eta}$$

式中，M_{d}——设计年灌溉总水量，m；

　　　m_{d}——设计年第 i 次灌水量，mm；

　　　E_{d}——设计年绿地第 j 月耗水量，mm；

　　　S_{d}——设计年第 j 月绿地下层土壤或地下水提供水量，mm；

　　　P_{d}——设计年第 j 月绿地降雨量，mm；

　　　σ_{d}——设计年第 j 月绿地降雨量利用系数。

6) 灌溉系统设计流量

灌溉系统设计流量可根据流经水表压力损失不超过城市供水主管道中最小静水压力的 10%、流经灌溉水表的最大流量不超过水表最大安全流量的 75%、流经供应管道的流量速度为 1.5～2m/s 等三个规则确认。

还可根据下列计算确定：

$$Q_{\mathrm{d}} = (10 \times A \times E_{\mathrm{d}}) / C \times \eta$$

式中，Q_{d}——灌溉系统设计流量，m³/h；

　　　A——灌溉绿地面积，m²；

　　　E_{d}——设计耗水强度，mm/d；

　　　C——灌溉系统日工作小时数，h。

6. 系统选型及组成

(1) 节水灌溉系统形式参考表 6.0.5-4 并结合实际确定。

表 6.0.5-4　不同灌溉形式的适用情况和技术特点

灌溉形式	适用情况	技术特点
喷灌	1.面积较大且集中连片的绿地； 2.密植低矮植物，如草坪、花卉及灌木； 3.非再生水水源系统	1.地形适应性较强，可降低表层土壤盐分； 2.利于植物降温和增强叶面的光合作用； 3.气象因素对喷水效果影响大，水的蒸发和飘逸损失大； 4.建设成本高
滴灌、微喷灌	1.面积较小、狭窄隔离带零碎地块； 2.花卉、灌木及行道的乔木	1.对土壤适应性较强，不增加环境温度； 2.比喷灌更节水节能，但水质要求高； 3.运行时不影响养护作业； 4.使植物在根部维持恒定且接近最佳的土壤含水量； 5.易造成土壤中盐分积累； 6.不适用于土壤渗透性较强、保水能力差的粗质土壤
渗灌、滴灌	1.狭长草绿化带； 2.花卉、灌木、乔木； 3.屋面草坪绿化	1.直接供水于根部，效率高，蒸发损失小； 2.可抑制杂草生长； 3.不影响地面景观，会限制植物根系发展； 4.对水质要求高； 5.不易发生渗水管故障、维修困难的现象； 6.不宜在土壤渗透性较强、地形坡度很陡的场合使用

灌溉形式	适用情况	技术特点
涌泉灌	1.极狭窄及极小地块； 2.盆、坛种植植物	1.可调节水压使灌水区和灌溉范围可控； 2.对水质要求不高； 3.可灌溉一个特殊区位而不使其他植枝受到过量灌水； 4.不宜在土壤渗透性较强及地形坡度很陡的场合使用

(2)节水灌溉系统可由中央枢纽、输配水管网、灌水器、电气与控制设备等组成。

7. 管道布置与管材要求

(1)建筑绿地节水灌溉系统的管道布置应以安全、经济和管理方便为原则，通过技术经济比较确定，并需符合下列规定：

(a)应根据灌溉分区按输水管、配水管等分层次布置，力求管道平顺简短、阻力损失小、灌水区能迅速分配均匀水流；

(b)微灌支管宜垂直于植物行向布置，毛管宜顺种植行布置；

(c)管道布置应避开障碍物、其他地下管线、建筑物、古树和珍奇植物；

(d)微灌灌水器的布置形式、位置、间距应根据灌水器的水力特点，以利于植物水分吸收等要求确定；

(e)喷头布置形式、位置、间距应根据喷头的水力特点、风向、风速和地形坡度，采用三角形或正方形布置形式，满足喷灌强度和喷灌均匀度的要求。

(2)节水灌溉系统的管道、管件材质应符合下列规定：

(a)埋地给水管宜采用具有抗腐蚀性、抗压、耐压等性能的给水用塑料管和管件，可采用硬聚氯乙烯管、聚乙烯管、无规共聚聚丙烯管、高密度聚乙烯管等，并应符合现行国家、行业相关标准的规定；

(b)管道、管件、阀门、附件接口的耐压等级和机械强度应按管道系统的验收试验压力和地面荷载确定，一般应按高于管道系统设计工作压力的1.5倍的耐压等级确定；

(c)敷设在地面上的塑料管，除应符合本条(a)的要求外，还应具有抗紫外线、抗老化、抗冲击等性能。

8. 喷头选型及间距

(1)同一轮灌分区内应选择同一型号或性能相似的喷头，以方便控制灌水的均匀度和系统的运行管理。

灌溉区域的大小和形状决定了所使用的喷头类型。选择喷头类型的目标是使用最少的喷头适当覆盖该区域。需要灌溉的植物材料选型也可以决定所使用的喷头类型。草坪、灌木、树木和地被植物需要设置不同类型的喷头。

除此外选择合适的喷头，还需考虑可用水压和流量、项目环境条件(如风、温度和降雨)、土壤类型和进水速率、喷头的兼容性等因素。

喷头主要类型有散射喷头、旋转喷头、涌泉喷头和滴灌设备等。

(2)喷头的选用宜符合下列要求：

(a) 为减少飘逸损失，多风地区应选用低仰角喷头；

(b) 为保证同一灌水区内不同标高喷头喷水量相对一致，地形有起伏变化的区域，应选用有压力调节补偿功能的喷头；

(c) 坡地和起伏较大的区域，应选择带止溢装置的喷头；

(d) 对于允许入内活动的绿地场地，应选择带有橡胶保护盖的埋地升降式喷头；

(e) 草坪喷灌系统宜选用地埋式喷头，根据草坪的草及灌木高度确定埋地升降式喷灌的弹起高度；

(f) 应选用工作压力低的喷头；

(g) 选用的喷头的喷水强度不应大于土壤入渗率，确保喷水时种植物地面不产生径流，减少水土流失。

常用的不同类型种植区域所采用的典型喷头定位方案如下：小型植株和狭窄的种植池经常适当地采用滴灌式灌溉、急流涌泉喷头、细流涌泉喷头或短半径散射喷头。当植被因墙体或坡台而略显狭长时，可使用急流涌泉喷头。微宽种植区域可以使用细流涌泉喷头。狭长的草皮长条区可通过具有带型模式喷嘴的短半径散射喷头。

(3) 喷头组合间距应符合表 6.0.5-5 的规定。

表 6.0.5-5　喷头组合间距

设计风速/(m/s)	组合间距	
	垂直风向	平行风向
0.3～1.6	$(1.1～1)R$	$1.3R$
1.6～3.4	$(1～0.8)R$	$(1.3～1.1)R$
3.4～5.4	$(0.8～0.6)R$	$1.1～1)R$

注：①R 为喷头射程，每档设计风速中，可按内插法取值；
　　②在风速多变采用等间距组合时，应选用垂直风向栏的数值；
　　③考虑风力对微喷或低压喷灌的影响，喷头设计间距应小于等于 $0.9R$。

9. 管道水力计算

(1) 灌溉区应在喷头选型、管道布置、喷头定位和喷洒高度确定后，进行灌溉供水管网的水力计算。

(2) 按最不利灌溉分区确定灌溉系统的设计流量和供水压力。

(3) 每个灌溉小区的给水管网应按规定进行节点压力均衡校核计算，并符合下列要求：

(a) 管道内的水流速度不宜超过 1.5m/s；

(b) 各喷头的喷洒水流量偏差不应小于设计允许水流量的 20%；

(c) 同一给水配水管上喷头的工作压力差不应超过设计工作压力的 20%；

(d) 同一灌水区内某节点供水压力不一致时，可设置流量或压力调节器，使各喷头的压力控制在允许范围内。

(4)水锤压力验算和防护措施应按《喷灌工程技术规范》(GB/T 50085—2007)的规定执行。

10. 管道敷设、附件安装的要求

(1)埋设管道一般宜敷设在冰冻深度以下 0.15m;机动车辆行驶道路下的管道应根据地面荷载、管道材质确定埋深,且埋深不应小于 0.7m,其他场合的管道埋深不应低于 0.6m。

(2)非金属管道的敷设应符合下列要求:

(a)应在管道转弯、变坡、分岔、末端等部位设固定支墩或镇墩;

(b)当地面坡度大于 20%时,宜每隔一定距离增设固定支墩;

(c)管道连接应紧密不漏水,刚性接口非金属管道宜设置伸缩节,间距不应大于 30m。

(3)阀门设置及其安全保护装置应符合下列要求:

(a)埋地管道设有阀门时,应设阀门井;

(b)管道标高有起伏时,最高处应设排气阀,最低处应设泄水阀;

(c)口径为 200mm 以上的阀门和安全保护装置应设置底座;

(d)电磁阀出线应采用防水接头,与电缆连接牢固,绝缘应可靠。

(4)喷头和毛管的安装需符合下列要求:

(a)地埋式喷头宜使用铰接接头或柔性管连接支管和喷头,喷头顶部宜低于地面 5～10mm。

(b)在片植灌木区安装地上式喷头和涌泉头时,可使用硬质竖管连接支管与灌水器,喷头宜高出树冠顶部 50～100mm。

(c)绿地周边的喷头与边缘的距离不宜大于 150mm。

(d)微喷头宜安装于专用插杆上,用配套塑料小管与毛管连接。

(e)小管出流器安装应先用专用打孔器在毛管上按设计间距打孔,将配套的塑料小管的一端接头或稳流器插进毛管管壁,按设计确定出水口位置。当毛管埋入地下时,应将塑料小管引出地面约 100mm。

(f)滴灌的滴头应使用与之配套的专用打孔器在毛管上按设计间距打孔,然后将滴头直接插在毛管上。

(g)微灌系统的毛管应使用专用钻头或打孔器按设计间距在支管上打孔。若支管为聚乙烯管,可将毛管旁通直接插入支管管壁,并按旁通结构形式紧固;若支管为聚氯乙烯管,应先将止水胶套装于支管孔内,然后将毛管旁通挤压进支管管壁上并紧固,毛管按设计长度切断,待冲洗后安装堵头。

11. 灌溉系统控制

(1)喷灌系统的电磁阀应安装在支管进口;微灌系统的电磁阀应安装在灌水区的给水管进口;电磁阀电缆和信号线的规格应与电磁阀的功率相匹配。

(2)采用水泵机组取水增压的节水灌溉系统,宜配备变频泵。

(3)节水灌溉系统的电气设备及控制系统应根据系统运行的需要配备,并符合下列要求:

(a)当绿地灌溉工程规模大、经济条件允许时，宜采用全自动化控制的灌溉系统。将系统各项技术参数预设在控制程序内，自动控制水泵的启闭，并按设定的轮灌顺序进行灌溉。

(b)对于绿地灌溉工程规模不大、经济条件受限的地区，宜采用半自动化控制的节水灌溉系统。将系统节水技术参数预设在控制程序内，可采用人工开启、关闭水泵，并按一定轮灌顺序进行灌溉。

(4)控制器位置的布置需考虑以下因素：

(a)减少通到自动电磁阀的现场电线长度，控制器应集中靠近或处于阀门井内；

(b)控制器应成双或成组位于合适方便的地方；

(c)需考虑维护、运行的便利性。

(5)灌溉系统控制需具备下列主要功能：

(a)对不同的灌水分区进行不同的程序控制；

(b)按季节间歇灌溉，遇雨可以停止灌溉或延时灌溉；

(c)能在土壤含水量超限时自动停止灌溉；

(d)能对大型绿地进行流量、雨量等监测管理，并根据气象资料自动调节灌水时间；

(e)可以自动操作和手动操作；

(f)能防雷电冲击，工作电压应为安全电压。

12. 灌溉系统控制方式

节水灌溉系统可采用人工手动灌溉以及智能灌溉控制。

(1)人工手动灌溉是指由人力进行控制的灌溉方式，具有造价低等优点，缺点是易造成较高的植物死亡率以及过度、过量灌溉造成水资源严重浪费的现象。

(2)智能灌溉控制由末端地埋式自动伸缩喷头、地埋式电磁阀、无线蓝牙手机 APP、专用防水接头、供水管道、PAIGE14#直埋双绞线、控制器、湿度传感器、雨量传感器构成。

通过中控运行自动程序，发送启动信号至解码器并传送给相应电磁阀开启阀区，时间阀单独根据无线手机蓝牙 APP 设定程序定时，会根据植物分区的设定水量及时长自动开闭阀区，当阀区打开时，自动伸缩喷头从绿地里伸出开始灌溉，当灌溉时间达到时，喷头自动伸缩回地面以下，从而达到智能灌溉，完全代替人工，可节约灌溉时间、水和人工，降低植物死亡率，可以设定不同的灌溉时间，不浪费水源，但造价较高。

13. 灌溉系统运行方式

(1)建筑绿地节水灌溉系统宜采用分区轮灌的方式进行灌溉。当绿地面积较小，且水源供水量能够满足绿地内全部灌水器流量之和时，可采用续灌方式。

(2)系统运行时间应根据绿地功能、水源条件、系统维修时间及管理要求等因素确定：

(a)建筑绿地灌溉系统每日运行时间不宜超过 12h；

(b)地下室顶板绿地灌溉系统每日运行时间不宜超过 16h。

> **6.0.6** 建筑中水系统宜优先使用市政中水作为水源，并满足下列规定：
> **1** 中水的用途包括绿化浇灌、车辆冲洗、道路冲洗、公厕冲洗等；
> **2** 中水供水系统应采用自动化控制，并应同时设置手动控制。

【条文说明扩展】

（一）技术原理

本指南讨论的"中水"主要指"建筑中水"（建筑物中水和建筑小区中水的总称），推荐以杂排水、优质杂排水作为原水，经集中处理后，达到规定的水质标准，回用于小区的绿化浇灌、车辆冲洗、道路冲洗、家庭坐便器冲洗等，从而达到节约用水的目的。

用作中水原水的水量宜为中水回用水量的 110%~115%。

下列排水严禁作为中水原水：

(1) 医疗污水；

(2) 放射性废水；

(3) 生物污染废水；

(4) 重金属及其他有毒有害物质超标的排水。

建筑物中水宜采用原水污废分流、中水专供的完全分流系统。

（二）实施策略

建筑中水工程应按照国家、地方有关规定配套建设。中水设施必须与主体工程同时设计、同时施工、同时使用。

在缺水城市和缺水地区，当政府有关部门有建设中水设施的规定和要求时，对于适合建设中水设施要求的工程项目，设计人员应根据规定向建设单位和相关专业人员提出要求，并应与该工程项目同时设计。适合建设中水设施要求的工程项目，就是指具有水量较大、水量集中、就地处理利用的技术经济效益较好的工程。

为便于理解和施行，结合开展中水设施建设较早城市的经验及其相关规定、办法、科研成果，提出适宜配套建设中水设施的工程举例仅供参考，见表 6.0.6-1。

表 6.0.6-1　适宜配套建设中水设施的工程举例

类别	规模
区域中水设施： 集中建筑区（院校、机关大院、产业开发区）、 居住小区（包括别墅区、公寓区等）	建筑面积>5万 m^2 或综合污水量>750m^3/d 或分流回收水量>150m^3/d
建筑物中水设施： 宾馆、饭店、公寓、高级住宅等， 机关、科研单位、大专院校、大型文体建筑等	建筑面积>2万 m^2 或回收水量>100m^3/d 建筑面积>3万 m^2 或回收水量>100m^3/d

1. 原水选择

中水原水优先选择优质杂排水，参考《建筑中水设计标准》（GB 50336—2018）中第3条。

2. 水量计算

1) 中水收集量计算

根据中水可收集量及中水回用水量，对本项目非传统水源利用率进行逐月平衡计算。原水系统应计算原水收集率，收集率不应低于回收排水项目给水量的75%。

2) 中水工艺设备处理量计算

处理系统设计处理能力应按下式计算：

$$Q_h = (1 + n_1)\frac{Q_z}{t}$$

式中，Q_h——处理系统设计处理能力，m^3/h；

Q_z——最高日中水用水量，m^3/d；

t——处理系统每日设计运行时间，h/d；

n_1——处理设施自耗水系数，一般取值为5%～10%。

优质杂排水处理系统设计运行时间宜间歇运行，生活污水（生化池上清液）处理系统设计运行时间宜为24h连续运行。

3. 中水处理工艺

中水处理工艺流程应根据中水原水的水质、水量和中水的水质、水量、使用要求及场地条件等因素，经技术经济比较后确定。

(1) 当以盥洗排水、污水处理厂（站）的二级处理原水或其他较为清洁的排水作为中水原水时，可采用以物化处理为主的工艺流程，主要包括絮凝沉淀或气浮工艺、微絮凝过滤工艺等。结合多个工程案例优质杂排水处理工艺推荐采用调节池+接触氧化池+混凝过滤+活性炭吸附装置+蓄水池消毒工艺。接触氧化池宜采用易挂膜、质轻、高强度、抗老化、比表面积大和空隙率高的流化填料。废水在生物接触氧化池内有效接触时间宜≥2h。活性炭可有效吸附中水异味。

(2) 当以含有洗浴排水的优质杂排水、杂排水或生活排水作为中水原水时，宜采用以生物处理为主的工艺流程，主要包括生物处理和物化处理相结合的工艺、膜生物反应器（membrane bioreactor，MBR）工艺、生物处理与生态处理相结合的工艺、生态处理为主的工艺四种。结合多个工程案例生活污水处理工艺推荐采用：调节池+缺氧池+好氧池+MBR膜池+活性炭吸附+蓄水池消毒工艺。MBR出水稳定，活性炭可有效吸附中水异味，污染物去除效率高。

(3) 当中水用于供暖、空调系统补充水等其他用途时，应根据水质需要增加相应的深度处理措施。

建筑中水系统曝气设备宜采用潜水环流立体搅拌曝气机,运行噪声小于 52dB,方便检修维护。

污泥处理处置:中水处理产生的初沉污泥、活性污泥和化学污泥,当污泥量较小时,可排至化粪地处理;当污泥量较大时,可采用机械脱水装置或其他方法进行妥善处理。

调节池进口应设置分流排水,调节池满水位后应可重力分流、溢流排水,保障排水安全。当调节池因条件限制必须设在室内且溢流口低于室外管网时,应符合下列规定:

(a)应设置自动提升设备排除溢流中水,溢流提升设备的排水能力应大于最大时排水量;

(b)自动提升设备应采用双路电源;

(c)调节池应设水位报警装置,报警信号引至物业管理中心。

4. 供水系统

中水供水系统与生活饮用水给水系统应分别独立设置。

中水管道上不得装设取水龙头。当装有取水接口时,必须采取严格的误饮、误用的防护措施。

中水贮存池(箱)上应设自动补水管并按规定做空气隔断,其管径按中水最大时供水量计算确定,并应符合下列规定:

(1)补水的水质应满足中水供水系统的水质要求;

(2)补水应采取最低报警水位控制的自动补给方式;

(3)补水能力应满足中水中断时系统的用水量要求。

利用市政再生水的中水贮存池(箱)可不设自来水补水管。

自动补水管上应安装水表或其他计量装置。

5. 系统监测

电气系统宜采用 PLC 与人机交互(human-machine interaction,HMI)相结合的先进系统,电控柜应对整个中水处理系统设备进行监控,并实现整个中水系统的工艺处理过程,能结合现场情况进行系统控制设定,确保系统出水水质。对各用电设备运行、停止、过载、缺相、面板漏电、电机进水、电流、电压等进行显示和保护。

中水处理站的处理系统和供水系统应采用自动控制,并应同时设置手动控制。

中水水质应按现行国家有关水质检验法进行定期监测。常用控制指标(pH、浊度、余氯、溶解固体总量(total dissolved solid,TDS)等)实现现场监测,有条件的可实现在线监测。

中水系统应在中水贮存池(箱)处设置最低水位报警装置和溢流水位报警装置。

中水处理站应根据处理工艺要求和管理要求设置水量计量、水位观察、水质观测、取样监(检)测、药品计量的仪器、仪表。

中水处理站宜设置远程监控设施或预留条件。

6. 运行管理

中水处理站应建立明确的岗位责任制，各工种、岗位应按工艺特征要求制定相应的安全操作规程，管理操作人员应经专门培训。

中水系统的维护管理宜按表 6.0.6-2 进行检查。

表 6.0.6-2　中水系统的维护管理

设施名称	检查时间间隔	检查/维护重点
输水设施	1 个月	污/杂物清理排除、渗漏检查
处理设施	1 个月	污/杂物清理排除、设备功能检查
储水设施	6 个月	污/杂物清理排除、渗漏检查
安全设施	1 个月	设施功能检查

注：①输水设施包括排水管道、给水管道以及连接储水池与处理设施间的连通管道等；

②处理设施包括格栅井、厌氧池、好氧池、MBR 池、沉淀池或过滤设施以及消毒设施等；

③储水设施指中水调节池、消毒池等；

④安全设施指维护、防止漏电等设施。

6.0.7　年平均降雨量大于 800mm 的地区应采取有效措施合理利用雨水。建筑雨水回收系统设置应满足下列规定：

1 雨水收集系统宜采用渗透弃流装置或容积式弃流池，不宜采用机械弃流装置；

2 雨水调蓄池有效容积宜兼顾雨水回用和雨水径流总量控制率两个因素，其有效容积应取两个相较之大者；

3 设计处理量和蓄水池容积应满足用水需求平衡；

4 蓄水池宜采用钢筋混凝土现浇水池，不宜采用聚丙烯(polypropylene，PP)模块水池或成品钢筋混凝土模块组合式水池；

5 雨水处理应设置独立设备间，不应采用地埋一体机和地埋式设备坑；

6 雨水处理回用宜采用絮凝反应器+多介质过滤器+活性炭过滤器+消毒+变频供水工艺；

7 雨水收集处理回用系统和供水系统应采用自动化控制，并应同时设置手动控制。

【条文说明扩展】

(一)技术原理

根据住房城乡建设部印发的《海绵城市建设技术指南》，雨水控制及利用工程可采用渗、滞、蓄、净、用、排等技术措施。

建设用地内应对年雨水径流总量进行控制,控制率及相应的设计降雨量应符合当地海绵城市规划控制指标要求。年径流总量控制率还应满足《绿色建筑评价标准》(GB/T 50378—2019)第 8.2.2 条要求(即场地年径流总量控制率分别达到 55%得 5 分,达到 70%得 10分,评价总分为 10 分)。

《建筑与小区雨水控制及利用工程技术规范》(GB 50400—2016)规定,收集回用系统宜用于年平均降雨量大于 400mm 的地区。根据实际工程经验,本指南建议年平均降雨量大于 800mm 的地区应采取有效措施合理利用雨水。

雨水入渗不应引起地质灾害及损害建筑物。

排入市政雨水管道的污染物总量宜进行控制。

对大于 10hm^2 的场地应进行雨水控制利用专项设计。

(二)实施策略

根据《建筑与小区雨水控制及利用工程技术规范》(GB 50400—2016)第 1.0.5 条规定,"规划和设计阶段文件应包括雨水控制及利用内容。雨水控制及利用设施应与项目主体工程同时规划设计,同时施工,同时使用。"

第 1.0.6 条规定"雨水控制及利用工程应采取确保人身安全、使用及维修安全的措施"。

《建筑给水排水与节水通用规范》(GB 55020—2021)中的条款:屋面雨水收集或排水系统应独立设置,严禁与建筑生活污水、废水排水连接。严禁在民用建筑室内设置敞开式检查口或检查井。

1. 水量计算

1)雨水收集池容积计算

蓄水池有效容积宜兼顾非传统水源利用率和雨水径流总量控制率两个因素,其有效容积应取两个相较之大者。

根据标准年逐月降雨量、逐月中水可回用量及逐月非传统水源用途需求量,对本项目非传统水源利用情况进行逐月平衡计算,满足非传统水源利用率要求,不低于区域非传统水源利用项目 3~7 天最大日用水量。

满足雨水径流总量控制率要求,通过设置海绵措施(如透水铺装、植草沟、雨水花园等)仍不能满足径流总量控制率要求,雨水收集池宜兼具调蓄排放、净化回用等功能。

(1)绿化浇灌用水。

绿化浇灌用水定额应根据气候条件、植物种类、土壤理化性状、浇灌方式和管理制度等因素综合确定。当无相关资料时,小区绿化浇灌最高日用水定额可按浇灌面积 1.0~3.0L/(m^2·d)计算。干旱地区可酌情增加。

(2)小区道路、广场冲洗用水。

小区道路、广场的浇洒最高日用水定额可按浇洒面积 2.0~3.0L/(m^2·d)计算。

(3) 车库冲洗用水。

根据《民用建筑节水设计标准》(GB 50555—2010)规定,车库冲洗可按浇洒面积 $2L/(m^2·次)$ 计算,每年浇洒 30 次。

(4) 景观水体补水。

景观水体补水量应根据当地水面蒸发量和水体渗透量综合确定。景观水体补水量宜大于水面蒸发量的 70%。

2) 处理量及蓄水池容积计算

设计处理量和蓄水池容积应满足用水需求平衡。

小时处理量×用水时间+蓄水池容积≥日用水量;

小时处理量+蓄水池容积≥最大小时用水量。

2. 处理设施和工艺

1) 初期雨水弃流设施

雨水收集系统宜采用渗透弃流装置或容积式弃流池,不宜采用机械弃流装置。

弃流装置及其设置应便于清洗和运行管理。弃流装置应能自动控制弃流。

截流的初期径流宜排入绿地等地表生态入渗设施,也可就地入渗。当雨水弃流排入污水管道时,应确保污水不倒灌至弃流装置和后续雨水不进入污水管道。

当采用初期径流弃流池时,应符合下列规定:

(1) 截流的初期径流雨水宜通过自流排除;

(2) 当弃流雨水采用水泵排水时,弃流池内应设置将弃流雨水与后期雨水隔离的自动分隔装置;

(3) 应具有不小于 0.10 的底坡,并坡向集泥坑;

(4) 应设置可调节监测连续两场降雨间隔时间的雨情监测装置,并与自动控制系统联动;

(5) 应设有水位监测措施;

(6) 采用水泵排水的弃流池内应设置搅拌冲洗系统。

渗透弃流装置:渗透弃流装置由弃流池、拦截格栅、膜滤组件、渗透管组成。大量初期雨水经过膜滤组件处理后排至市政雨水管网,少量初期雨水通过渗透管渗透到土层中。

容积式弃流池:容积式弃流池由格网、雨量计、弃流池、排水泵、流量计、时间继电器、液位计组成。雨量计监测雨量、雨次、雨频。雨量计和弃流池液位计检测到降雨后通过控制器控制排水泵开始弃流,同时流量计开始计量,流量到达设计弃流量后,停止弃流,时间继电器开始计时,24h 后排水泵排空弃流池,系统复位,等待下一次降雨。

2) 雨水收集池

蓄水池宜采用钢筋混凝土现浇水池,不宜采用 PP 模块做蓄水池。

PP 模块水池是以 PP 塑料单元模块相结合,外表面包裹防渗膜或单向渗透土工布,组成蓄水池或渗透池两种不同类型。PP 模块具有容易搬运、布局灵活、安装方便等优点，用于海绵城市作渗透海绵体优势非常明显，但用作蓄水池缺点比较突出：①包裹于模块外部的防渗膜极易破损，且破损后无法修复。水池安装完成，回填前无法进行装水试漏，回填后若水池漏水则无法修复。②PP 模块承载力较差，易破损塌陷。据了解，已有多起 PP 模块水池不同程度的破损、报废和塌陷。③PP 模块水池难清洗、维护，蓄水水质易恶化。PP 模块水池搭建完成后，无法进入水池进行人工清洗或机械清掏，PP 模块结构紧密反冲效果不佳。长此以往，水池蓄水水质恶化，无法正常运行使用。

蓄水池宜兼具沉淀、调蓄功能。兼作沉淀作用时，其构造设置应符合下列规定：

(1) 应防止进、出水流短路。

(2) 池底应设集泥坑和吸水坑；当蓄水池分格时，每格应设检查口和集泥坑。

(3) 池底应设不小于 5% 的坡度坡向集泥坑。

(4) 池底应设排泥设施；当不具备设置排泥设施或排泥确有困难时，应设置冲洗设施，冲洗水源宜采用池水，并应与自动控制系统联动。

(5) 当蓄水池的有效容积大于雨水回用系统最高日用水量的 3 倍时，应设能 12h 排空雨水的装置。

(6) 蓄水池应设检查口或人孔，附近宜设给水栓和排水泵电源。室外地下蓄水池的人孔、检查口应设置防止人员落入水中的双层井盖或带有防坠网的井盖。

雨水储存设施应设有溢流排水措施，溢流排水宜采用重力溢流排放。

蓄水池不宜设置于室内地下室，当蓄水池因条件限制必须设在室内且溢流口低于室外管网时，应符合下列规定：

(1) 应设置自动提升设备排除溢流雨水，溢流提升设备的排水标准应按 50 年降雨重现期 5min 降雨强度设计，且不得小于集雨屋面设计重现期降雨强度；

(2) 蓄水池进水管应设置液位联动自动阀门和手动阀门；

(3) 自动提升设备应采用双路电源；

(4) 进蓄水池的雨水管应设超越管，且应重力排水；

(5) 雨水蓄水池应设溢流水位报警装置，报警信号引至物业管理中心。

3) 雨水处理设备间

雨水处理应设置独立设备间，不应采用地埋一体机和地埋式设备坑。若确无条件做地上设备间，可以做地下设备机房，设备间应设置楼梯间，通风照明，具备充足的操作空间，方便后期运行、维护与检修。

4) 雨水处理工艺

雨水处理回用宜采用絮凝反应器+多介质过滤器+活性炭过滤器+消毒+变频供水工艺。

絮凝反应应设置絮凝反应器，絮凝反应停留时间不低于 10min。

多介质过滤器和活性炭过滤器不应采用泳池系统的沙缸过滤器和空调循环水系统的自清洗过滤器。

多介质过滤器和活性炭过滤器应配备气动隔膜阀组、人孔、卸料孔、上下布水器、耐震压力表及其所需的附件,其中包括过滤器内部配件、反冲洗接口、自动排气阀、闸阀、压力表、检修盖、滤镜等。多介质过滤器和活性炭过滤器的设计滤速为 10~15m/h,填料装填高度为 1.2m,活性炭碘吸附值≥1000。配置 PLC 程序控制系统,实现过滤、汽水联合反冲洗、正洗等过程全自动完成。

泳池系统的沙缸过滤器为浅层砂过滤,滤速为 25~50m/h,填料装填高度为 0.3~0.5m,用于循环水快速循环截污,但对径流雨水水质深度净化效果较差,水质无法达到回用标准。

自清洗过滤器常用于空调或工业循环水系统旁滤截污,其内部结构为细格栅滤网,不具备深度净化雨水的能力,水质无法达到回用标准。

5)回用供水系统

雨水供水管道应与生活饮用水管道分开设置,严禁回用雨水进入生活饮用水给水系统。

供水管网的服务范围应覆盖水量计算的用水部位。

雨水供水系统应设自动补水,并应符合下列要求:

(1)补水的水质应满足雨水供水系统的水质要求;

(2)补水应在净化雨水供量不足时进行;

(3)补水能力应满足雨水中断时系统用水量要求。

当采用生活饮用水补水时,应采取防止生活饮用水被污染的措施,并符合下列规定:

(1)蓄水池(箱)内的自来水补水管出水口应高于蓄水池(箱)内溢流水位,其间距不得小于 2.5 倍补水管管径,且不应小于 150mm;

(2)向蓄水池(箱)补水时,补水管口应设在池外,且应高于室外地面。

雨水供水管道上不得装设取水龙头,并应采取下列防止误接、误用、误饮的措施:

(1)雨水供水管外壁应按设计规定涂色或标识;

(2)当设有取水口时,应设锁具或专门开启工具;

(3)水池(箱)、阀门、水表、给水栓、取水口均应有明显的"雨水"标识。

6)系统监测控制

电气系统宜采用 PLC 与 HMI 相结合的先进系统,电控柜应对整个雨水收集处理回用系统设备进行监控,并实现整个雨水系统的工艺处理过程。能结合现场情况进行系统控制设定,确保系统出水水质。对各用电设备运行、停止、过载、缺相、面板漏电、电机进水、电流、电压等进行显示和保护。

智能控制系统应具备以下基本功能:

(1)从雨水收集到变频恒压供水实现无人值守自动控制。可监控整个系统的运行、参数设定、故障查询与报警等。

(2)多介质过滤器、活性炭过滤器的正常过滤、反清洗等应具有全自动、半自动及全手动(按钮控制)的功能,正常过滤及反清洗的时间在人机界面中可修改设定。

(3)原水泵应具有缺相、欠压、过载保护,同时应具有原水缺水及蓄水池高低液位等自动启、停泵及保护功能。

(4)控制系统应具有分散控制系统(distributed control system，DCS)远传数据通信接口功能。

(5)应对系统回用水量、市政补水水量、水池水位进行监控，应对回用水 TDS、pH、浊度、余氯等指标实施在线监测。

3. 运行管理

雨水控制及利用设施维护管理应建立相应的管理制度。工程运行管理人员应经过专门培训上岗。在雨季来临前应对雨水控制及利用设施进行清洁和保养，且在雨季定期对工程运行状态进行观测检查。

雨水回用系统防误接、误用、误饮的措施应保持明显和完整。

雨水入渗、收集、输送、储存、处理与回用系统应及时清扫、清淤，确保工程安全运行。

严禁向雨水收集口倾倒垃圾和生活污水、废水。

渗透设施的维护管理应包括渗透设施的检查及清扫、渗透机能的恢复及修补、机能恢复的确认等，并应对维护管理进行记录。

雨水控制及利用系统的维护管理宜按表 6.0.7-1 进行检查。

表 6.0.7-1 雨水控制及利用系统的维护管理

设施名称	检查时间间隔	检查/维护重点
集水设施	1 个月或降雨间隔超过 10 日的单场降雨后	污/杂物清理排除
输水设施	1 个月	污/杂物清理排除、渗漏检查
处理设施	3 个月或降雨间隔超过 10 日的单场降雨后	污/杂物清理排除、设备功能检查
储水设施	6 个月	污/杂物清理排除、渗漏检查
安全设施	1 个月	设施功能检查

注：①集水设施包括建筑物收集面相关设备，如雨水斗、雨水口和集水沟等；
②输水设施包括排水管道、给水管道以及连接储水池与处理设施间的连通管道等；
③处理设施包括初期径流弃流、沉淀或过滤设施以及消毒设施等；
④储水设施指雨水储罐、雨水蓄水池以及蓄水池等；
⑤安全设施指维护、防止漏电等设施。

蓄水池应定期清洗。蓄水池上游超越管上的自动转换阀门应在每年雨季来临前进行检修。

处理后的雨水水质应进行定期检测。

6.0.8 低影响开发雨水系统应与城市雨水管渠系统合理衔接，且不应降低城市雨水管渠系统的设计标准。通过设置透水铺装、下凹式绿地、生物滞留设施等实现系统的合理匹配。

【条文说明扩展】

(一)技术原理

通过城市规划、建筑的管控,从"源头减排、过程控制、系统治理"着手,综合采用"渗、滞、蓄、净、用、排"等技术措施,统筹协调水量与水质、生态与安全、分布与集中、绿色与灰色、景观与功能、岸上与岸下、地上与地下等关系,有效控制城市降雨径流,最大限度地减少城市开发建设行为对原有自然水文特征和水生态环境造成的破坏,使城市能够像"海绵"一样,在适应环境变化、抵御自然灾害等方面具有良好的"弹性",实现自然积存、自然渗透、自然净化的城市发展方式,有利于达到修复城市水生态、涵养城市水资源、改善城市水环境、保障城市水安全、复兴城市水文化的多重目标。

低影响开发雨水系统(图6.0.8-1)应与城市雨水管渠系统合理衔接,且不应降低城市雨水管渠系统的设计标准。

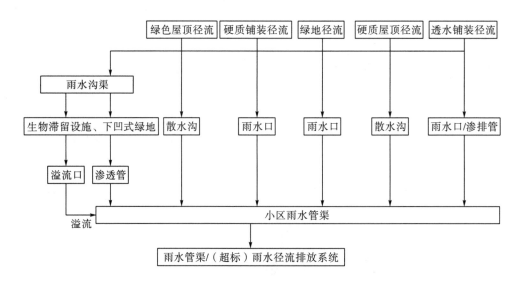

图6.0.8-1   低影响开发雨水系统流程图

1. 透水铺装(pervious pavement)

透水铺装是具有一定雨水渗透能力的地面硬质铺装,一般包括透水找平层、基层和垫层。

(1)透水铺装的设计、施工应根据当地的水文、地质、气候环境等条件,并结合雨水排放规划和雨洪利用要求,协调相关附属设施;

(2)透水铺装应满足荷载、透水、防滑等使用功能及抗冻胀等耐久性要求;

(3)新建项目硬质铺装地面中透水铺装面积的比例应不小于50%,改、扩建项目的透水铺装比例不宜小于20%;

（4）透水铺装设计应满足在当地两年一遇的暴雨强度下，持续降雨 60min，表面不应产生径流的透（排）水要求，合理使用年限宜为 8～10 年；

（5）透水铺装面层应与周围环境相协调，其面层选择、铺装形式应由设计人员根据铺装场所功能要求确定。

2. 下凹式绿地(sunken green belt)

下凹式绿地低于周边地面或道路路面，深度为 50～200mm，可用于调蓄和下渗雨水的绿地，包括普通下凹式绿地、生物滞留设施等。

（1）下凹式绿地设计应尊重生态环境，维护生态安全，优化生态格局。

（2）下凹式绿地应低于周边铺砌地面或道路，下凹深度宜为 100～200mm，且不大于 200mm；建筑小区内配建有地下车库的绿地下凹深度不宜大于 150mm。

（3）下凹式绿地设计宽度宜大于等于 3m。

（4）周边雨水宜分散进入下凹式绿地，当集中进入时应在入口设置缓冲措施。

（5）下凹式绿地植物宜选用耐旱耐涝的品种。

（6）下凹式绿地可采用溢流竖管、盖箅溢流井或雨水口等溢流措施。

（7）下凹式绿地构造形式应符合设计要求，使用的种植土和渗透材料不得污染水源，不得导致周边次生灾害发生。

3. 生物滞留设施(bioretention facility)

生物滞留设施是指通过植物、土壤和微生物系统滞蓄、去除雨水径流中的污染的设施，包括雨水花园、生物滞留带、生态树池等。

（1）初期雨水通过地形或雨水口应引入生物滞留设施，通过生物滞留设施储存、净化下渗，多余雨水通过溢流设施排入雨水管网；

（2）生物滞留设施占地面积宜为其汇水面积的 5%～10%；

（3）应设海绵城市低影响开发(low impact development，LID)设施的标识牌，载明 LID 设施的名称、用途及运行维护要求；

（4）生物滞留设施宜设置水位观察井(管)，水位观察井(管)底部与排水层齐平，顶端应高于生物滞留设施的溢流标高 0.2m 以上。

（二）实施策略

1. 透水铺装

（1）透水铺装构造从上至下应按以下要求设计：①透水找平层；②透水基层；③透水垫层。透水铺装大样图如图 6.0.8-2 所示。

（2）透水找平层宜满足以下规定：

(a)渗透系数不宜小于 $1×10^{-4}$m/s。

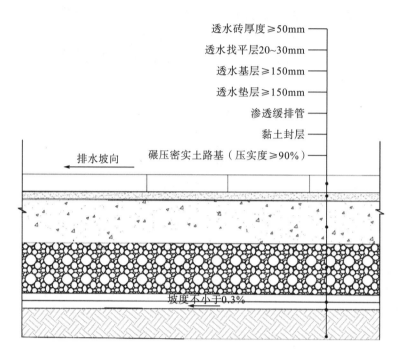

图 6.0.8-2　透水铺装大样图

(b)当透水铺装面层采用透水砖时，厚度宜大于等于 50mm；采用透水混凝土，用于人行道其厚度宜大于等于 80mm，用于车行道其厚度宜大于等于 180mm；采用透水沥青其厚度宜大于等于 80mm。

(3)透水砖强度等级应通过设计确定，可根据不同的道路类型按表 6.0.8-1 选用。

表 6.0.8-1　透水砖强度等级　　　　　　　　　　　　　　　　(单位：MPa)

道路类型	抗压强度		抗折强度	
	平均值	单块最小值	平均值	单块最小值
小区道路(支路)广场、停车场	≥50.0	≥42.0	≥6.0	≥5.0
人行道、步行街	≥40.0	≥35.0	≥5.0	≥4.2

(4)透水基层类型可包括刚性基层、半刚性基层和柔性基层，可根据地区资源差异选择透水粒料基层、透水水泥混凝土基层等类型，并应具有足够的强度、透水性和水稳定性，连续空隙率不应小于 10%。

(5)透水铺装下土基应具有一定透水性能，土壤透水系数不应小于 1×10^{-3}mm/s，且土基顶面距地下水位宜大于 1m。

(6)寒冷地区透水铺装结构层宜设置单一级配碎石垫层或砂垫层，并应验算防冻厚度。

(7)透水砖路面内部雨水收集可采用多孔管道及排水盲沟等形式。

(8)应防止多孔管材及盲沟周围被雨水携带的颗粒堵塞。

(9)透水砖铺装施工应满足《透水砖路面技术规程》(CJJ/T 188—2012)的规定,并符合下列要求:透水砖铺筑时,基准点和基准面应根据平面设计图、工程规模、透水砖规格、块形以及尺寸等设置。

(10)铺砖时,应轻放、平放,落砖时应贴近已铺好的砖垂直落下,不可推砖造成积砂现象,并应观察和调整好砖面图案的方向。用木锤或胶锤轻击砖中间1/3面积处,不应损伤砖的边角,直至砖面与通线在同一标高上,并使砖稳定。

(11)检查井周围或与构筑物接壤处的砌块宜切块补齐,不宜切块补齐的部分应及时填补平整。

(12)直线或规则区域内两块相邻透水砖的接缝宽度不宜大于3mm,宜采用中砂灌缝。

(13)透水砖铺装过程中,不得在新装的路面上拌合砂浆或堆放材料。面层铺装完毕,基层达到规定强度前,应设置明显标识禁止车辆及行人进入。

(14)当面层砌块发生错台、凸出、沉陷时,应将其取出,整理基层和找平层,重新铺装面层,填缝。更换的砌块色彩、强度、块形、尺寸均应与原面层砌块一致,砌块的修补部位宜大于损坏部整砖。

(15)透水砖铺筑完成后,表面敲实并及时清理砖面杂物碎屑,砖面上不得有水泥砂浆。铺砌完成并养护24h后,用填缝砂填缝,分多次进行,直至缝隙饱满,同时将遗留在砖表面的余砂清理干净。

(16)透水路面结构性维护的项目应包括路面裂缝、坑槽、沉降、剥落、磨损等,维护频率不应低于每月1次。

(17)损坏的透水沥青路面、透水水泥混凝土路面及透水砖铺装等必须及时采用原透水材料或透水性和其他性能不低于原透水材料的材料进行修复或替换。

(18)对于设有下部排水管/渠的透水铺装,应定期检查管/渠是否堵塞、错位、破裂等,检查频率不应少于每季度1次。若管/渠堵塞,应根据《城镇排水管道维护安全技术规程》(CJJ 6—2009)的相关规定进行管道疏通;若管/渠错位或破裂,应立即采取措施修复或更换管道。

(19)透水路面通车后,每半年应至少进行1次全面透水功能性养护,透水系数下降显著的道路应每个季度进行1次全面透水功能性养护。

2. 下凹式绿地

(1)下凹式绿地宜包括以下构造:①进水区;②存水区;③覆盖层;④土壤层;⑤砾石层;⑥地下排水层;⑦溢流设施;⑧种植区。下凹式绿地大样图如图6.0.8-3所示。

(2)下凹式绿地种植物品种和单位面积种植数应符合设计要求。

(3)下凹式绿地植物的病虫害防治应采用生物防治方法和物理防治方法,严禁药物污染水源。

(4)下凹式绿地施工可参照以下工艺流程:防线—开挖—弃土转移运输—沟槽平整—种植土回填—植物种植。土方开挖可采用机械或人工,在土方开挖过程中应根据施工方案做好种植土的临时堆存与保护。

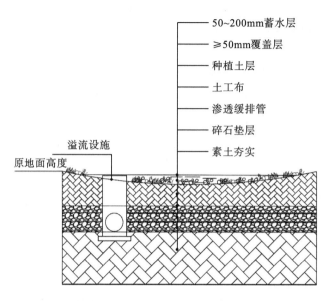

图 6.0.8-3　下凹式绿地大样图

(5)沟槽平整应按设计要求进行，可采用小型机械或人工整治，平面尺寸、槽底高程、坡度、压实度应满足设计要求。

(6)回填用种植土应以排水良好的砂性土壤为宜，保证土壤渗透系数符合设计要求，若土壤渗透性较差，应通过改良措施增大土壤渗透能力。

(7)下凹式绿地的植物应按照设计要求进行选用，并符合以下要求：

(a)具有耐涝耐旱属性；

(b)根系发达，净化能力强；

(c)因地制宜，组合搭配植物。

(8)溢流口安装位置应准确，其布置、深度及间距应符合设计要求。

(9)应及时清理进水口和溢流口的垃圾与沉积物，保证过水通畅。

(10)应定期维护进水口和溢流口的防冲刷设施，保持其设计功能。

(11)对于底部出流型的设施，应定期检查排水管/渠是否堵塞，每季度不少于 1 次。

(12)若设施出现渗漏，应检查防渗膜是否破裂，若有破裂应及时进行修补或替换。维护时应符合以下规定：

(a)若内壁渗漏，应人工开挖四周填料，清除防渗层上的砂土，寻找渗漏点并进行修补；

(b)若底部渗漏，应将设施内填料层分层挖出，根据渗漏严重程度进行修补或更换。

3. 生物滞留设施

(1)生物滞留设施宜包括以下构造：①进水区；②存水区；③覆盖层；④土壤层；⑤砂滤层；⑥地下排水层；⑦溢流设施；⑧种植区。生物滞留设施大样图如图 6.0.8-4 所示。

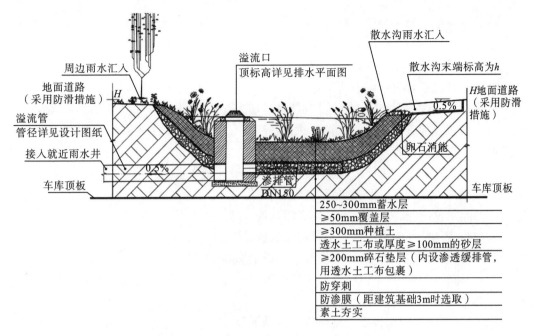

图 6.0.8-4　生物滞留设施大样图

(2) 进水区宜符合以下规定：

(a) 进水区进水能力应满足服务区域排水需求；

(b) 进水区后宜采用 8%～10% 的坡度坡向存水区；

(c) 进水区宜硬化并在末端设置配水措施，在两年一遇降雨条件下，配水后流速不宜大于 0.8m/s；

(d) 进水区前 0.25m 范围宜低于周边地坪 5cm。

(3) 存水区宜符合以下规定：

(a) 存水区前端宜设置拦砂或沉砂措施；设置前置沉砂池时，在两年一遇降雨条件下其对粒径大于 0.5mm 的泥沙去除率宜大于 80%。

(b) 存水区设计排空时间宜为 8～24h。

(c) 存水区有效水深宜为 150～300mm，当存水区坡度较大时，应设有效水深保证措施。

(d) 存水区宽度不宜小于 1m 且不宜大于 20m，若只能从一边进行施工维护，则设施宽度不宜大于 10m；存水区长度不宜大于 40m。

(4) 覆盖层宜符合以下规定：

(a) 覆盖层宜采用砾石覆盖层或能自然分解的有机覆盖层；

(b) 有溢流设施的生物滞留设施应避免设置轻质覆盖层；

(c) 覆盖层厚度宜为 50～100mm。

(5) 土壤层宜符合以下规定：

(a) 土壤层厚度宜为 750～1200mm，最小厚度不宜低于 400mm；

(b) 土壤层使用专用除污填料时其厚度可以按实际需求确定；

(c) 渗透系数宜为 $3 \times 10^{-6} \sim 1 \times 10^{-5}$ m/s;

(d) 配置土壤不应含有砾石、混凝土块、砖块等,品质应符合种植物的需求。

(6) 砂滤层宜符合以下规定:砂滤层厚度宜为 $100 \sim 200$ mm。

(7) 地下排水层宜符合以下规定:

(a) 排水层厚度不宜小于 20m,排水层材料应无污染析出且空隙率不宜小于 30%;

(b) 排水层底部宜设穿孔排水管,并且底部宜有不小于 1%的坡度坡向穿孔排水管。

(8) 溢流设施宜符合以下规定:

(a) 溢流排水能力不应低于低影响开发设施的设计最大水量;

(b) 可采用溢流竖管、盖篦溢流井或雨水口等;

(c) 溢流水位应保证低影响开发设施的有效水深。

(9) 植物应选择耐淹耐旱且有丰富根系的种植物。

(10) 防渗层若采用土工膜,其厚度不宜小于 1mm。

(11) 土方开挖时应清除区域内及护坡的树根、石块杂物,保留区域内现有种植物。底部应采用小型机械夯实。

(12) 复杂型生物滞留设施的施工应符合以下要求:

(a) 砾石应清洗干净且粒径不小于穿孔管的开孔孔径。

(b) 穿孔排水管钻孔规格应符合设计要求。

(c) 换土层厚度应符合设计要求;换土层底部应铺设透水土工布隔离层或厚度不小于 100mm 的砂层。

(d) 生物滞留带纵向每 $20 \sim 30$ m 宜设置挡水堰,挡水堰的施工应符合设计要求;滞留井周边应种植水生植物或者设置钢丝网。

(13) 设施内种植土壤的维护管理应符合下列规定:

(a) 种植土厚度应每年检查一次,根据需要补充种植土到设计厚度;

(b) 在进行植株移栽或替换时应快速完成种植土的翻耕,减少土壤裸露时间;

(c) 在土壤裸露期间应在土壤表面覆盖塑料薄膜或其他保护层,以防止土壤被降雨和风侵蚀;

(d) 种植土出现明显的侵蚀、流失时应分析原因并纠正;

(e) 树木栽植应符合树木栽植成活率不应低于 95%;名贵树木栽植成活率应达到 100%。

(14) 由于坡度导致调蓄空间调蓄能力不足时,应增设挡水堰或抬高挡水堰、溢流口高程。

7 电气与智能化

【条文说明扩展】

（一）技术原理

1. 能耗监测系统定义

能耗监测系统是指通过安装分类能耗计量装置和分项能耗计量装置，采用远程传输等手段及时采集能耗数据，实现重点建筑能耗的在线监测和动态分析功能的硬件系统和软件系统的统称。

在民用建筑中主要采用空调冷量表、热量表，电气系统多功能电表，给排水的远传水表等设备进行监测和分析。

2. 民用建筑能耗数据采集对象与分类

1）民用建筑能耗数据采集

民用建筑能耗数据采集应分为居住建筑能耗数据采集和公共建筑能耗数据采集。对于公共建筑，居住建筑部分应纳入居住建筑的能耗数据采集体系，公共建筑部分应纳入公共建筑的能耗数据采集体系。

2）公共建筑能耗数据采集

公共建筑能耗数据采集应分为中小型公共建筑能耗数据采集和大型公共建筑能耗数据采集，中小型公共建筑是指单栋建筑面积小于等于 2 万 m^2；大型公共建筑是指单栋建筑面积大于 2 万 m^2。

3）能耗数据的分类与分项

（1）分类能耗。

分类能耗是根据国家机关办公建筑和大型公共建筑消耗的主要能源种类划分进行采

集和整理的能耗数据，如电、燃气、水等。

电量：建筑统计周期内消费的总电量。

水耗量：建筑统计周期内的实际用水量，水消费主要包括自来水、自备井供水、桶装水等。

燃气量(天然气量或煤气量)：建筑统计周期内消费的总燃气量，一是集中供应和使用的，由燃气公司提供能耗数据；二是分户购买、使用的，逐户调查和累加各用户消费量。

集中供热耗热量：建筑统计周期内的集中供热耗热量。

集中供冷耗冷量：建筑统计周期内的集中供冷耗冷量。

其他能源应用量：如集中热水供应量、煤、油、可再生能源等，建筑统计周期内使用的其他的能源数据。

(2) 分项能耗。

分项能耗是指根据国家机关办公建筑和大型公共建筑消耗的各类能源的主要用途划分进行采集和整理的能耗数据。分项能耗中电量应分为 4 个分项，包括照明插座用电、空调用电、动力用电和特殊用电。电量的 4 个分项是必分项，各分项可根据建筑用能系统的实际情况灵活细分为一级子项和二级子项，是选分项，其他分类能耗不应分项。

(a) 照明插座用电。

照明插座用电是指建筑物主要功能区域的照明、插座等室内设备用电的总称。照明插座用电共 3 个子项，包括照明和插座用电、走廊和应急照明用电、室外景观照明用电。

照明和插座是指建筑物主要功能区域的照明灯具和从插座取电的室内设备，如计算机等办公设备，若空调系统末端用电不可单独计量，则空调系统末端用电应计算在照明和插座子项中，包括全空气机组、新风机组、空调区域的排风机组、风机盘管和分体式空调器等。

走廊和应急照明是指建筑物的公共区域灯具，如走廊等的公共照明设备。

室外景观照明是指建筑物外立面用于装饰的灯具及用于室外园林景观照明的灯具。

(b) 空调用电。

空调用电是为建筑物提供空调、采暖服务的设备用电的统称。空调用电共 2 个子项，包括冷热站用电、空调末端用电。

冷热站是空调系统中制备、输配冷量的设备总称。常见的系统主要包括冷水机组、冷冻泵(一次冷冻泵、三次冷冻泵、冷冻水加压泵等)、冷却泵、冷却塔风机和冬季采暖循环泵(采暖系统中输配热量的水泵；对于采用外部热源、通过板换供热的建筑，仅包括板换二次泵；对于采用自备锅炉的，包括一次泵、二次泵)。

空调末端是指可单独测量的所有空调系统末端，包括全空气机组、新风机组、空调区域的排风机组、风机盘管和分体式空调器等。

(c) 动力用电。

动力用电是集中提供各种动力服务(包括电梯、非空调区域通风、生活热水、自来水加压、排污等)的设备(不包括空调采暖系统设备)用电的统称。动力用电共 3 个子项，包括电梯用电、水泵用电、通风机用电。

电梯是指建筑物中所有电梯(包括货梯、客梯、消防梯、扶梯等)及其附属的机房专用空调等设备。

水泵是指除空调采暖系统和消防系统外的所有水泵,包括自来水加压泵、生活热水泵、排污泵、中水泵等。

通风机是指除空调采暖系统和消防系统外的所有风机,如车库通风机、厕所排风机等。

(d)特殊用电。

特殊用电是指不属于建筑物常规功能的用电设备的耗电量,特殊用电的特点是能耗密度高、占总电耗比重大的用电区域及设备。特殊用电包括信息中心、洗衣房、厨房餐厅、游泳池、健身房或其他特殊用电。

以上 4 个分项中,空调用电项宜分为一、二级子项;其余项可根据建筑用能系统的实际情况灵活细分为一级子项和二级子项,具体如表 7.0.1-1 和表 7.0.1-2 所示。

表 7.0.1-1 分项能耗一级子项

分项能耗	一级子项
照明插座用电	照明和插座
	走廊和应急照明
	室外景观照明
空调用电	冷热站
	空调末端
动力用电	电梯
	水泵
	通风机
特殊用电	信息中心
	洗衣房
	厨房餐厅
	游泳池
	健身房
	其他

表 7.0.1-2 分项能耗二级子项

分项能耗	二级子项
冷热站	冷冻泵
	冷却泵
	冷机
	采暖循环泵
空调末端	全空气机组
	新风机组
	排风机组
	空调器

3. 样本建筑能耗数据采集点

(1)居住建筑的样本建筑的集中供热(冷)量按以下方法采集:

(a)对于设有楼栋热(冷)量计量总表的样本建筑,应从楼栋热(冷)量计量总表中采集;

(b)对于未设楼栋热(冷)量计量总表的样本建筑,宜采集热力站或锅炉房(供冷站)的供热(冷)量,按面积均摊方法获得样本建筑的集中供热(冷)量。

(2)居住建筑的样本建筑除集中供热(冷)量外的能耗数据应按以下方法采集:

(a)宜从能源供应端获得;

(b)对于不能从能源供应端获得能耗数据的样本建筑,宜设置样本建筑楼栋能耗计量总表(电度表、燃气表等),并采集楼栋能耗计量总表的能耗数据;

(c)对于既不能从能源供应端,又不能从楼栋能耗计量总表获得能耗数据的样本建筑,应采取逐户调查的方法,采集样本建筑中每一户的能耗数据,同时采集样本建筑的公用能耗数据,累计各户能耗数据和公用能耗数据,获得样本建筑能耗数据。

(3)中小型公共建筑的样本建筑能耗数据应按以下方法采集:

(a)宜从样本建筑的楼栋能耗计量总表中采集;

(b)对于不能从楼栋能耗计量总表获得能耗数据的样本建筑,应采取逐户调查的方法,采集样本建筑中每一户的能耗数据,同时采集样本建筑的公用能耗数据,累计各用户能耗数据和公用能耗数据,获得样本建筑能耗数据。

(4)大型公共建筑的能耗数据应按以下方法采集:

(a)宜从建筑的楼栋能耗计量总表中采集;

(b)对于不能从楼栋能耗计量总表中获得能耗数据的样本建筑,应采取逐户调查的方法,采集建筑中每一户的能耗数据,同时采集样本建筑的公用能耗数据,累计各用户能耗数据和公用能耗数据,获得样本建筑的能耗数据。

4. 能耗数据采集方法

1)一般规定

能耗数据采集方式包括人工采集方式和自动采集方式。

2)人工采集方式

通过人工采集方式采集的数据包括《国家机关办公建筑和大型公共建筑能耗监测系统分项能耗数据采集技术导则》中 4.2 节的建筑基本情况数据采集指标和其他不能通过自动采集方式采集的能耗数据,如建筑消耗的煤、液化石油、人工煤气、汽油、煤油、柴油等能耗量。

3)自动采集方式

通过自动采集方式采集的数据包括建筑分项能耗数据和分类能耗数据。由自动计量装置实时采集,通过自动传输方式实时传输至数据中转站或数据中心。

分项能耗：电、燃料(煤、气、油等)、集中供热供冷、建筑直接使用的可再生能源。

分类能耗：电量应分为 4 个分项，包括照明插座用电、空调用电、动力用电和特殊用电。

5. 能耗监测系统

能耗监测系统由数据采集子系统、数据中转站和数据中心组成。

数据采集子系统由监测建筑中的各计量装置、数据采集器和数据采集软件系统组成。

数据中转站接收并缓存其管理区域内监测建筑的能耗数据，并上传到数据中心。数据中转站可不具备处理分析数据和永久性存储数据的功能。

数据中心接收并存储其管理区域内监测建筑和数据中转站上传的数据，并对其管理区域内的能耗数据进行处理、分析、展示和发布。数据中心分为部级数据中心、省(自治区、直辖市)级数据中心和市级数据中心。市级数据中心和省(自治区、直辖市)级数据中心应将各种分类能耗汇总数据逐级上传。部级数据中心对各省(自治区、直辖市)级数据中心上传的能耗数据进行分类汇总后形成国家级的分类能耗汇总数据，并发布全国和各省(自治区、直辖市)的能耗数据统计报表以及各种分类能耗汇总表。

(二)实施策略

1. 设计标准

《民用建筑能耗数据采集标准(附条文说明)》(JGJ/T 154—2007)
《公共建筑能耗远程监测系统技术规程》(JGJ/T 285—2014)
《国家机关办公建筑和大型公共建筑能耗监测系统分项能耗数据采集技术导则》
《国家机关办公建筑和大型公共建筑能耗监测系统分项能耗数据传输技术导则》
《国家机关办公建筑和大型公共建筑能耗监测系统楼宇分项计量设计安装技术导则》
《国家机关办公建筑和大型公共建筑能耗监测系统建设、验收与运行管理规范》
《国家机关办公建筑和大型公共建筑能耗监测系统数据中心建设与维护技术导则》

2. 基本要求

(1)能耗监测系统由能耗数据采集系统、能耗数据传输系统和能耗数据中心的软硬件设备及系统组成。

(2)用于能耗监测系统的能耗计量装置应采用国家认可计量核定单位检定合格的产品。

(3)能耗监测系统的建设不应影响用能系统的功能，不应降低用能系统与设备的技术指标。

(4)新建能耗监测系统应与用能系统和配电系统同步设计、同步施工并同步验收。

(5)既有建筑的能耗监测系统应以各用能系统现状、变配电相关技术资料和现场条件为基础进行建设，并应充分利用现有的监测系统或设备。

3. 能耗数据采集系统设计

(1)能耗数据采集系统应包括下列内容：

(a)确定需要进行能耗数据采集的用能系统和设备；

(b)选择能耗计量装置，并确定安装位置；

(c)选择能耗数据采集器，并确定安装位置；

(d)设计采集系统的布线，包括能耗计量装置与能耗数据采集器之间的布线、能耗数据采集器与网络接口间的布线。当能耗数据采集器与网络接口间的布线存在困难时，可采用无线网络传输的方式。

(2)能耗数据采集系统的设计文件应满足工程设计深度要求，并包括下列内容：

(a)建筑的基本信息、用能系统状况、用能类别和用量的描述；

(b)能耗计量装置、能耗数据采集器及布线平面布置图；

(c)能耗计量装置系统图，包括出线开关额定容量、互感器变比、供电回路名称、能耗计量装置位置及编号；

(d)能耗计量装置和能耗数据采集器的接线原理图和安装详图；

(e)能耗计量装置与能耗数据采集器的通信传输接线图；

(f)能耗数据采集系统的设备与材料表，包括系统所需的能耗计量装置、表箱、能耗数据采集器和所有安装所需的材料及线缆。

(3)能耗计量装置的性能要求应包括下列内容：

(a)应具有 RS-485 标准的串行通信接口，并能实现数据远传功能。通信接口应符合国家现行标准《基于 Modbus 协议的工业自动化网络规范》（GB/T19582.3—2008）和《多功能电能表通信协议》（DL/T645—2007）的有关规定。

(b)电能表精度等级不应低于 1 级，水表精度等级不应低于 2 级，热（冷）量表精度等级不应低于 3 级。

(c)水表、热（冷）量表和燃气表应符合国家现行标准《户用计量仪表数据传输技术条件》（CJ/T188—2018）或《基于 Modbus 协议的工业自动化网络规范》（GB/T19582.3—2008）的有关规定。

(d)如果为改造项目或采用无线采集系统，则需现场设置通用分组无线业务（generalpacketradioservice，GPRS）信号模块进行信号发送，设置协议转发模块，用来将各种不同设备的协议统一为用户需要的协议。

(4)能耗数据采集器的性能要求应包括下列内容：

(a)应具备 2 路及以上 RS-485 串行通信接口，每个接口应具备至少连接 32 块能耗计量装置的功能。接口应具有完整的串口属性配置功能，支持完成的通信协议配置功能，并应符合国家现行标准《基于 Modbus 协议的工业自动化网络规范》（GB/T19582.3—2008）、《多功能电能表通信协议》（DL/T645—2007）和《户用计量仪表数据传输技术条件》（CJ/T188—2018）的相关规定。

(b)应支持有线通信方式或无线通信方式，且应具有支持至少与 2 个能耗数据中心同时建立连接并进行数据传输的功能。

(c)存储容量不应小于 32MB。

(d)应具有采集频率可调节的功能。

(e)应采用低功耗嵌入式系统，且功率应小于 10W。

(f)应支持现场和远程配置、调试及故障诊断的功能。

(5)能耗数据采集器应支持根据能耗数据中心命令采集和定时采集两种数据采集模式，定时采集频率不宜大于 1 次/h。

(6)能耗数据采集系统的设备应布置在不影响数据稳定采集与传输的场所，并应留有检修空间。

(7)能耗数据采集系统的供电与接地应符合现行行业标准《民用建筑电气设计标准(共二册)》(GB 51348—2019)的有关规定。

4. 能耗数据传输系统设计

(1)能耗数据传输系统的设计应包括传输网络的选择、数据传输通信协议和数据加密。

(2)能耗计量装置与能耗数据采集器之间的数据传输通信协议应符合国家现行标准《多功能电能表通信协议》(DL/T 645—2007)或《基于 Modbus 协议的工业自动化网络规范》(GB/T 19582.3—2008)的有关规定。

(3)能耗数据采集器与能耗数据中心之间的数据通信应采用基于传输控制协议/互联网协议(transmission control protocol/internet protocol，TCP/IP)的数据网络。

(4)能耗数据采集器与能耗数据中心建立连接时，能耗数据中心应采用消息摘要算法第 5 版(MD5)对能耗数据采集器进行身份认证。

(5)能耗数据采集器与能耗数据中心之间、能耗数据中心与能耗数据中心之间的数据包传输应采用可扩展标记语言(extensible markup language，XML)格式，并应采用高级加密标准(advanced encryption standard，AES)进行加密。

(6)能耗数据采集器上传数据出现故障时，应有报警记录和信息记录；与能耗数据中心重新建立连接后，应能进行历史数据的断电续传。

5. 能耗数据中心的设计

(1)能耗数据中心的设计应根据辖区内的实际需求进行，包括计算机和网络的硬件配置、软件设计、网络布线及机房设计。

(2)能耗数据中心硬件设备的配置应满足功能要求和数据存储容量需求。硬件设备配置应包括服务器、交换机、防火墙、存储设备、备份设备、不间断电源设备和机柜。

(3)能耗数据中心软件的设计应符合下列规定：

(a)应包括能耗监测系统应用软件和基础软件，基础软件应包括操作系统、数据库软件、杀毒软件和备份软件；

(b)基础软件设计时应考虑相互兼容性。

(4)能耗数据中心机房的网络布线系统设计应符合现行国家标准《综合布线系统工程设计规范》(GB 50311—2016)的相关规定。

(5)能耗数据中心机房设计应符合现行国家标准《数据中心设计规范》(GB 50174—

2017)的相关规定。

(6)能耗数据中心设计成果应包括下列内容：

(a)建筑能耗监测系统基本情况描述；

(b)能耗数据中心软、硬件部署图；

(c)能耗数据中心计算机、网络等硬件配置清单；

(d)能耗数据中心的基础软件配置清单；

(e)能耗监测系统应用软件架构和功能说明；

(f)能耗数据中心接收数据和上传数据的方式和协议。

(7)能耗数据中心的设计宜符合现行国家标准《电子政务系统总体设计要求》(GB/T 21064—2007)的相关规定。

6. 监测系统应用软件的开发

(1)能耗监测系统应用软件的开发应符合现行国家标准《系统与软件工程 系统与软件质量要求和评价(SQuaRE)第 10 部分：系统与软件质量模型》(GB/T 25000.10—2016)的相关规定，软件开发文档应包括用户需求的规格说明书、系统架构设计说明书和用户手册。

(2)能耗监测系统应用软件应具有下列功能：

(a)能耗数据采集器命令下达、数据采集接收、数据处理、数据分析、数据展示和系统管理；

(b)支持浏览器/服务器(browser/server，B/S)架构；

(c)能耗数据的直观反映和对比展示。

(3)能耗监测系统应用软件的数据编码应保证数据可进行计算机或人工识别与处理，并应保证数据得到有效的管理，支持高效率的查询服务，实现数据组织、存储及交换的一致性。

(4)数据的编码规则应符合下列规定：

(a)能耗数据编码应包括 7 类细则编码，包括行政区划代码编码、建筑类别编码、建筑识别编码、分类能耗编码、分项能耗编码、分项能耗一级子项编码和分项能耗二级子项编码；

(b)能耗数据采集点识别编码应包括 5 类细则编码，包括行政区划代码编码、建筑类别编码、建筑识别编码、能耗数据采集器识别编码和数据采集点识别编码。

(5)分类能耗增量和分项能耗增量应根据能耗计量装置的原始数据增量计算能耗日结数据，包括当天的能耗增量和采集数据的最大值、最小值与平均值；并应根据能耗日结数据计算逐月、逐年能耗数据及最大值、最小值与平均值。

(6)能耗监测系统应用软件数据展示功能宜包括下列内容：

(a)辖区内建筑数量和总建筑面积；

(b)辖区内各类建筑数量和建筑面积；

(c)各建筑的基本信息、能源使用种类和分项能耗监测情况；

(d)辖区内不同类型不同范围建筑能耗指标的展示，包括逐时、逐日、逐月、逐年指标值；

(e)辖区内建筑总能耗的平均值和各分类能耗的平均值；

(f)辖区内同一类建筑的相关能耗指标的排序，上下四分位值和建筑数量；

(g)辖区内各类建筑的相关指标的最大值、最小值与平均值；

(h)辖区内下级能耗数据中心相关能耗指标的对比和排序。

(7)能耗监测系统应用软件的数量质量控制应包括下列数据自动验证功能：

(a)能耗计量装置采集数据一般性验证，应根据能耗计量装置量程的最大值和最小值进行判定，小于最小值或者大于最大值的采集数据应判定为无效数据；

(b)电表有功电能验证，应通过两次连续采集数据计算出该段时间的耗电量，不应大于本支路耗能设备在该段时间额定耗电量的 2 倍。

7. 管线施工

(1)桥架和管线的施工应符合现行国家标准《智能建筑工程施工规范》(GB 50606—2010)的有关规定；

(2)电力线缆和信号线缆不得在同一线管内敷设；

(3)电线、电缆的线路两端标记应清晰，编号应准确；

(4)能耗计量装置与能耗数据采集器之间的连接线规格应符合设计要求；

(5)安装设备前应对系统所有线路进行全面检查，避免断线、短路或绝缘损坏现象；

(6)端接完毕后，应对连接的正确性进行检查，绑扎导线束应整齐。设备端管线接头安装应符合现行国家标准《建筑电气工程施工质量验收规范》(GB 50303—2015)的有关规定。

8. 能耗计量装置与能耗数据采集器的安装

(1)能耗计量装置与能耗数据采集器安装前应对型号、规格、尺寸、数量、性能参数进行检验，并应符合设计要求；

(2)能耗计量装置的施工应符合现行国家标准《自动化仪表工程施工及质量验收规范》(GB 50093—2013)的有关规定；

(3)能耗数据采集器应安装在安全、便于管理与维护的位置。能耗计量装置与能耗数据采集器之间的有线连接长度不宜大于 200m。

9. 能耗数据中心的施工

(1)能耗数据中心机房的施工应符合现行国家标准《数据中心设计规范》(GB 50174—2017)和《数据中心基础设施施工及验收规范》(GB 50462—2015)的有关规定；

(2)能耗数据中心的施工应包括部署和配置计算机、网络硬件、基础软件和应用软件，设置运行环境和参数。施工后应确认软件运行正常。

7.0.2　照明选择光源时，应根据应用场景考虑光源的色温、显色性、颜色稳定性及一致性要求。

【条文说明扩展】

(一)技术原理

1. 照明质量

照明质量包括良好的显色性能、相宜的色温、较小的眩光、比较好的照度均匀度、舒适的亮度比等。

当前的主要问题是：有些设计没有规定光源的色温和显色指数，由承包商随意选购，达不到最佳效果；另外，应用冷色温荧光灯管和 LED 灯过多，有的存在色温越高越亮的误解，造成与场所不适应的现象，也影响光效的提高。在 LED 灯开始广泛应用的时期，单纯追求高效、低价，使用过高色温和低显色指数的 LED 灯都是不恰当的，应在保证良好的照明质量的前提下，合理选用高效光源、灯具和电器附件。

2. 照明与装饰美观

在公共建筑中，应根据具体条件处理美观要求，既要与建筑整体装饰相协调，又要正确处理与节能的关系，以寻求良好的光环境和较高的照明能效。

当前，在某些建筑照明设计中，存在忽略照明功能、不注重节能、片面追求美观的倾向。在高档公共建筑，如高级宾馆、博物馆、剧场等的厅堂，较多地考虑照明装饰效果是必要的，但也应重视照明的视觉功能(照度、照明质量)，符合节能的原则。

3. 照明投资

进行照明经济分析时，简单地比较器材的价格不能全面反映设计方案的经济性能，也不利于节能，而应按同样输出光通量值和使用时限来比较光源价格，或按全生命周期进行经济分析。进行照明系统的比较时，计入照明初建设投资费用和全生命周期内消耗电能的费用，就使高效光源和高效灯具、电器附件等具有明显的综合经济优势，使用节能产品，不仅节能，而且经济也合理。

(二)实施措施

1. 合理确定照度标准

1)照明设计标准

按相关标准确定照度，照明设计标准有以下几个方面：

(1)《建筑照明设计标准》(GB 50034—2013)，规定了工业与民用建筑的照度标准值；

(2)《室外作业场地照明设计标准》(GB 50582—2010)，规定了机场、铁路站场、港口码头、船厂、石油化工厂、加油站、建筑工地、停车场等室外作业场地的照度标准值；

(3)《城市道路照明设计标准》(CJJ 45—2015)，规定了城市道路的亮度标准值和照度标准值；

(4)《城市夜景照明设计规范》(JGJ/T 163—2008)，规定了城市建筑物、构筑物、特殊景观元素、步行街、广场、公园等景物的夜景照明标准值。

2) 控制设计照度值和照度标准值的偏差

设计照度值与照度标准值相比较允许有不超过 10%的偏差(灯具数量小于 10 个的房间允许有较大的偏差)，避免设计时过高的照度计算值。

3) 作业面邻近区、非作业面、通道的照度要求

作业面邻近区为作业面外 0.5m 的范围内，其照度可低于作业面的照度，一般允许降低一级(但不低于 200lx)。

通道和非作业区的照度可以降低到作业面邻近周围照度的 1/3，这个规定符合实际需要，对降低实际照明功率密度(lighting power density，LPD)有明显作用。

2. 合理选择光源

(1)选用的照明光源需符合国家现行相关标准，并应符合以下原则：

(a)光效高，宜符合标准规定的节能评价值的光源；

(b)颜色质量良好，显色指数高，色温宜人；

(c)使用寿命长；

(d)启动快捷可靠，调光性能好；

(e)性价比高。

(2)严格限制低光效的普通白炽灯应用，除抗电磁干扰有特殊要求的场所使用其他光源无法满足要求外不得选用。

(3)除商场重点照明可选用卤素灯外，其他场所均不得选用低光效卤素灯。

(4)在民用建筑、工业厂房和道路照明中，不应使用荧光高压汞灯，特别不应使用自镇流荧光高压汞灯。

(5)对于高度较低的功能性照明场所(如办公室、教室、高度在 8m 以下公共建筑和工业生产房间等)，应采用细管径直管荧光灯，而不应采用紧凑型荧光灯，后者主要用于有装饰要求的场所。

(6)高度较高的场所宜选用陶瓷金属卤化物灯；无显色要求的场所和道路照明宜选用高压钠灯；更换光源很困难的场所宜选用无极荧光灯。

(7)近几年 LED 照明快速发展，白光 LED 灯的成功研制为进入照明领域创造了条件，其特点是光效高、寿命长、启动性能好、可调光、光利用率高、耐低温、耐振动等，已经越来越广泛地应用于装饰照明、交通信号等场所。但对于多数室内场所，目前普通 LED 灯色温偏高，光线不够柔和，使人感觉不舒服，应选用符合照明质量要求的产品。

3. 色温的选取

人工光源具有光色的属性，体现在光的色调上。色温是表征光源光色的指标，对于不同功能类型的房间有不同的色温要求，光源的色表可分为三类，其典型的应用场所见表 7.0.2-1。

表 7.0.2-1　光源色表特征及应用场所

色表类别	色表特征	相关色温/K	应用场所举例
I	暖	<3300	客房、卧室、病房、酒吧、餐厅
II	中间	3300~5300	办公室、阅览室、教室、诊室、机械加工车间、仪表装配
III	冷	>5300	高照度场所、热加工车间或白天所需补充自然光的房间

人对光色的爱好还与照度水平有关，在各种照度水平下，不同色温的灯具照明所产生的一般印象见表 7.0.2-2。

表 7.0.2-2　各种照度水平下不同色温的灯具照明所产生的一般印象

照度/lx	灯光色温		
	暖(<3300K)	中间(3300~5300K)	冷(>5300K)
<500	舒适	中性	冷
500~1000	↑	↑	↑
1000~2000	刺激	舒适	中性
2000~3000	↑	↑	↑
>3000	不自然	刺激	舒适

注：↑为过渡符号，表示上下两种状态的过渡，例如，随着照度的增加，逐渐从舒适变得刺激。

由表 7.0.2-2 可知，灯光色温应与照度相适应，即随着照度增加，色温也应相应提高。否则，在低色温和高照度的组合下，人会感到闷热的气氛；而在高色温和低照度的组合下，人会感到阴冷的气氛。

7.0.3　公共场所的照明控制宜根据使用时间、人员流动、光照感应等设置自动控制系统；当采用手动控制时，应充分考虑分区、分时控制需要进行线路设置。

【条文说明扩展】

（一）技术原理

照明控制方式对节能的影响：合理的照明控制有助于使用者根据需要及时开关灯，避免无人管理的"长明灯"、无人工作室开灯、局部区域工作时点亮全部灯、天然采光良好时点亮人工照明灯等。照明控制可以提高管理水平，节省运行管理人力，节约电能。

照明控制主要分为自动控制和手动控制，自动控制包括时钟控制、光控、红外线控制、微波雷达控制、声控、智能照明控制等。各种控制的主要目的之一就是通过合理控制照明灯具的启闭来节约能源。

(二)实施策略

(1)公共建筑应采用智能照明控制。体育馆、影剧院、候机厅、博物馆、美术馆等公共建筑宜采用智能照明控制，并按需要采取调光或降低照度的控制措施。

智能照明控制系统根据预先设定的程序通过控制模块、控制面板等实现场景控制、定时控制、恒照度控制、红外线控制、就地控制、集中控制、群组组合控制等多种控制模式。

(2)住宅建筑的公共场所应采用感应自动控制。居住建筑有天然采光的楼梯间、走道的照明，除应急照明外应采用节能自熄开关。此类场所的夜间走动人员不多，但又需要有灯光，采用红外感应或雷达控制等类似的控制方式，有利于节电。

当采用 LED 灯时还可以设置自动亮暗调节，对于酒店走廊、电梯厅、地下车库等场所比节能自熄开关更有利，满足使用要求。

(3)地下车库、无人连续在岗工作而只进行检查、巡视或短时操作的场所应采用感应自动光暗调节(延时)控制。

(4)一般场所照明分区、分组开关灯。在白天自然光较强，或在深夜人员较少时，可方便地用手动或自动方式关闭一部分或大部分照明，有利于节电。分组控制的目的是将天然采光充足或不充足的场所分别开关。

对于公共建筑和工业建筑的走廊、楼梯间、门厅等公共场所的照明，应按建筑使用条件和天然采光状况采取分区、分组控制。

(5)宾馆的每套或每间客房应装设独立的总开关,控制全部照明和客房用电(但不宜包括进门走廊灯和冰箱插座),并采用钥匙或门卡锁匙连锁节能开关。

(6)道路照明(含工厂区、居住区道路、园林)应按所在地区的地理位置(经纬度)和季节变化自动调节每天的开关灯时间(按黄昏时天然光照度为 15lx 时开灯，清晨天然光照度为 20～30lx 时关灯)，并根据天空亮度变化进行必要修正。

当道路照明采用集中遥控系统时，远动终端宜具有在通信中断的情况下自动开关路灯的控制功能和手动控制功能。

当道路照明每个灯杆装设双光源时，在后半夜应能关闭一个光源;当装设单光源高压钠灯时，宜采用双功率镇流器，在后半夜能转换至半功率输出运行。当用 LED 灯时，宜采用自动调光控制。有条件时可按车流或人流状况自动调节路面亮(照)度。

夜景照明定时(分季节天气变化及假日、节日)自动开关灯。夜景照明应具备平常日、一般节日、重大节日开灯控制模式。

7.0.4　电动汽车充电设施应按国家发展改革委、国家能源局、工业和信息化部、住房城乡建设部《电动汽车充电基础设施发展指南（2015—2020年）》的要求和各项目所在地的地方政策要求，按比例实施电动汽车充电设施的设置。实施安装到位的电动汽车充电设施应满足《电动汽车分散充电设施工程技术标准》（GB/T 51313—2018）中的相关技术要求。

【条文说明扩展】

（一）技术原理

对于有固定停车位的用户，优先结合停车位建设充电桩。对于无固定停车位的用户，鼓励企业通过配建一定比例的公共充电车位，建立充电车位的分时共享机制，开展机械式停车充电和立体式停车充电一体化设施建设与改造等方式为用户充电创造条件。

充电设备的布置应符合下列规定：①充电设备应结合停车位合理布局，便于车辆充电；②充电设备的布置宜靠近供电电源，以缩短供电线路的路径；③采用分体式结构的非车载充电机，其整流柜宜靠近充电桩布置，末端压降应满足充电要求；④充电设备与充电车位、建（构）筑物之间的距离应满足安全、操作及检修的要求，充电设备外廓距充电车位边缘的净距不宜小于0.4m。

（二）实施策略

1. 配套设施要求

1）消防要求

（1）充电设备及供电装置应在明显位置设置电源切断装置。

（2）新建汽车库内配建的分散充电设施在同一防火分区内应集中布置，并应符合下列规定：①布置在一、二级耐火等级的汽车库的首层、二层或三层。当设置在地下或半地下时，宜布置在地下车库的首层，不应布置在地下建筑四层及以下。②设置独立的防火单元，每个防火单元的最大允许建筑面积应符合表7.0.4-1的规定。

表7.0.4-1　集中布置的充电设施区防火单元最大允许建筑面积　　　（单位：m²）

耐火等级	单层汽车库	多层汽车库	地下汽车库或高层汽车库
一、二级	1500	1250	1000

2）接地要求

（1）户内安装的充电设备应利用建筑物的接地装置接地；户外安装的充电设备宜与就

近的建筑或配电设施共用接地装置。当无法利用时，应加设接地装置。

(2)分散充电设施的低压接地系统宜采用 TN-S 接零保护系统。

3)计量要求

(1)面向电网直接报装接电的经营性充电设施的电能计量装置应安装在产权分界点处。

(2)交流充电桩的充电计量装置应选用静止式交流多费率有功电能表(以下简称电能表)，电能表采用直接接入式，其电气和技术参数如下：参比电压(U_m)为 220V，基本电流(I_b)为 10A，最大电流(I_{max})为大于等于 4 倍基本电流，参比频率为 50Hz，准确度等级为 2.0。

(3)当交流充电桩具备多个可同时充电接口时，每个接口应单独配备电能表。

(4)电能表宜安装在交流充电桩内部，位于交流输出端与车载充电机之间，电能表与车载充电机之间不应接入其他与计量无关的设备。

(5)经营性充电设施应可通过采集电量表数据并显示电流、电压、充电时间、电量、费率时段等信息，并能准确计算和显示电费信息。

4)标识要求

(1)分散充电设施的标识应符合现行国家标准《图形标志 电动汽车充换电设施标志》(GB/T 31525—2015)的有关规定。

(2)具有分散充电设施的停车场所内部宜设置充电设施引导标志和电动汽车专用标识。

交流充电桩电气系统设计如图 7.0.4-1 所示，主回路由输入保护断路器、交流智能电能表、交流控制接触器和充电接口连接器组成；二次回路由控制继电器、急停按钮、运行状态指示灯、充电桩智能控制器和人机交互设备(显示模块、输入模块与刷卡)组成。

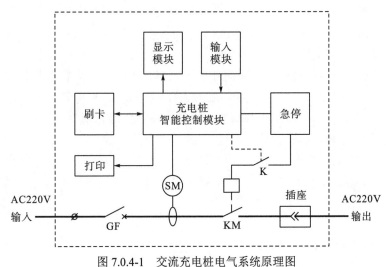

图 7.0.4-1　交流充电桩电气系统原理图

2. 供电系统要求

分散充电设施的供电系统应符合现行国家标准《供配电系统设计规范》(GB 50052—2009)的有关规定，且分散充电设施负荷等级为三级。

1）电源配置

（1）既有停车位配建充电设施应根据变压器容量、用电高峰时变压器负载率等，选择接线方式。当采用单母线接线时，负载率不应超过 100%。

（2）当采用单母线分段接线时，负载率不应超过 60%。新建充电设施应根据规模在配电室预留专用馈线开关。

（3）当负荷容量小于 250kW 时，开关额定电流不宜小于 400A；当负荷电流大于 400A 时，应增加开关。

（4）交流充电桩线路侧剩余电流保护器的型号应与其内部的剩余电流保护器相同。

2）供电线路

（1）新建停车场应将低压电源引至充电车位附近，并应配置配电箱。配电箱至分散充电设施应预留电缆通道，电缆路径应规划合理，电缆应固定敷设。

（2）220V/380V 三相回路应选用五芯电缆；220V 单相回路应选用三芯电缆，且电缆中性线截面应与相线截面相同，电力电缆截面的选择应符合现行国家标准《电力工程电缆设计标准》（GB 50217—2018）的有关规定，且电力电缆截面可按大一级选择。

（3）主干线的截面应结合分散充电设施负荷计算结果，按远景目标选定，并应留有一定的裕度。

（4）当电缆接入供电设备和用电设备时，不应对柜内端子或连接器产生额外应力。

3）电能质量

（1）为分散充电设施供电的配电变压器在最大负荷时，高压侧功率因数不应低于 0.95。

（2）10（20）kV 及以下三相供电的电压偏差不应超过标称电压的 ±7%；220V 单相供电电压偏差不应超过标称电压的 +7%、−10%。

（3）充电设备所产生的电压波动和闪变在电源接入点的限值应符合现行国家标准《电能质量 电压波动和闪变》（GB/T 12326—2008）的有关规定，充电设备接入电网所注入的谐波电流和引起电源接入点电压正弦畸变率应符合现行国家标准《电能质量 公用电网谐波》（GB/T 14549—1993）的有关规定。

（4）充电设备在电源接入点的三相电压不平衡允许限值应符合现行国家标准《电能质量 三相电压不平衡》（GB/T 15543—2008）的有关规定。

3. 充电系统要求

充电设备的布置应符合下列规定：

（1）充电设备应结合停车位合理布局，便于车辆充电。

（2）充电设备的布置宜靠近供电电源，以缩短供电线路的路径。

（3）采用分体式结构的非车载充电机，其整流柜宜靠近充电桩布置，末端压降应满足充电要求。

(4)充电设备与充电车位、建(构)筑物之间的距离应满足安全、操作及检修的要求，充电设备外廓距充电车位边缘的净距不宜小于 0.4m。当充电设备采用落地式安装方式时，室内充电设备基础应高出地坪 50mm，室外充电设备基础应高出地坪 200mm；设备基础宜大于充电设备长宽外廓尺寸 50mm 以上；单独安装的充电连接器，正常状态下水浸时，应满足正常使用且系统绝缘电阻不应降低、人身安全不受影响，其安装基础可与地面平齐。当充电设备采用壁挂式安装方式时，设备安装高度应便于操作，设备人机界面操作区域水平中心线距地面宜为 1.5m；充电车位应安装防撞设施，并应采取措施保护充电设备及操作人员安全；交流充电桩应具备过负荷保护、短路保护及漏电保护功能。交流充电桩漏电保护应符合现行国家标准《电动汽车传导充电系统 第 1 部分：通用要求》(GB/T 18487.1—2015)的有关规定。

> **7.0.5** 太阳能光伏系统的应用应注重建筑一体化设计，应根据应用地的太阳辐射量、太阳全年运行轨迹，结合光伏板的性能，计算分析全年逐月发电量，结合建筑特征确定系统应用形式、安装形式和可利用量，并分析系统在寿命期内逐年的发电量。

【条文说明扩展】

(一)技术原理

太阳能光电系统是一种通过半导体光电二极管将太阳光能直接转化为电能的技术。当太阳光照射到光电二极管上时，它会把光能转化为电能，产生电流。其利用半导体材料的光生伏特效应，直接将太阳光能转化为电能，从而实现清洁、可再生的能源利用。这种技术的关键元件是太阳能电池。太阳能电池经过串联后进行封装保护可形成大面积的太阳电池组件，再配合上功率控制器等部件就形成了光伏发电装置。

(二)实施策略

中国部分省市区光伏电站最佳安装倾角及发电量可按表 7.0.5-1 选取。

表 7.0.5-1　中国部分省市区光伏电站最佳安装倾角及发电量速查表

序号	区域	省级行政区	地区	安装角度/(°)	峰值日照时数/(h/天)	每瓦首年发电量/((kW·h)/W)	年有效利用小时数/h
1	直辖市	北京市	北京	35	4.21	1.214	1213.95
2		上海市	上海	25	4.09	1.179	1179.35
3		天津市	天津	35	4.57	1.318	1317.76
4		重庆市	重庆	8	2.38	0.686	686.27

序号	区域	省级行政区	地区	安装角度/(°)	峰值日照时数/(h/天)	每瓦首年发电量/((kW·h)/W)	年有效利用小时数/h
5	东北地区	黑龙江省	哈尔滨	40	4.3	1.268	1239.91
6			齐齐哈尔	43	4.81	1.388	1386.96
7			牡丹江	40	4.51	1.301	1300.46
8			佳木斯	43	4.3	1.241	1239.91
9			鸡西	41	4.53	1.308	1306.23
10			鹤岗	43	4.41	1.272	1271.62
11			双鸭山	43	4.41	1.272	1271.62
12			黑河	46	4.9	1.415	1412.92
13			大庆	41	4.61	1.331	1329.29
14			大兴安岭-漠河	49	4.8	1.384	1384.08
15			伊春	45	4.73	1.364	1363.9
16			七台河	42	4.41	1.272	1271.62
17			绥化	42	4.52	1.304	1303.34
18		吉林省	长春	41	4.74	1.367	1366.78
19			延边-延吉	38	4.27	1.231	1231.25
20			白城	42	4.74	1.369	1366.78
21			松原-扶余	40	4.63	1.336	1335.06
22			吉林	41	4.68	1.351	1349.48
23			四平	40	4.66	1.344	1343.71
24			辽源	40	4.7	1.355	1355.25
25			通化	37	4.45	1.283	1283.16
26			白山	37	4.31	1.244	1242.79
27		辽宁省	沈阳	36	4.38	1.264	1262.97
28			朝阳	37	4.78	1.378	1378.31
29			阜新	38	4.64	1.338	1337.94
30			铁岭	37	4.4	1.269	1268.74
31			抚顺	37	4.41	1.274	1271.62
32			本溪	36	4.4	1.271	1268.74
33			辽阳	36	4.41	1.272	1271.62
34			鞍山	35	4.37	1.262	1260.09
35			丹东	36	4.41	1.273	1271.62
36			大连	32	4.3	1.241	1239.91
37			营口	35	4.4	1.269	1268.74
38			盘锦	36	4.36	1.258	1257.21
39			锦州	37	4.7	1.358	1355.25
40			葫芦岛	36	4.66	1.344	1343.71

序号	区域	省级行政区	地区	安装角度 /(°)	峰值日照时数 /(h/天)	每瓦首年发电量 /((kW·h)/W)	年有效利用 小时数/h
41			石家庄	37	5.03	1.453	1450.4
42			保定	32	4.1	1.182	1182.24
43			承德	42	5.46	1.574	1574.39
44			唐山	36	4.64	1.338	1337.94
45			秦皇岛	38	5	1.442	1441.75
46		河北省	邯郸	36	4.93	1.422	1421.57
47			邢台	36	4.93	1.422	1421.57
48			张家口	38	4.77	1.375	1375.43
49			沧州	37	5.07	1.462	1461.93
50			廊坊	40	5.17	1.491	1490.77
51			衡水	36	5	1.442	1441.75
52			太原	33	4.65	1.341	1340.83
53			大同	36	5.11	1.474	1473.47
54			朔州	36	5.16	1.489	1487.89
55			阳泉	33	4.67	1.348	1346.59
56			长治	28	4.04	1.165	1164.93
57	华北地区	山西省	晋城	29	4.28	1.234	1234.14
58			忻州	34	4.78	1.378	1378.31
59			晋中	33	4.65	1.342	1340.83
60			临汾	30	4.27	1.231	1231.25
61			运城	26	4.13	1.193	1190.89
62			吕梁	32	4.65	1.341	1340.83
63			呼和浩特	35	4.68	1.349	1349.48
64			包头	41	5.55	1.6	1600.34
65			乌海	39	5.51	1.589	1588.81
66			赤峰	41	5.35	1.543	1542.67
67			通辽	44	5.44	1.569	1568.62
68			呼伦贝尔	47	4.99	1.439	1438.87
69		内蒙古 自治区	兴安盟	46	5.2	1.499	1499.42
70			鄂尔多斯	40	5.55	1.6	1600.34
71			锡林郭勒	43	5.37	1.548	1548.44
72			阿拉善	36	5.35	1.543	1542.67
73			巴彦淖尔	41	5.48	1.58	1580.16
74			乌兰察布	40	5.49	1.574	1583.04

续表

序号	区域	省级行政区	地区	安装角度/(°)	峰值日照时数/(h/天)	每瓦首年发电量/((kW·h)/W)	年有效利用小时数/h
75			郑州	29	4.23	1.22	1219.72
76			开封	32	4.54	1.309	1309.11
77			洛阳	31	4.56	1.315	1314.88
78			焦作	33	4.68	1.349	1349.48
79			平顶山	30	4.28	1.234	1234.14
80			鹤壁	33	4.73	1.364	1363.9
81			新乡	33	4.68	1.349	1349.48
82			安阳	30	4.32	1.246	1245.67
83		河南省	濮阳	33	4.68	1.349	1349.48
84			商丘	31	4.56	1.315	1314.88
85			许昌	30	4.4	1.269	1268.74
86			漯河	29	4.16	1.2	1199.54
87			信阳	27	4.13	1.191	1190.89
88			三门峡	31	4.56	1.315	1314.88
89			南阳	29	4.16	1.2	1199.54
90			周口	29	4.16	1.2	1199.54
91			驻马店	28	4.34	1.251	1251.44
92	华中地区		济源	28	4.1	1.182	1182.24
93			长沙	20	3.18	0.917	916.95
94			张家界	23	3.81	1.099	1098.61
95			常德	20	3.38	0.975	974.62
96			益阳	16	3.16	0.912	911.19
97			岳阳	16	3.22	0.931	928.49
98			株洲	19	3.46	0.998	997.69
99		湖南省	湘潭	16	3.23	0.933	931.37
100			衡阳	18	3.39	0.978	977.51
101			郴州	18	3.46	0.998	997.69
102			永州	15	3.27	0.944	942.9
103			邵阳	15	3.25	0.937	937.14
104			怀化	15	2.96	0.853	853.52
105			娄底	16	3.19	0.921	919.84
106			湘西	15	2.83	0.817	816.03
107			武汉	20	3.17	0.914	914.07
108		湖北省	十堰	26	3.87	1.116	1115.91
109			襄阳	20	3.52	1.016	1014.99
110			荆门	20	3.16	0.913	911.19

序号	区域	省级行政区	地区	安装角度/(°)	峰值日照时数/(h/天)	每瓦首年发电量/((kW·h)/W)	年有效利用小时数/h
111	华中地区	湖北省	孝感	20	3.51	1.012	1012.11
112			黄石	25	3.89	1.122	1121.68
113			咸宁	19	3.37	0.972	971.74
114			荆州	23	3.75	1.081	1081.31
115			宜昌	20	3.44	0.992	991.92
116			随州	22	3.59	1.036	1035.18
117			鄂州	21	3.66	1.057	1055.36
118			黄冈	21	3.68	1.063	1061.13
119			恩施	15	2.73	0.788	787.2
120			仙桃	17	3.29	0.949	948.67
121			天门	18	3.15	0.91	908.3
122			神农架	21	3.23	0.934	931.37
123			潜江	27	3.89	1.122	1121.68
124	西南地区	四川省	成都	16	2.76	0.798	795.85
125			广元	19	3.25	0.937	937.14
126			绵阳	17	2.82	0.813	813.15
127			德阳	17	2.79	0.805	804.5
128			南充	14	2.81	0.81	810.26
129			广安	13	2.77	0.8	798.73
130			遂宁	11	2.8	0.808	807.38
131			内江	11	2.59	0.747	746.83
132			乐山	17	2.77	0.799	798.73
133			自贡	13	2.62	0.756	755.48
134			泸州	11	2.6	0.75	749.71
135			宜宾	12	2.67	0.771	769.89
136			攀枝花	27	5.01	1.445	1444.63
137			巴中	17	2.94	0.849	847.75
138			达州	14	2.82	0.814	813.15
139			资阳	15	2.73	0.789	787.2
140			眉山	16	2.72	0.786	784.31
141			雅安	16	2.92	0.842	841.98
142			甘孜	30	4.17	1.203	1202.42
143			凉山-西昌	25	4.39	1.266	1265.86
144			阿坝	35	5.28	1.523	1522.49

续表

序号	区域	省级行政区	地区	安装角度/(°)	峰值日照时数/(h/天)	每瓦首年发电量/((kW·h)/W)	年有效利用小时数/h
145	西南地区	云南省	昆明	25	4.4	1.271	1268.74
146			曲靖	25	4.24	1.224	1222.6
147			玉溪	24	4.46	1.288	1286.04
148			丽江	29	5.18	1.494	1493.65
149			普洱	21	4.33	1.25	1248.56
150			临沧	25	4.63	1.335	1335.06
151			德宏	25	4.74	1.367	1366.78
152			怒江	27	4.68	1.35	1349.48
153			迪庆	28	5.01	1.446	1444.63
154			楚雄	25	4.49	1.296	1294.69
155			昭通	22	4.25	1.225	1225.49
156			大理	27	4.91	1.416	1415.8
157			红河	23	4.56	1.314	1314.88
158			保山	29	4.66	1.344	1343.71
159			文山	22	4.52	1.303	1303.34
160			西双版纳	20	4.47	1.291	1288.92
161		贵州省	贵阳	15	2.95	0.852	850.63
162			六盘水	22	3.84	1.107	1107.26
163			遵义	13	2.79	0.805	804.5
164			安顺	13	3.05	0.879	879.47
165			毕节	21	3.76	1.086	1084.2
166			黔西南	20	3.85	1.111	1110.15
167			铜仁	15	2.9	0.836	836.22
168		西藏自治区	拉萨	28	6.4	1.845	1845.44
169			阿里	32	6.59	1.9	1900.23
170			昌都	32	5.18	1.494	1493.65
171			林芝	30	5.33	1.537	1536.91
172			日喀则	32	6.61	1.906	1905.99
173			山南	32	6.13	1.768	1765.50
174			那曲	35	5.84	1.648	1683.96
175	华东地区	江苏省	南京	23	3.71	1.07	1069.78
176			徐州	25	3.95	1.139	1138.98
177			连云港	26	4.13	1.19	1190.89
178			盐城	25	3.98	1.147	1147.63
179			泰州	23	3.8	1.097	1095.73
180			镇江	23	3.68	1.062	1061.13

序号	区域	省级行政区	地区	安装角度 /(°)	峰值日照时数 /(h/天)	每瓦首年发电量 /((kW·h)/W)	年有效利用 小时数/h
181			南通	23	3.92	1.13	1130.33
182			常州	23	3.73	1.076	1075.55
183			无锡	23	3.71	1.07	1069.78
184		江苏省	苏州	22	3.68	1.062	1061.13
185			淮安	25	3.98	1.148	1147.63
186			宿迁	25	3.96	1.141	1141.87
187			扬州	22	3.69	1.065	1064.01
188			杭州	20	3.42	0.988	986.16
189			绍兴	20	3.56	1.028	1026.53
190			宁波	20	3.67	1.057	1058.24
191			湖州	20	3.7	1.067	1066.9
192			嘉兴	20	3.66	1.057	1055.36
193		浙江省	金华	20	3.63	1.047	1046.71
194			丽水	20	3.77	1.089	1087.08
195			温州	15	3.77	1.088	1087.08
196			台州	23	3.8	1.098	1095.73
197	华东地区		舟山	20	3.76	1.085	1084.2
198			衢州	20	3.69	1.064	1064.01
199			福州	17	3.54	1.021	1020.76
200			莆田	16	3.59	1.035	1035.18
201			南平	18	4.17	1.204	1202.42
202			厦门	17	3.89	1.121	1121.68
203		福建省	泉州	17	3.92	1.131	1130.33
204			漳州	18	3.87	1.116	1115.91
205			三明	18	3.92	1.132	1130.33
206			龙岩	20	3.92	1.13	1130.33
207			宁德	18	3.62	1.045	1043.83
208			济南	32	4.27	1.231	1231.25
209			青岛	30	3.38	0.975	974.62
210			淄博	35	4.9	1.413	1412.92
211			东营	36	4.98	1.436	1435.98
212		山东省	潍坊	35	4.9	1.413	1412.92
213			烟台	35	4.94	1.424	1424.45
214			枣庄	32	4.11	1.349	1185.12
215			威海	33	4.94	1.424	1424.45

序号	区域	省级行政区	地区	安装角度/(°)	峰值日照时数/(h/天)	每瓦首年发电量/((kW·h)/W)	年有效利用小时数/h
216			济宁	32	4.72	1.361	1361.01
217			泰安	36	4.93	1.422	1421.57
218			日照	33	4.7	1.355	1355.25
219			莱芜	34	4.88	1.407	1407.15
220		山东省	临沂	35	4.77	1.375	1375.43
221			德州	35	5	1.442	1441.75
222			聊城	36	4.93	1.422	1421.57
223			滨州	37	5.03	1.45	1450.4
224			菏泽	32	4.72	1.361	1361.01
225			南昌	16	3.59	1.036	1035.18
226			九江	20	3.56	1.026	1026.53
227			景德镇	20	3.63	1.047	1046.71
228			上饶	20	3.76	1.084	1084.2
229			鹰潭	17	3.68	1.062	1061.13
230	华东地区	江西省	宜春	15	3.37	0.973	971.74
231			萍乡	15	3.33	0.962	960.21
232			赣州	16	3.67	1.059	1058.24
233			吉安	16	3.59	1.037	1035.18
234			抚州	16	3.64	1.049	1049.59
235			新余	15	3.55	1.025	1023.64
236			合肥	27	3.69	1.064	1064.01
237			芜湖	26	4.03	1.162	1162.05
238			黄山	25	3.84	1.107	1107.26
239			安庆	25	3.91	1.127	1127.45
240			蚌埠	25	3.92	1.13	1130.33
241			亳州	23	3.86	1.115	1113.03
242			池州	22	3.64	1.048	1049.59
243		安徽省	滁州	23	3.66	1.056	1055.36
244			阜阳	28	4.21	1.214	1213.95
245			淮北	30	4.49	1.295	1294.69
246			六安	23	3.69	1.065	1064.01
247			马鞍山	22	3.68	1.061	1061.13
248			宿州	30	4.47	1.289	1288.92
249			铜陵	22	3.65	1.054	1052.48
250			宣城	23	3.65	1.052	1052.48
251			淮南	28	4.24	1.223	1222.6

1. 光伏系统选用推荐

对于光照条件较好的地区建议采用晶硅类太阳能光伏组件, 对于弱光照条件地区建议根据项目朝向结合晶硅类材料与非晶硅(如碲化镉)类材料进行设计, 光伏系统的设计应满足表7.0.5-2的要求。

表 7.0.5-2 光伏系统设计选用表

系统类型	电流类型	是否逆流	有无储能装置	适用范围
并网光伏发电系统	交流系统	是	有	发电量大于用电量, 且当地电力供应不可靠
			无	发电量大于用电量, 且当地电力供应比较可靠
		否	有	发电量小于用电量, 且当地电力供应不可靠
			无	发电量小于用电量, 且当地电力供应比较可靠
独立光伏发电系统	直流系统	否	有	偏远无电网地区, 电力负荷为直流设备, 且供电连续性要求较高
			无	偏远无电网地区, 电力负荷为直流设备, 且供电无连续性要求
	交流系统		有	偏远无电网地区, 电力负荷为交流设备, 且供电连续性要求较高
			无	偏远无电网地区, 电力负荷为交流设备, 且供电无连续性要求

2. 光伏系统主要设施要求

光伏发电系统中主要涉及光伏组件、逆变器、汇流箱等主要设备。

(1)光伏组件可分为晶体硅光伏组件、薄膜光伏组件和聚光光伏组件三种类型。光伏组件的类型应按下列条件选择: ①依据太阳辐射量、气候特征、场地面积等因素, 经技术经济比较确定; ②太阳辐射量较高、直射分量较大的地区宜选用晶体硅光伏组件或聚光光伏组件; ③太阳辐射量较低、散射分量较大、环境温度较高的地区宜选用薄膜光伏组件; ④在与建筑相结合的光伏发电系统中, 当技术经济合理时, 宜选用与建筑结构相协调的光伏组件。建材型的光伏组件应符合相应建筑材料或构件的技术要求。

(2)用于并网光伏发电系统的逆变器的性能应符合接入公用电网相关技术要求的规定, 并具有有功功率连续可调功能和无功功率连续可调功能。用于大、中型光伏发电站的逆变器还应具有低电压穿越功能, 对于海拔高度在2000m及以上高原地区使用的逆变器, 应选用高原型产品或采取降容使用措施。

(3)汇流箱应依据形式、绝缘水平、电压、温升、防护等级、输入输出回路数、输入输出额定电流等技术条件进行选择, 同时按环境温度、相对湿度、海拔高度、污秽等级、地震烈度等使用环境条件进行性能参数校验, 且汇流箱应具有下列保护功能: ①应设置防雷保护装置。②汇流箱的输入回路宜具有防逆流及过流保护; 对于多级汇流光伏发电系统, 若前级已有防逆流保护, 则后级可不做防逆流保护。③汇流箱的输出回路应具有隔离保护措施。④宜设置监测装置。

3. 光伏系统主要布置形式分类

光伏系统形成的光伏方阵可分为固定式和跟踪式两类，选择何种方式应根据安装容量、安装场地面积和特点、负荷的类别和运行管理方式，由技术经济比较确定。光伏方阵中，同一光伏组件串中各光伏组件的电性能参数宜保持一致，对于并网光伏发电系统，倾角宜使光伏方阵的倾斜面上受到的全年辐照量最大，对于独立光伏发电系统，倾角宜使光伏方阵的最低辐照度月份倾斜面上受到较大的辐照量。

光伏组件串的串联数应按下列公式计算：

$$N \leqslant \frac{V_{dcmax}}{V_{oc} \times \left[1 + (t - 25) \times K_v\right]}$$

$$\frac{V_{mpptmin}}{V_{pm} \times \left[1 + (t' - 25) \times K_v'\right]} \leqslant N \leqslant \frac{V_{mpptmax}}{V_{pm} \times \left[1 + (t - 25) \times K_v'\right]}$$

式中，K_v——光伏组件的开路电压温度系数；

K_v'——光伏组件的工作电压温度系数；

N——光伏组件的串联数，N 取整；

t——光伏组件工作条件下的极限低温，℃；

t'——光伏组件工作条件下的极限高温，℃；

V_{dcmax}——逆变器允许的最大直流输入电压，V；

$V_{mpptmax}$——逆变器最大功率点追踪(maximum power point tracking，MPPT)电压最大值，V；

$V_{mpptmin}$——逆变器 MPPT 电压最小值，V；

V_{oc}——光伏组件的开路电压，V；

V_{pm}——光伏组件的工作电压，V。

太阳能光电系统的设计、实施应满足《光伏发电站设计规范》(GB 50797—2012)、《建筑光伏系统应用技术标准》(GB/T 51368—2019)标准中系统合理性、设备安全性的基本要求。

4. 光伏储能设备

独立光伏发电站培植的储能系统容量应根据当地日照条件、连续阴雨天数、负载的电能需要和所配储能电池的技术特性来确定，充电控制器应选用低能耗节能型产品。储能电池容量应按下式计算：

$$C_c = DFP_0 / (UK_a)$$

式中，C_c——储能电池容量，kW·h；

D——最长无日照期间用电时数，h；

F——储能电池放电效率的修正系数(通常为 1.05)；

P_0——平均负荷容量，kW；

U——储能电池的放电深度(0.45～0.8)；

K_a——包括逆变器等交流回路的损耗率(通常为 0.7～0.8)。

5. 发电量计算

光伏发电站发电量预测应根据站址所在地的太阳能资源情况，并考虑光伏发电站系统设计、光伏方阵布置和环境条件等各种因素后计算确定。光伏发电站上网发电量可按下式计算：

$$E_{P} = H_{A} \times \frac{P_{AZ}}{E_{S}} \times K$$

式中，H_{A}——水平面太阳能总辐照量，$(kW \cdot h)/m^{2}$；

E_{P}——上网发电量，$kW \cdot h$；

E_{S}——标准条件下的辐照度(常数=1$(kW \cdot h)/m^{2}$)；

P_{AZ}——组件安装容量，kWp；

K——综合效率系数，包括光伏组件类型修正系数、光伏方阵的倾角、方位角修正系数、光伏发电系统可用率、光照利用率、逆变器效率、集电线路损耗、升压变压器损耗、光伏组件表面污染修正系数、光伏组件转换效率修正系数。

6. 光伏系统建设要求

1) 光伏系统安全要求

(1) 光伏系统各组成部分在建筑中的位置应合理确定，并应满足其所在部位的建筑防水、排水和系统的检修、更新与维护的要求；

(2) 光伏组件不应跨越建筑变形缝设置；

(3) 光伏组件的安装不应影响所在建筑部位的雨水排放；

(4) 晶体硅电池光伏组件的构造及安装应符合通风降温要求，光伏电池温度不应高于85℃；

(5) 在既有建筑上增设光伏系统，应对既有建筑的结构设计、结构材料、耐久性、安装部位的构造及强度等进行复核验算，并应满足建筑结构及其他相应的安全性能要求；

(6) 支架、支撑金属件及其连接节点，应具有承受系统自重、风荷载、雪荷载、检修荷载和地震作用的能力；

(7) 在屋面防水层上安装光伏组件时，若防水层上没有保护层，其支架基座下部应增设附加防水层。光伏组件的引导线穿过屋面处应预埋防水套管，并做防水密封处理。防水套管应在屋面防水层施工前埋设完毕。

2) 光伏系统环境要求

(1) 建筑物上安装的光伏发电系统，不得降低相邻建筑物的日照标准；

(2) 光伏玻璃幕墙应满足建筑室内对视线和通透性的要求，其透光折减系数 Tr 应大于0.45。

3）光伏系统计量要求

（1）光伏系统自动控制、通信和电能计量装置应根据当地公共电网条件和供电机构的要求配置，并应与光伏系统工程同时设计、同时建设、同时验收、同时投入使用；

（2）光伏系统应在发电侧和电能计量点分别配置、安装专用电能计量装置，并宜接入自动化终端设备。

7. 光伏系统设施设备查验

（1）光伏组件要求：光伏系统组件标签与认证证书保持一致，组件方阵与方阵位置、连接数量和路径应符合设计要求，组件方阵平整美观，平面和边缘无波浪形、锯齿形和剪刀形，组件不应出现长时间固定区域的阴影遮挡；组件夹具固定位置合理，应满足设计要求。

（2）光伏支架要求：外观及防腐涂镀层完好，不应出现明显受损情况；支架紧固件应牢固，应有防松动措施。不应出现抱箍松动和弹垫未压平现象；支架安装整齐，不应出现明显错位、偏移和歪斜；支架与紧固件螺栓、螺母、垫圈三者应匹配和配套，安装平整、牢固、无松动。

（3）巡检通道：光伏阵列区应设置日常巡检通道，便于组件更换和冲洗。

8. 光伏系统发电数据校核

查看计量系统实时数据监控，核实数据与计算数据一致性，核查历史数据查询功能是否能正常。

7.0.6 建筑设备管理系统的设置，应满足下列要求：

1 公共建筑设备管理系统应包括冷热源、送风机、排风机、新风机、空调机组、电梯、锅炉、生活给水泵、潜污泵、公区照明、光彩照明、电动汽车充电设施等；

2 居住建筑设备管理系统应包括变配电、电梯、送风机、排风机生活给水泵、潜污泵、公区照明、光彩照明等；

3 各系统宜具备监测、安全保护、远程控制、自动启停、自动调节等功能。

【条文说明扩展】

（一）技术原理

设备管理系统是将建筑物或建筑群内的电力、照明、空调、给排水、防灾、保安、车库管理等设备或系统以集中监视、控制和管理为目的，构成一个集散型系统，实现分散控制、集中管理的计算机控制网络。楼宇自动化系统通过对建筑（群）的各种设备实施综合自动化监控与管理，为业主和用户提供安全、舒适、便捷高效的工作与生活环境，并使整个系统和其中的各种设备处在最佳的工作状态，从而保证系统运行的经济性和管理的现代化、信息化和智能化。

（二）实施策略

1. 设备管理系统详细措施

设备管理系统中各子系统应根据实际情况具备下列1～5种功能中的部分或全部功能：

(1)具备监测功能，以运行状态监视、故障报警和控制运算为中心的设备管理自动化。

(2)具备安全保护功能，以安全状态监视和灾害控制为中心的防灾自动化。

(3)具备远程控制功能，应以实现监测和安全保护功能为前提，在设备管理系统已经实现对各个子系统监测和安全保护功能的前提下，具备中央工作站直接对各个子系统启停进行远程控制。

(4)具备自动启停功能，应以实现远程控制为前提，在设备管理系统已经实现对各个子系统实现远程控制功能的前提下，具备根据事先排定的设定的各个子系统启停条件，按照设定条件进行自动启停控制。

(5)具备自动调节功能，应以实现远程控制为前提在设备管理系统已经实现对各个子系统实现远程控制功能的前提下，具备如二次水供回水压力、供水温度等条件，自动调节二次水供回水间的旁通阀的开度，以保证整个系统的压力平衡，自动调节每台换热器一次水供水侧阀门的开度，以保证二次水供水温度满足使用要求。

2. 具体要求

根据上述1～5种功能，设备管理系统中各子系统应满足如下具体应用要求：

1)冷热源系统（需满足详细措施1、2条，宜满足详细措施3条）

(1)冷源系统。

通过冷水机组上的微计算机控制屏通信接口，把机组的所有参数传送到群控系统的现场网络，对机组的运行状况完全监测，并提供功能完善的冷水机组的远程监测、设定、控制和保护系统。冷水机组的启停可以全部由群控系统根据预先编程进行，也可以为手动控制。在需要冷水机组供冷的季节，控制系统可根据用户的时间要求来控制冷水机组的启停，或根据实际负荷来控制机组的开停。

(2)热源系统（需满足详细措施1、2条，宜满足详细措施3、4、5条）。

需监测锅炉机组运行状态、故障报警、手自动状态，并控制启停；监测热水泵的运行状态、故障报警、手自动状态、水流开关状态，并控制启停；监测热水供回水温度、压力及回水流量；监测膨胀水箱高/低液位状态。

需监测热水循环泵的运行状态、故障报警、手自动状态、水流开关状态，并进行启停控制。监测热交换器一次水系统供回水温度；监测热交换器二次水系统供回水温度、压差、回水流量；根据二次水供回水压力，自动调节二次水供回水间的旁通阀的开度，以保证整个系统的压力平衡。根据二次水供水温度,自动调节每台换热器一次水供水侧阀门的开度,以保证二次水供水温度满足使用要求。

(3)新风机组(需满足详细措施 1、2 条,宜满足详细措施 3、4、5 条)。

监测送风温度,利用送风温度值与设定温度比较,控制水盘管侧二通电动调节阀的自动位置,实现对送风温度设定点(可调整)的控制,保证机组供冷/热量与所需冷/热负荷相当,减少能源浪费。

监测送风湿度,根据送风湿度焓值与设定值比较调节加湿阀开关,以满足湿度要求。

监测风机运行状态、故障状态、风机手/自动转换状态,确认空调机组风机现是否处于楼宇自控系统控制之下,当风机组处于楼宇自控系统控制时,可控制风机的启停。

监测风机压差状态,确认风机机械部分是否已正式投入运行,可区别机械部分与电气部分(二次回路)的故障报警。

监测过滤器过阻报警,提醒运行管理人员及时清洗过滤器,提高风机使用效率。

(4)组合式空调机组(需满足详细措施 1、2 条,宜满足详细措施 3、4、5 条)。

监测送/回风温度,利用送/回风温度值与设定温度比较,控制水盘管侧二通电动调节阀的自动位置,实现对回风温度设定点(可调整)的控制,保证机组供冷/热量与所需冷/热负荷相当,减少能源浪费。

监测送/回风湿度,根据送/回风湿度值与设定值比较调节加湿阀开关,以满足湿度要求。

监测风机运行状态、故障状态、风机手/自动转换状态。

2)生活水系统(需满足详细措施 1、2 条)

监测水箱、水池的液位,包括高液位和低液位,对于超限液位进行报警;监测水泵的运行状态、过载/故障报警。

3)污水系统(需满足详细措施 1、2 条)

水坑液位监测:监测水坑高水位报警、低水位报警和溢流液位报警。报警信息可在设备管理中央工作站进行显示和记录,提示物业人员尽快对事故进行处理。

水泵运行状态反馈:自动统计水泵工作时间,提示定时维护。

水泵故障报警:对水泵配电回路中热继电器的开合状态进行监测,对于水泵由于过载而引起的热继电器动作进行报警,报警信号在设备管理系统中央工作站进行显示,提示物业人员尽快进行维修。

监测水泵手/自动转换状态,确认水泵现是否处于楼宇自控系统控制之下,当水泵处于楼宇自控系统控制时,可控制水泵的启停。

4)送、排风系统(需满足详细措施 1、2 条,宜满足详细措施 3、4 条)

风机自动启停控制:根据事先排定的工作及节假日作息时间表,定时启停风机;也可在设备管理系统中央工作站直接对风机的启停进行远程控制。

风机运行状态反馈:自动统计风机工作时间,提示定时维护。

风机故障报警：对风机配电回路中热继电器的开合状态进行监测，对于风机由于过载而引起的热继电器动作进行报警，报警信号在设备管理系统中央工作站进行显示，提示物业人员尽快进行维修。

风机手/自动状态反馈：监测风机配电回路的手/自动开关状态，当风机的手/自动状态处于自动状态时，可控制风机的启停。

5）变配电系统（需满足详细措施 1、2 条）

变配电系统的监测内容包括变压器温度监测、电压、电流数据、功率因数数据、发电机状态等。

6）电梯系统（需满足详细措施 1、2 条）

电梯系统提供所有电梯的运行状态、故障报警、上行、下行的无源干接点，设备管理系统通过就近的直接数字控制（direct digital control，DDC）监测电梯运行状态和故障报警。

7.0.7　智能化系统的设置，宜满足下列要求。

　1 居住建筑智能化系统宜具备下列功能：

　（1）具备可视化控制界面，每户室内布置功能网关，通过网关控制已接入的户内智能家电、智能照明系统；

　（2）户内设置烟雾报警器、可燃气体泄漏报警器、积水探测器、门窗传感器、紧急报警按钮等，并通过相关软件实现报警、布防等功能；

　（3）户内设置温湿度、空气质量传感器；

　（4）通过相关软件可在线实现养老服务预约、就医预约等的工作生活服务，实现对小区的报事报修、联系在线客服、实时查看小区环境状况等；

　（5）建筑设备控制系统 PC 端通过可视化控制界面，实现直观地设备定位、状态查询、故障管控、启停控制、运行记录统计和数据存储统计分析。

　2 公共建筑智能化系统宜具备下列功能：

　（1）具备可视化控制界面，每个独立空间布置功能网关，通过网关控制已接入的智能电气设备、独立空间智能照明；

　（2）主要功能房间设置报警探测器，可进行布防和撤防，在公共活动区域设置紧急一键报警按钮安全报警系统，通过电子地图实现直观地设备定位，发生报警时保安人员及时到达处理；

　（3）各主要独立空间设置温湿度、空气质量传感器；

　（4）通过相关软件可在线实现会议室预约、就餐预约、访客预约等的工作生活服务，通过小程序 APP 可实时查看办公环境状况；

　（5）建筑设备控制系统 PC 端通过可视化控制界面，实现直观地设备定位、状态查询、故障管控、启停控制、运行记录统计和数据存储统计分析。

【条文说明扩展】

（一）技术原理

智能化服务系统的主要控制对象是家居及相关设备，通过全面接入这些设备，实现集中控制和管理。其利用综合布线技术、网络通信技术、安全防范技术、自动控制技术、音视频技术将家居生活/办公环境等有关的设施进行高效集成，提升生活智能、安全、便利、舒适，并实现环保节能的综合智能化服务网络控制系统平台。

（二）实施策略

1. 居住建筑智能化系统功能实现方式

（1）应具备可视化控制界面，每户室内布置功能网关，通过网关控制已接入的智能家电。

(a) 设备空调，可具备以下功能（开关、温度、模式、风量、定时等）；

(b) 接入风扇系统，可具备以下功能（开关、模式、档位、定时等）；

(c) 窗帘，可具备以下功能（开关、轻触启动、定时开关等）；

(d) 空气净化器，可具备以下功能（开关、温度、模式、定时等）；

(e) 热水器，可具备以下功能（开关、温度、模式等）；

(f) 电视，可具备以下功能（开关、模式、亮度、定时等）；

(g) 背景音乐，可具备以下功能（开关、模式、音量、定时等）；

(h) 厨房电器，可具备以下功能（开关、定时等）。

（2）应具备可视化控制界面，每户室内布置功能网关，通过网关控制已接入的户内智能照明系统，系统可包含分回路开关、模式、感应、定时、亮度等。

（3）户内设置烟雾报警器，烟雾报警器应根据烟雾浓度设定报警阈值，当超过阈值时触发高分贝报警并联动小程序 APP 推送报警提醒通知；天然气报警器应根据天然气浓度联动，当达设定值时触发高分贝报警声，以及小程序 APP 同时报警提醒；积水探测器监测到积水时，检测到漏水就可以触发高分贝报警声，以及小程序 APP 同时报警提醒；门窗传感器同时具备开关、室内布防等功能。

（4）户内设置温湿度传感器（实时检测温湿度，温湿度异常智能联动其他电器，改善家中温湿度环境），设置空气质量传感器（实时检测室内空气质量，空气质量超过设定值时，能联动其他电器，改善家中空气质量）。

（5）建筑设备控制系统 PC 端通过可视化控制界面，实现直观的设备定位、状态查询、故障管控、启停控制、运行记录统计和数据存储统计分析。

(6)通过小程序 APP 可在线实现养老服务预约、就医预约等的工作生活服务，可实现对小区的报事报修、联系在线客服等，可实时查看小区环境状况。

2. 公共建筑智能化系统功能实现方式

(1)应具备可视化控制界面，每个独立空间布置功能网关，通过网关控制已接入的智能电气设备。

(a)接入空调系统，可具备以下功能(开关、温度、模式、风量、定时等)；

(b)接入风扇系统，可具备以下功能(开关、模式、档位、定时等)；

(c)窗帘，可具备以下功能(开关、轻触启动、定时开关等)；

(d)空气净化器或新风，可具备以下功能(开关、温度、模式、定时等)；

(e)电视或投影仪，可具备以下功能(开关、模式、亮度、定时等)；

(f)音响，可具备以下功能(开关、模式、音量、定时等)；

(g)门禁设备开关。

(2)应具备可视化控制界面，每个独立空间布置功能网关，通过网关控制已接入的独立空间智能照明(分回路开关、模式、感应、定时、亮度等)。

(3)主要功能房间设置报警探测器，可进行布防和撤防，在公共活动区域设置紧急一键报警按钮安全报警系统，通过电子地图实现直观的设备定位，发生报警时保安人员及时到达处理。

(4)公共空间设置温湿度传感器(实时检测温湿度，温湿度异常智能联动其他电器，改善公共温湿度环境)，设置空气质量传感器(实时检测室内空气质量，空气质量超过设定值时，能联动新风或空调，改善公共空气质量)。

(5)建筑设备控制系统 PC 端通过可视化控制界面，实现直观的设备定位、状态查询、故障管控、启停控制、运行记录统计和数据存储统计分析。

(6)通过小程序 APP 可在线实现会议室预约、就餐预约、访客预约等的工作生活服务，可实时查看办公环境状况。

3. 系统远程控制设置方式

1)对居住建筑具有远程监控功能

(1)可对空调、风扇、窗帘、空气净化器、电视等远程控制：可通过小程序 APP 对空调(开关、温度、模式、风量等)、风扇(开关、模式、档位等)、窗帘(开关等)、空气净化器(开关、温度、模式、定时等)、电视(开关、模式、亮度等)等远程控制；

(2)可对户内照明进行远程控制：可通过小程序 APP 对户内智能照明分回路开关等控制；

(3)可对户内安装的烟雾报警器、天然气报警器、积水探测器、门窗传感等远程状态监测：可通过小程序 APP 远程接收户内安装的烟雾报警器、天然气报警器、积水探测器、门窗传感等状态显示和报警提醒；

(4)可对温湿度传感器、空气质量传感器等远程数据读取：可通过小程序 APP 远程接收温湿度传感器、空气质量传感器的数据；

(5)物业总部管理者 PC 端建筑设备状态远程数据读取：可通过互联网，物业总部管理者 PC 端通过可视化界面，实现直观的设备定位、状态查询、故障管控、启停状态监测、运行记录统计和数据存储统计分析。

2)对公共建筑具有远程监控功能

(1)可对空调、风扇、窗帘、空气净化器或新风、电视或投影仪等远程控制：可通过小程序 APP 对空调(开关、温度、模式、风量等)、风扇(开关、模式、档位等)、窗帘(开关等)、空气净化器或新风(开关、温度、模式、定时等)、电视或投影仪(开关、模式、亮度等)远程控制；

(2)可对独立空间内照明进行远程控制：可通过小程序 APP 对独立空间内智能照明分回路开关等控制；

(3)可对温湿度传感器、空气质量传感器等远程数据读取：可通过小程序 APP 远程接收温湿度传感器、空气质量传感器的数据；

(4)物业总部管理者 PC 端可实现建筑设备状态远程数据读取：可通过互联网，物业总部管理者 PC 端通过可视化界面，实现直观的设备定位、状态查询、故障管控、启停状态监测、运行记录统计和数据存储统计分析；

(5)可远程访问工作生活服务平台：可通过安装虚拟专用网络(virtual private network，VPN)等认证客户端，可远程访问工作生活服务平台，实现会议室预约、就餐预约、访客预约等远程预约功能。

4. 系统大数据对接要求

具备与政府信息发布中心平台对接能力和注册机制，可实现对预警信息进行发布播报的功能，预留后期对接政府采集平台需要的标准接口。

8 场地与景观

> **8.0.1 集中绿地的设置应满足下列要求：**
>
> 1 宽度不小于 8m，面积不小于 400m^2；
>
> 2 应设置供幼儿、老年人在小区内日常户外活动的场地；
>
> 3 应有不少于 1/3 的绿地面积在标准的建筑日照阴影线（即日照标准的等时线）范围之外，并在此区域设置供儿童、老年人户外活动的场地。

【条文说明扩展】

配建绿地包括建设项目用地中各类用作绿化的用地。绿地率指建设项目用地范围内各类绿地面积的总和占该项目总用地面积的比值（%）。绿地率以及公共绿地的数量是衡量住区环境质量的重要指标之一。根据现行国家标准《城市居住区规划设计标准》（GB 50180—2018），集中绿地是指居住街坊配套建设、可供居民休憩、开展户外活动的绿化场地。集中绿地应满足的基本要求：宽度不小于 8m，面积不小于 400m^2，集中绿地应设置供幼儿、老年人在家门口日常户外活动的场地。并应有不少于 1/3 的绿地面积在标准的建筑日照阴影线（即日照标准的等时线）范围之外，并在此区域设置供儿童、老年人户外活动的场地，为老年人及儿童在家门口提供日常游憩及游戏活动的场所。

植物配置应合理组织空间，做到疏密有致、高低错落、季相丰富，并应结合环境和地形创造优美的林缘线和林冠线；乔木的配置不应影响住户内部空间的采光、通风及日照条件。新建居住绿地内绿色植物种植面积占陆地总面积的比例不应低于 70%；改建提升的居住绿地内绿色植物种植面积占陆地总面积的比例不应低于原指标。

> **8.0.2 室外活动场地的设置应满足下列要求：**
>
> 1 老人活动场地、儿童活动场地周边 300m 范围内应设置具有无障碍厕所的公共卫生间，并应做到地面防滑、无尖锐突出物、有清晰完善的指引标识标牌。
>
> 2 在儿童活动场地进行种植设计时，注意保障视线的通透；儿童活动场地周围的植物配置，要求选择萌发力强、直立生长的中高型树种，不应选择带刺的、叶质坚硬的、过敏性的植物。
>
> 3 儿童游戏设施不与成人健身器材混合设置，防止产生安全隐患，儿童活动场地铺装应选用柔性材料。

　　4 活动场所两边预留人行活动宽度，老人活动场地与地块应急出入口的应急医疗通道宽度不应小于4m。

　　5 室外综合健身场地的设置位置应避免噪声扰民，并根据运动类型设置适当的隔声措施。

　　6 运动区周围设休息区，种植高大乔木、设置亭廊等遮阴构筑物，并设置适量的座椅。

　　7 健身场地设置应进行全龄化设计，满足各年龄段人群的室外活动要求，且宜结合绿地集中设置。

　　8 健身慢行道应保证连续性，避免与场地内车行道等交叉或被其他介质打断，铺装采用弹性减振、防滑、环保、耐老化的材料。

　　9 步道路面及周边宜设有引导标识，标明行进距离和消耗热量；步道旁宜进行照明设计，确保安全。健身慢步道宽度不少于1.25m。若因特殊地势造成步道中出现台阶，应在台阶处增设防护栏杆。

【条文说明扩展】

　　老年人和儿童的身体机能弱于常人，应充分考虑他们的行动特点做出相应的设计，确保老人活动场地、儿童活动场地就近设置。老人活动场地、儿童活动场地周边300m范围内应设置具有无障碍厕所的公共卫生间，并应做到地面防滑、无尖锐突出物、有清晰完善的指引标识标牌，以让老年人和儿童的生活和出行更加便利、安全。

　　儿童活动场地周围应便于对儿童监护，周围应有较好的视线，因此在儿童活动场地进行种植设计时，注意保障视线的通透；儿童活动场地周围的植物配置，要求选择萌发力强、直立生长的中高型树种，不应选择带刺的、叶质坚硬的、过敏性的植物；儿童游戏设施不与成人健身器材混合设置，防止产生安全隐患，儿童活动场地铺装应选用柔性材料。老年人活动场地位置应明确紧急呼救点位置，应紧邻儿童活动场地。考虑到不同救护车宽度约为2m，活动场所两边预留人行活动宽度，老人活动场地与地块应急出入口的应急医疗通道宽度不应小于4m。室外综合健身场地的设置位置应避免噪声扰民，并根据运动类型设置适当的隔声措施；运动区周围设休息区，种植高大乔木、设置亭廊等遮阴构筑物，并设置适量的座椅。健身场地设置应进行全龄化设计，满足各年龄段人群的室外活动要求，如设置室外篮球场、羽毛球场、乒乓球场等，满足青少年的成长运动需求，针对老年人的建设需求，可设置太空漫步机、健骑机、单人腹肌板、跑步机、转腰器、太极推盘等设施，且宜结合绿地集中设置。健身场地步行80m范围内应设有直饮水设施，便于运动锻炼人员能随时补充水分，直饮水设施可以是集中式直饮水系统供水，也可以是分散式直饮水设施，如饮水台、饮水机、饮料贩卖机等。健身慢行道应保证连续性，避免与场地内车行道等交叉或被其他介质打断，铺装采用弹性减振、防滑和环保的材料(如塑胶、彩色陶粒等)，以减少对人体关节的冲击和损伤；若采用塑胶材料，应选择无毒无害、耐老化和抗紫外线的产品,步道和周边地面宜有明显的路面颜色和材质区别。步道路面及周边宜设有引导标识,标明行进距离和消耗热量;步道旁宜进行照明设计,确保安全。同时,可在步道两侧设置健康知识标识,针对不同人群设置相应的步行时间、心率等自我监测方法和健身指引,传播健康知识。健身慢步道宽度不少于 1.25m,源自我国住房城乡建设部以及自然资源部联合发布的《城市社区体育设施建设用地指标》的要求。若因特殊地势造成步道中出现台阶,应在台阶处增设防护栏杆,确保人员通行安全。

> **8.0.3** 室外场地应保证无障碍步行系统连贯性设计,场地范围内的人行通道应与城市道路、场地内道路、建筑主要出入口、公共绿地和公共空间等相连通、连续,人行通道要求平整、防滑、不积水。当场地存在高差时,应以无障碍坡道或采用垂直升降设备来解决。

【条文说明扩展】

满足现行国家标准《无障碍设计规范》(GB 50763—2012)的基本要求,要求在室外场地设计中,应保证无障碍步行系统连贯性设计,场地范围内的人行通道应与城市道路、场地内道路、建筑主要出入口、公共绿地和公共空间等相连通、连续,还应设置方便轮椅通行的坡道和轮椅席位,地面也要求平整、防滑、不积水。当场地存在高差时,应以无障碍坡道或采用垂直升降设备来解决。其中,公共绿地是指为各级生活圈居住区配建的公园绿地及街头小广场。对应城市用地分类 G 类用地(绿地与广场用地)中的 G1 类(公园绿地)及 G3 类(广场用地),不包括城市级的大型公园绿地及广场用地。老人活动场地、儿童活动场地周边 300m 范围内应设置具有无障碍厕所的公共卫生间,并有清晰完善的指引标识。无障碍厕所使用面积不应小于 5m²,内部应设有直径不小于 1.5m 的轮椅回转空间;内部应设置无障碍坐便器、无障碍洗手盆、取纸器、多功能台、挂衣钩和救助呼叫装置;应设置滑动门或者自动门,若采用平开门,门扇外侧和里侧均应设置高 900mm的横扶把手;多功能台长度不应小于 700mm,宽度不应小于 400mm,高度应为 500~600mm。在电梯的设计中,可容纳担架的电梯应能保证建筑使用者出现突发病症时,更方便地利用垂直交通。

> **8.0.4** 绿化植物配置应充分考虑场地及住宅建筑冬季日照和夏季遮阴的需求,避免影响低层用户的日照和采光,应满足下列规定:
> 1 乔木中心距有窗建筑外墙最小间距不得小于 5~7m,距无窗建筑外墙最小间距不得小于 2m。
> 2 灌木中心距建筑外墙最小间距不得小于 1.5m。
> 3 常绿树与落叶树按 1∶1~1∶1.5 比例搭配。

> 4 乔、灌、草复层配置合理，复层群落占绿地面积≥20%；纯草坪面积占绿地面积≤20%。
>
> 5 乡土植物占总植物数量的比例≥70%。

【条文说明扩展】

（一）技术原理

复层绿化是乔、灌、草组合配置，以乔木为主，灌木填补林下空间，地面栽花种草的绿化种植模式。复层绿化宜种植适应地方气候和土壤条件的乡土植物，植物个体之间通过互惠、竞争等相互作用而形成一个巧妙组合，这种组合不是任意地拼凑在一起，而是有规律组合在一起才能形成一个稳定的群落，是适应其共同生存环境的结果。合理的复层绿化设计可以提高绿地的空间利用率、增加绿量、改善住区室外微气候和居住条件，使有限的绿地发挥最大的生态效益和景观效益。

复合种植模式的原理分析如下：

(1) 光的综合利用。第一，上层植物栽培落叶树种，栽植株行大，短期内难以长满，可以保证下层苗木有足够的阳光满足生长需求；第二，落叶树种在 11 月至次年 4 月的半年间处于休眠期，可以为下层植物光照不足提供补充机会；第三，下层植物适当选择稍耐荫树种，5～10 月虽荫蔽较大，但有较强的散射光，11 月至次年 4 月有全光照，光的需求是可以满足的；第四，对新定植的幼苗而言，夏秋适当的遮阴，更有利于提高存活率。

(2) 土地的综合利用。乔木类树大根深，主根一般分布在深层，而花灌木苗小根浅，一般分布在 20～30cm 的表土层，二者在土壤利用的空间分布上没有根本冲突，土壤得到充分利用。

（二）实施策略

复层绿化植物配置应充分体现本地区植物资源的特点，突出地方特色。因此，在苗木的选择上，要保证绿植无毒无害，保证绿化环境安全和健康。植物配置应合理组织空间，做到疏密有致、高低错落、季相丰富，并应结合环境和地形创造优美的林缘线和林冠线。乔木的配置不应影响住户内部空间的采光、通风及日照条件，植物配置应充分考虑场地及住宅建筑冬季日照和夏季遮阴的需求，常绿树与落叶树按 1∶1 比例搭配。

合理的植物物种选择和搭配会对绿地植被的生长起到促进作用。乡土植物是自然选择的产物，是当地植物群落的有机组成，具有个性鲜明的乡土景观特征，具有较强的环境适应性与生态平衡性。因而，存活率高、病虫害少、采购与养护成本较低。乡土植物占总植物数量的比例≥70%。

大面积的草坪不但维护费用昂贵，其生态效益也远远小于灌木、乔木。因此，合理搭配乔木、灌木和草坪，以乔木为主，能够提高绿地的空间利用率、增加绿量，使有限的绿地发挥更大的生态效益和景观效益。乔、灌、草组合配置，就是以乔木为主，灌木填补林下空间，地面栽花种草的种植模式，垂直面上形成乔、灌、草空间互补和重叠的效果。根据植物的不同特性(如高矮、冠幅大小、光及空间需求等)差异而取长补短，相互兼容，进行立体多层次种植，以求在单位面积内充分利用土地、阳光、空间、水分、养分而达到最大生长量的栽培方式。

植物种植设计具有艺术感染力，富于季相变化，实现四季有花、四季有景。复层绿化植物配置设计中充分利用植物的观赏特性，进行色彩组合与协调，通过植物叶、花、果实、枝条和干皮等显示的色彩在一年四季中的变化来布置植物，丰富绿地景观季相变化。

8.0.5 植物生长需求的覆土深度应满足乔木大于 1.2m，深根系乔木大于 1.5m，灌木大于 0.5m，草坪大于 0.3m。种植区域的覆土深度应满足申报项目所在地园林主管部门对覆土深度的要求。

【条文说明扩展】

种植区域的覆土深度应满足乔、灌、草自然生长的需要，一般来说，满足植物生长需求的覆土深度为：乔木大于 1.2m，深根系乔木大于 1.5m，灌木大于 0.5m，草坪大于 0.3m。种植区域的覆土深度应满足申报项目所在地园林主管部门对覆土深度的要求。

8.0.6 植物成活率应满足下列要求：

　　1 乔灌木的成活率应达到 95% 以上，并对未成活植物适时进行补栽。珍贵树种、孤植树和行道树成活率应达到 98%。

　　2 花卉种植地应无杂草、无枯黄、无病虫害，各种花卉生长茂盛，种植成活率应达到 95% 以上，并对未成活植物及时进行补栽。

　　3 草坪无杂草、无枯黄、无病虫害，覆盖率应达到 95% 以上。

　　4 绿地整洁，无杂物，表面平整。植物材料的整形修剪应符合设计要求。

8.0.7 具备开展植物叶面积指数实测条件地区的绿容率计算与评价，可采用图像测量法的 HemiView、DHP(数字半球冠层摄影技术)或辐射测量法的 LAI-2000 测量仪对植物叶面积指数进行测量，测量时间可为全年叶面积较多的季节。不具备开展植物叶面积指数实地测量条件地区的绿容率计算与评价，可将冠层稀疏类乔木叶面积指数估算值按 2 取值，冠层密集类乔木叶面积指数估算值按 4 取值，乔木垂直投影面积按苗木表数据进行计算，场地内的立体绿化均可纳入计算。

【条文说明扩展】

（一）技术原理

（1）绿容率指场地内各类植被叶面积总量与场地面积的比值。叶面积是生态学中研究植物群落、结构和功能的关键性指标，它与植物生物量、固碳释氧、调节环境等功能关系密切，较高的绿容率往往代表较好的生态效益。目前常见的绿地率、绿地覆盖率等是十分重要的场地生态评价指标，但由于乔、灌、草生态效益的不同，绿地率这样的面积型指标无法全面表征场地绿地的空间生态水平，同样的绿地率在不同的景观配置方案下代表的生态效益差异可能较大，致使多数园林绿地配置的植物种类单一，绿化强度和生态效益薄弱。因此，绿容率可以作为绿地率等面积型指标的有效补充。

（2）绿容率是一个无量纲指标，计算公式为：绿容率=植物叶面积总量/场地面积=[Σ(乔木叶面积指数×乔木垂直投影面积×乔木株数)+Σ(灌木叶面积指数×灌木投影面积×灌木株数)+草地占地面积×1]/场地面积。为便于场地绿容率评价，本条沿引国家《绿色建筑评价标准》(GB/T 50378—2019)，对灌木叶面积指数估算值取3，绿容率可采用如下简化计算公式：

绿容率=[Σ(乔木叶面积指数×乔木垂直投影面积×乔木株数)+灌木占地面积×3
+草地占地面积×1]/场地面积。

（3）绿容率测量方法主要分为实地测量、估算测量或遥感影像三种，根据精确度、工作量、测量尺度的需求，各有其特点和优势。①实地测量绿容率需要测量场地内所有乔木的叶面积指数值、乔木垂直投影面积、灌木占地面积和场地总面积，工作量大，耗费时间长，但数据最为精确。②估算测量绿容率工作量小，耗费时间短，用绿容率估算值来查看某一场地的估算生态效益高低，以便明确场地植物配置设计是否达到绿容率各级标准，是否需要补种植物。③遥感影像数据测量绿容率的方法适合范围较大的城市园林绿地绿容率测算，其数据需要实际测量叶面积指数数据佐证，才能保证其测量方法的准确性。该测量方法主要利用植物绿色叶片会对光谱中的红外波段和近红外波段起反射作用，通过各种遥感数据的宽带或窄带光谱区域的光谱反射率来计算场地内植物叶面积指数。遥感影像测量绿容率的过程中需要运用实地测量或历年站点绿容率、叶面积指数数据库与遥感数据相结合，进一步提高绿容率影像的准确性。

（4）叶面积指数定义为每单位水平地表面积的总绿叶面积的一半。植物叶面积指数的测量方法主要分为直接测量法和间接测量法(表8.0.7-1)，直接测量法的结果最为准确，但工作量大和耗时长是其弊端；间接测量法的测量准确度相较于直接测量法偏差，但适合劳动密集型测量工作，也是主要的植物叶面积指数测量方法。

表 8.0.7-1　叶面积指数测量方法

指标	测量方法			备注
叶面积指数	直接测量法	代表植株法		适用单棵体积大且分布密度低的树群
		区域采样法		仅在该区域有代表性，破坏性大
		落叶箱法		仅适合落叶林
	间接测量法	图像测量法	CI-110	不适合低矮灌木和地被，测量精确度以 DHP 最为准确
			HemiView	
			DHP	
		辐射测量法	LAI-2000	相对于直接测量法，误差平均为 11%
			AccuPAR	
			Sunfleck cep tometer Demon	
		点接触法		高大乔木、叶片过小或稀疏无法测量
		遥感测量法		适合大尺度测量，小尺度精确度低
		神经网络法		精确度适合大尺度场地计算
		光学测量法	激光点云法	耗费时间长，精确度极高
			消光系数法	叶片聚集效应过强会降低植被消光系数

（二）实施策略

（1）为了合理提高绿容率，可优先保留场地原生树种和植被，合理配置叶面积指数较高的树种，提倡立体绿化，加强绿化养护，提高植被健康水平。绿化植物的选择，应适应地区的气候、土壤条件和满足自然植被分布特点，选择抗病虫害强、易养护管理的乡土植物，体现良好的生态环境和地域特点。乔木与灌木、常绿植物与落叶植物的配置，除了考虑植物生长特性和观赏价值，还应选择绿容率较高的植物，形成高绿容率植物配置方式；木本植物和草本花卉的配置，要考虑景观效果和四季的变化。

（2）绿化植物配置应充分考虑场地及住宅建筑冬季日照和夏季遮阴的需求，避免影响低层用户的日照和采光，乔木中心距有窗建筑外墙最小间距不得小于 3～5m，距无窗建筑外墙最小间距不得小于 2m；灌木中心距建筑外墙最小间距不得小于 1.5m。常绿树与落叶树按 1：1～1：1.5 比例搭配；乔、灌、草复层配置合理，复层群落占绿地面积≥20%；纯草坪面积占绿地面积≤20%；木本植物种类≥60 种。

（3）乔木叶面积指数的实测值获取建议采用图像测量法的 HemiView、DHP 或辐射测量法的 LAI-2000 测量仪所得数据，其结果较为精确。例如，使用 DHP 获取植物叶面积指数，主要设备为数码相机外接 180°广角鱼眼镜头。设置相机内部参数，相机离地面 1.6m，镜头水平向上，拍照的水平方向为磁北极，拍摄时间选择清晨或傍晚天空无直射光，以及阴天天空均匀的情况下拍摄树木冠层影像，以避免天空背景复杂或太阳直射光导致的天空与枝叶对比度不强。取样点位置位于该乔木树冠投影边缘线至树干中心连线的 1/2 处。利用 GLA（Gap Light Analyzer Version2.0）或 CAN-EYE 软件计算植物实测叶面积指数。

（4）为便于不具备开展植物叶面积指数实地测量条件地区的绿容率计算与评价，可将冠层稀疏类乔木叶面积指数估算值按 2 取值，冠层密集类乔木叶面积指数估算值按 4 取值，乔木垂直投影面积按苗木表数据进行计算，场地内的立体绿化均可纳入计算。

9 施工管理与运行

9.0.1 施工单位应按照设计图纸，在建设工程施工时与相关专业紧密结合，使建设工程设计与各专业施工形成一个有机的整体，减少可再生利用建筑构件及设施的破坏及拆除，减少资源的浪费。

【条文说明扩展】

在工程开工前，施工单位应按照建设方提供的设计资料，根据建设工程设计与施工的内在联系，在各建设工程施工时与相关专业紧密结合，使建设工程设计与各专业施工形成一个有机的整体，充分利用拟建设施，减少可再生利用建筑构件及设施的破坏及拆除，减少资源的浪费。

9.0.2 建筑施工应充分应用建筑业新技术。

【条文说明扩展】

根据国家政策导向及技术发展形势，住房城乡建设部组织修编并发布了《建筑业10项新技术(2017版)》，其中重点引入了绿色、低碳的建筑施工新技术：①封闭降水及水收集综合利用技术；②建筑垃圾减量化与资源化利用技术；③施工现场太阳能、空气能利用技术；④施工扬尘控制技术；⑤施工噪声控制技术；⑥绿色施工在线监测评价技术；⑦工具式定型化临时设施技术；⑧垃圾管道垂直运输技术；⑨透水混凝土与植生混凝土应用技术；⑩混凝土楼地面一次成型技术建筑物墙体免抹灰技术，对推动建筑业可持续发展起到了积极的作用，施工单位应加大推广力度。

9.0.3 在施工组织设计文件中应将绿色施工的组织管理、目标设立、监督管理机制、宣传培训、考核评价等要求融入其中，将绿色施工管理列入项目经理部的职责和目标，明确项目经理是绿色施工第一责任人，并将相关绿色施工的职能分解列入各岗位人员的职责中。

【条文说明扩展】

建设工程绿色施工项目应建立从总包单位到各分包单位和作业班组的绿色施工综合管理体系，管理者是项目负责人、项目技术负责人、质量和安全负责人，各分包单位负责实施，专业工程师负责监控和检查。

在施工组织设计文件中应将绿色施工的组织管理、目标设立、监督管理机制、宣传培训、考核评价等要求融入其中，将绿色施工管理列入项目经理部的职责和目标，同时明确项目经理是绿色施工第一责任人，并将相关绿色施工的职能分解列入各岗位人员的职责中。

施工单位应按现行国家标准《建筑工程绿色施工评价标准》(GB/T 50640—2010)的规定，定期对施工现场的节材及材料利用、节水及水资源利用、节能及能源利用、节地及土地资源保护、环境保护等施工实施情况进行检查和评价，做好检查记录与评价工作，并根据施工情况实施改进措施。

9.0.4　绿色建筑的运行，应重点做好建筑功能需求与环境状态、气候状态、能源资源状态的匹配调节。

【条文说明扩展】

建筑的运行过程是一个动态的过程，要实现绿色建筑在满足功能需求的情况下，最大限度地节约资源能源，就应该要做好建筑动态运行过程的调控。建筑的性能效果保障是基于环境、气候、能源及资源条件而进行不断适宜性匹配的调节结果，这其中涉及空气质量处理措施、物理环境保障策略、能源资源高效使用等过程，相关技术的要求在本指南前述相关技术部分已有明确要求，建筑在运行时，应针对这些要求做好动态调控的响应。

国家标准《绿色建筑评价标准》(GB/T 50378—2019)对绿色建筑的基本要求中，提到了遵循因地制宜的原则，结合建筑所在地域的气候、环境、资源、经济和文化等特点，对建筑全生命周期内的安全耐久、健康舒适、生活便利、资源节约、环境宜居等性能进行综合提升；结合地形地貌进行场地设计与建筑布局，且建筑布局应与场地的气候条件和地理环境相适应，并应对场地的风环境、光环境、热环境、声环境等加以组织和利用，这也是绿色建筑的核心本质和发展理念，为了充分体现出绿色建筑的本质要求，我们提出绿色建筑的发展应遵循地理条件的合理利用、自然资源的充分协调、环境性能的综合打造、设备材料的适宜匹配、运维管理的深度切合五个方面的实现途径。

中国幅员辽阔，地形复杂，由于地理纬度、地势等条件的不同，各地气候相差悬殊。因此，针对不同的气候条件，各地建筑的节能设计都有不同的做法。为了明确建筑和气候两者的科学关系，《民用建筑设计统一标准》(GB 50352—2019)将中国划分为了 7 个主气候区，20 个子气候区，并对各个子气候区的建筑设计提出了不同的要求。传统建筑如南方山地的吊脚楼、黄土高原地区的窑洞、华北地区的四合院等，人们通过就地取材、综合考虑当地的气候因素，以较小的代价建造出适应当地气候的特色建筑。

对于资源的利用，最终要反映在其应用效果上。自然资源如降雨、江河湖泊、风能、太阳能，落足到建筑里主要有雨水回收、海绵城市、水源热泵、光伏光热、自然通风等应用。在实际的设计、施工过程中针对不同地区的资源情况，应根据资源的分布特性、资源可利用度、需求特性、供需匹配、产业配套，进行综合性考虑，针对不同的建筑类型进行具体分析，根据建筑特征合理选择可再生能源技术，降低常规能源消耗，促进资源的最大化利用。可再生能源，也是一种自然资源，对于其应用，当前往往是依据工程项目的需要，寻找能源予以应用。但如果放在自然资源的利用层面，可以把一个片区的资源情况予以掌握，并做好资源的可利用度分析；再结合项目层面各自的需求，进行能源、资源需求侧的转换对接，解决好关键的能源资源的可利用度与项目需求的匹配协调问题，从而实现真正的最大化利用。这种思路所需要的就是要在城区、片区整体规划中将建筑能源供应纳入，建立可再生能源建筑应用的整体布局规划，然后根据具体项目的需求特性分析，予以合理配置，从而实现建筑可再生能源的规模化、最大化利用，改变现在单一项目建设中逐个考虑的思路。

人居住在建筑中，往往同时受到室内外环境的综合影响，对于环境的判断，也是一个整体感受；而除了室内环境的因素，室外环境各种因素也通过围护结构以及设备系统对室内环境产生影响。无论是对声环境的控制、大气环境的控制、采光遮阳的控制、空气品质的控制，都涉及室内外的综合环境。

建筑的形成包括各种围护结构、设备系统，围护结构里又涉及绿色建材、装配式技术等的应用。这其中，绿色建材需要考虑生产、运输、使用三个环节，通过三个环节的绿色性能分析，得到它的综合经济效益。对于装配式技术，则需要结合产业以及建筑功能进行合理化利用。

对于所有的建筑最终呈现的状态，运行管理在其中的作用毋庸置疑。这其中，首先需要获取状态，然后通过数据的比对，最终实现相应的运行维护。一方面，需要在建筑设计中就考虑运行管理的需求，在各个系统中设置好相应的可调控对象；另一方面，想要实现状态达标，则还需要实现从数据获取，到状态特性，再到合理调控的深度切合，才能最终得以实现。

9.0.5　绿色建筑各项技术的实施应严格遵照设计要求，并定期对技术实施效果进行后评估。

【条文说明扩展】

　　绿色已成为国家发展理念，"十三五"时期国家新发展理念：创新、协调、绿色、开放、共享。新时期建筑方针：适用、经济、绿色、美观。绿色建筑后评估是对绿色建筑投入使用后的效果评价，包括建筑运行中的能耗、水耗、材料消耗水平评价，建筑提供的室内外声环境、光环境、热环境、空气品质、交通组织、功能配套、场地生态的评价，以及建筑使用者干扰与反馈的评价。

　　绿色建筑从规划设计、建造竣工，随即进入了建筑全生命周期中所占时间最长的运行使用和维护阶段。绿色建筑后评估即对绿色建筑运行使用和维护阶段的实施效果、建成使用满意度及人行为影响因素进行主客观的综合评估，既可查验绿色建筑实际落实情况，展现绿色建筑实施效果，又可为绿色建筑业主、物业单位和开发单位在运行期间诊断和提升建筑性能及品质提供依据，并指导同类新建建筑在规划、设计方面的持续优化改进。推广绿色建筑后评估，具有十分重要的意义。

　　根据《绿色建筑后评估技术指南》（办公和商店建筑版），绿色建筑后评估需要注意的事项如下：

　　(1)参评项目应满足现行国家标准《绿色建筑评价标准》(GB/T 50378—2019)的所有控制项要求。

　　(2)由于需要建筑能耗、水耗以及室内热环境、空气品质等实时测量数据，为保证评价工作的顺利实施，参评建筑应具有正常运行的能源与环境计量监测平台系统，且已投入使用满一年以上。

　　(3)参评项目应提供结构安全承诺书以及相关证明文件，证明参评建筑在运行使用阶段满足现行结构规范的要求。如果被评建筑结构发生过较大改造或调整，申报单位应提供结构安全性鉴定报告；如果被评建筑结构未发生过较大改造或调整，申报单位应提交一份被评建筑结构安全承诺书，证明参评建筑在运行使用阶段满足现行结构规范的要求。承诺书中应明确被评建筑在此之前未发生任何影响结构安全的改造或损坏。

　　(4)评估应遵循因地制宜、经济适用、鼓励创新的基本原则。我国各地区在气候、环境、资源、经济社会发展水平与民俗文化等方面都存在较大差异，因地制宜是绿色建筑建设和评价的基本原则。对于绿色建筑后评估，也应综合考虑建筑所处地域的气候、环境、资源、经济及文化等条件和特点。既要考虑其经济适用性、统筹兼顾、总体平衡，又要鼓励建筑结合地区特点进行创新和优化。

　　(5)绿色建筑后评估应以建筑单体或建筑群为对象，评价时凡涉及系统性、整体性的指标，应基于参评建筑单体或建筑群所属工程项目的总体进行评价。

　　建筑单体和建筑群均可以参与绿色建筑后评估。当需要对某工程项目中的单栋建筑进行评价时，由于有些评价指标是针对该工程项目设定的，或该工程项目中其他建筑也采用了相同的技术方案，难以仅基于该单栋建筑进行评价，此时应以该栋建筑所属工程项目的总体为基准进行评价。

建筑群是指位置毗邻、功能相同、权属相同、技术体系相同或相近的两个及以上单体建筑组成的群体，常见的建筑群有住宅建筑群、办公建筑群。当对建筑群进行评价时，可先用《绿色建筑后评估技术指南》（办公和商店建筑版）评分项对各建筑进行评价，得到各建筑单体的总得分，再按各单体建筑的建筑面积进行加权计算得到建筑群的总得分，最后按建筑群的总得分确定建筑群的绿色建筑后评估等级。

参评建筑本身不得为临时建筑，且应为完整的建筑，不得从中剔除部分区域。无论评价对象为单栋建筑还是建筑群，在计算系统性、整体性指标时，要基于该指标所覆盖的范围或区域进行总体评价，计算区域的边界应选取合理、口径一致、能够完整围合。

9.0.6 绿色建造宜结合实际需求，有效采用 BIM、物联网、大数据、云计算、移动通信、区块链、人工智能、机器人等相关技术，整体提升建造手段信息化水平。

【条文说明扩展】

本条明确了绿色建造的主要技术要求，根据住房城乡建设部印发的《绿色建造技术导则（试行）》，应积极采用 BIM 等相关技术整体提升建造手段信息化水平。

绿色建造应统筹考虑建筑工程质量、安全、效率、环保、生态等要素，实现工程策划、设计、施工、交付全过程一体化，提高建造水平和建筑品质；绿色建筑应全面体现绿色要求，有效降低建造全过程对资源消耗和对生态环境的影响，减少碳排放，整体提升建造活动绿色化水平；应采用系统化集成设计、精益化生产施工、一体化装修的方式，加强新技术推广应用，整体提升建造方式工业化水平；绿色建筑应采用工程总承包、全过程工程咨询等组织管理方式，促进设计、生产、施工深度协同，整体提升建造管理集约化水平；宜加强设计、生产、施工、运营全产业链上下游企业间的沟通合作，强化专业分工和社会协作，优化资源配置，构建绿色建造产业链，整体提升建造过程产业化水平。

9.0.7 应积极采用工业化、智能化相集成的建造方式，实现工程建设低消耗、低排放、高质量和高效益。

【条文说明扩展】

按照绿色发展的要求，通过科学管理和技术创新，采用有利于节约资源、保护环境、减少排放、提高效率、保障品质的建造方式，实现人与自然和谐共生的工程建造活动。

1. 建筑工业化

工业化设计建造是生产方式的工业化，是建筑生产方式的变革，主要解决建筑建造过程中的生产方式问题，有效发挥工厂生产的优势，建立从建筑科研、设计、部品部件生产、施工安装等全过程生产实施管理的系统。

以工业化的方式重新组织建筑业是提高劳动效率、提升建筑质量的重要方式，也是我国未来建筑业的发展方向。建筑工业化的基本内容是：采用先进、适用的技术、工艺和装备科学合理地组织施工，发展施工专业化，提高机械化水平，减少繁重、复杂的手工劳动和湿作业；发展建筑构配件、制品、设备生产并形成适度的规模经营，为建筑市场提供各类建筑使用的系列化的通用建筑构配件和制品；制定统一的建筑模数和重要的基础标准（模数协调、公差与配合、合理建筑参数、连接等），合理解决标准化和多样化的关系，建立和完善产品标准、工艺标准、企业管理标准、工法等，不断提高建筑标准化水平；采用现代管理方法和手段，优化资源配置，实行科学的组织和管理，培育和发展技术市场和信息管理系统，适应发展社会主义市场经济的需要。

装配式建筑设计的系统协同方法主要指建造全过程的整体性和系统性的方法和过程，既应满足建筑支撑体与建筑填充体相协调的整体性要求，也应满足建筑设计与工厂生产工艺、生产运输、装配化施工、土建装修一体化、运营维护等各阶段协同工作的系统性要求。系统协同工作机制主要指项目设计单位应与部品部件厂家、预制构件生产企业、施工单位和装修设计施工单位共同进行研究和制定设计细节。

2. 建筑智能化

智能建造是指在建造过程中充分利用数字化、智能化等相关技术，构建项目建造和运行的智慧环境，要充分利用以 BIM、物联网、人工智能、云计算、大数据等技术为基础，实现信息化协同设计、可视化工作模式，正式实现施工环节工业化。

BIM 技术在建筑建设工程中是信息化技术应用的代表，其数据处理能力与分析能力是比较优秀的，因此要想快速实现建筑工程数字化，就应该科学地运用 BIM 技术。

运用 BIM 的工程，从项目初始设计规划，到贯穿应用至项目各阶段，BIM 涵盖项目各阶段的数据集合、性能分析、设计变更、管线监测、项目施工等环节，有效大量降低成本投入、节省时间。

BIM 在建筑智能化上的主要应用场景表现为设计标准化、构件部品生产工业化、施工安装装配化、建筑项目生产集成化。BIM 技术对智能建造的具体应用体现如下。

1) 建筑实体数字化

要想实现建筑实体数字化，首先要做的就是利用 BIM 技术建立数字模型。将各项数据汇集于计算机中进行运算、分析和推演，直到达成最优方案后再实施。让人能更高效、更低成本、更充分地利用 BIM 技术建立与工程一致的仿真模型，然后进行不断优化，最后再投入建设，结合不断优化的方案可以有效提升项目整体性能，降低企业时间和成本，更能减少后期返工的问题发生。

2) BIM 管线综合排布

在管线的排布设计过程中，相比传统图纸，BIM 建模的可视化特性能清晰区分管道类型，很大程度上便于在设计过程中，对综合分析管线在建筑的空间里进行合理排布。在初步排布完成后，BIM 的三维防碰撞检测功能，能提前发现各专业管线碰撞问题、部品部件与管线交叉冲突问题、空间问题，并及时在图纸上进行修正，避免管线管道在施工中出现常见的返工现象。

3）施工过程数字化

它包括工程全部施工过程数字化、网络化、智能化和可视化。通过数字化手段整体性解决工程施工问题，并最大限度利用信息资源。

在完成上面步骤后，可以将数字模型作为数据的载体，将要素数据作为施工管理的依据，将建筑施工项目的进度管理、成本管理、质量管理、安全管理等过程运用数字化展现出来，使工程管理水平得到提升。

9.0.8　建筑用能设备和用能系统应通过调适确保主要用能设备和用能系统的性能在实际运行工况下达到合理范围。

【条文说明扩展】

本条明确建筑用能设备和用能系统调试的要求，在建筑能源系统投入使用前，应完成系统的试运行，其功能应满足各类系统的使用功能要求。用能设备和用能系统通过调试可以有效提升建筑用能系统节能运行。

用能设备调适应包括（不限于）以下项目：①冷水机组和热源设备；②各种循环水泵（冷冻水泵、冷却水泵等）；③冷却塔；④空气处理设备，包括空调箱、新风机组和风机盘管等；⑤主要送排风机；⑥空调水系统和风系统的主要水阀和风阀；⑦变压器；⑧其他大型（超过 3kW）的耗电设备、耗热设备和耗冷设备。

用能系统调适应包括（不限于）以下项目：①空调冷源系统；②空调热源系统；③空调冷热水输配系统；④空调送回风及新风系统；⑤空调末端与室内环境控制系统；⑥生活热水系统；⑦强电变配电系统；⑧照明系统和电气设备系统（特别是公共区域照明系统和电气设备系统）；⑨其他大型耗电、耗热或耗冷的系统；⑩建筑能耗计量与能源管理系统。

参 考 文 献

国家市场监督管理总局, 国家标准化管理委员会, 2019. 空气过滤器(GB/T 14295—2019)[S]. 北京: 中国标准出版社.

国家市场监督管理总局, 国家标准化管理委员会, 2019. 水嘴水效限定值及水效等级(GB 25501—2019)[S]. 北京: 中国标准出版社.

国家市场监督管理总局, 国家标准化管理委员会, 2020. 热回收新风机组(GB/T 21087—2020)[S]. 北京: 中国标准出版社.

国家市场监督管理总局, 国家标准化管理委员会, 2022. 便器冲洗阀水效限定值及水效等级(GB 28379—2022)[S]. 北京: 中国标准出版社.

国家市场监督管理总局, 国家标准化管理委员会, 2022. 空气净化器(GB/T 18801—2022)[S]. 北京: 中国标准出版社.

中华人民共和国建设部, 中华人民共和国国家质量监督检验检疫总局, 2006. 地源热泵系统工程技术规范(2009 版)(GB 50366—2005)[S]. 北京: 中国建筑工业出版社.

中华人民共和国建设部, 中华人民共和国国家质量监督检验检疫总局, 2006. 地源热泵系统工程技术规范(2009 版)(GB 50366—2005)[S]. 北京: 中国建筑工业出版社.

中华人民共和国住房和城乡建设部, 2010. 建筑工程绿色施工评价标准(GB/T 50640—2010)[S]. 北京: 中国计划出版社.

中华人民共和国住房和城乡建设部, 2010. 建筑抗震设计规范(附条文说明)(2016 年版)(GB 50011—2010)[S]. 北京: 中国建筑工业出版社.

中华人民共和国住房和城乡建设部, 2010. 民用建筑隔声设计规范(GB 50118—2010)[S]. 北京: 中国建筑工业出版社.

中华人民共和国住房和城乡建设部, 2010. 民用建筑节水设计标准(GB 50555—2010)[S]. 北京: 中国建筑工业出版社.

中华人民共和国住房和城乡建设部, 2011. 建筑遮阳工程技术规范(JGJ 237—2011)[S]. 北京: 中国建筑工业出版社.

中华人民共和国住房和城乡建设部, 2012. 光伏发电站设计规范(GB 50797—2012)[S]. 北京: 中国计划出版社.

中华人民共和国住房和城乡建设部, 2012. 民用建筑室内热湿环境评价标准(GB/T 50785—2012)[S]. 北京: 中国建筑工业出版社.

中华人民共和国住房和城乡建设部, 2012. 无障碍设计规范(GB 50763—2012)[S]. 北京: 中国建筑工业出版社.

中华人民共和国住房和城乡建设部, 2012. 中小学校设计规范(GB 50099—2011)[S]. 北京: 中国建筑工业出版社.

中华人民共和国住房和城乡建设部, 中华人民共和国国家质量监督检验检疫总局, 2012. 民用建筑供热通风与空气调节设计规范(GB 50738—2012)[S]. 北京: 中国建筑工业出版社.

中华人民共和国住房和城乡建设部, 2013. 建筑照明设计标准(GB 50034—2013)[S]. 北京: 中国建筑工业出版社.

中华人民共和国住房和城乡建设部, 2013. 可再生能源建筑应用工程评价标准(GB/T 50801—2013)[S]. 北京: 中国建筑工业出版社.

中华人民共和国住房和城乡建设部, 2013. 住宅室内防水工程技术规范(JGJ 298—2013)[S]. 北京: 中国建筑工业出版社.

中华人民共和国住房和城乡建设部, 2014. 建筑模数协调标准(GB/T 50002—2013)[S]. 北京: 中国建筑工业出版社.

中华人民共和国住房和城乡建设部, 2014. 建筑日照计算参数标准(GB/T 50947—2014)[S]. 北京: 中国建筑工业出版社.

中华人民共和国住房和城乡建设部, 2014. 装配式混凝土结构技术规程(JGJ 1—2014)[S]. 北京: 中国建筑工业出版社.

中华人民共和国住房和城乡建设部, 2015. 公共建筑节能设计标准(GB 50189—2015)[S]. 北京: 中国建筑工业出版社.

中华人民共和国住房和城乡建设部, 2015. 旅馆建筑设计规范(JGJ 62—2014)[S]. 北京: 中国建筑工业出版社.

中华人民共和国住房和城乡建设部, 2015. 智能建筑设计标准(GB 50314—2015)[S]. 北京: 中国计划出版社.

中华人民共和国住房和城乡建设部, 2015. 综合医院建筑设计规范(GB 51039—2014)[S]. 北京: 中国计划出版社.

中华人民共和国住房和城乡建设部, 2016. 托儿所、幼儿园建筑设计规范(2019 年版)(JGJ 39—2016)[S]. 北京: 中国建筑工业出版社.

中华人民共和国国家质量监督检验检疫总局, 中国国家标准化管理委员会, 2017. 通风系统用空气净化装置(GB/T 34012—2017)[S]. 北京: 中国标准出版社.

中华人民共和国国家质量监督检验检疫总局, 中国国家标准化管理委员会, 2017. 坐便器水效限定值及水效等级(GB 25502—2017)[S]. 北京: 中国标准出版社.

中华人民共和国住房和城乡建设部, 2017. 建筑信息模型应用统一标准(GB/T 51212—2016)[S]. 北京: 中国建筑工业出版社.

中华人民共和国住房和城乡建设部, 2017. 建筑与小区雨水控制及利用工程技术规范(GB 50400—2016)[S]. 北京: 中国建筑工业出版社.

中华人民共和国住房和城乡建设部, 2017. 民用建筑热工设计规范(含光盘)(GB 50176—2016)[S]. 北京: 中国建筑工业出版社.

中华人民共和国住房和城乡建设部, 2017. 宿舍建筑设计规范(JGJ 36—2016)[S]. 北京: 中国建筑工业出版社.

中华人民共和国住房和城乡建设部, 2017. 装配式混凝土建筑技术标准(GB/T 51231—2016)[S]. 北京: 中国建筑工业出版社.

中华人民共和国住房和城乡建设部, 2017. 装配式住宅建筑设计标准(JGJ/T 398—2017)[S]. 北京: 中国建筑工业出版社.

中华人民共和国住房和城乡建设部, 2018. 城市居住区规划设计标准(GB 50180—2018)[S]. 北京: 中国建筑工业出版社.

中华人民共和国住房和城乡建设部, 2018. 灌溉与排水工程设计标准(GB 50288—2018)[S]. 北京: 中国计划出版社.

中华人民共和国住房和城乡建设部, 2018. 建筑中水设计标准(GB 50336—2018)[S]. 北京: 中国建筑工业出版社.

中华人民共和国住房和城乡建设部, 2018. 老年人照料设施建筑设计标准(JGJ 450—2018)[S]. 北京: 中国建筑工业出版社.

中华人民共和国住房和城乡建设部, 2018. 民用建筑绿色性能计算标准(JGJ/T 449—2018)[S]. 北京: 中国建筑工业出版社.

中华人民共和国住房和城乡建设部, 2019. 建筑给水排水设计标准(GB 50015—2019)[S]. 北京: 中国计划出版社.

中华人民共和国住房和城乡建设部, 2019. 建筑碳排放计算标准(GB/T 51366—2019)[S]. 北京: 中国建筑工业出版社.

中华人民共和国住房和城乡建设部, 2019. 绿色建筑评价标准(GB/T 50378—2019)[S]. 北京: 中国建筑工业出版社.

中华人民共和国住房和城乡建设部, 2019. 民用建筑设计统一标准(GB 50352—2019)[S]. 北京: 中国建筑工业出版社.

中华人民共和国住房和城乡建设部, 2021. 建筑环境通用规范(GB 55016—2021)[S]. 北京: 中国建筑工业出版社.

中华人民共和国住房和城乡建设部, 2021. 建筑与市政工程抗震通用规范(GB 55002—2021)[S]. 北京: 中国建筑出版社.

中华人民共和国住房和城乡建设部, 2021. 室外排水设计标准(GB 50014—2021)[S]. 北京: 中国计划出版社.

中华人民共和国住房和城乡建设部, 2022. 建筑与市政工程防水通用规范(GB 55030—2022)[S]. 北京: 中国建筑工业出版社.